# 高职土木类现代学徒制实践与探索

丁学所　李　蒙　编著



黄河水利出版社
·郑州·

## 内容提要

本书是安徽水利水电职业技术学院与安徽水安建设集团股份有限公司开展校企深度合作取得的阶段成果，也是现代学徒制试点工作取得的突破性成果。主要内容包括绪论，谋划校企深度合作，招生（招工），实践教学管理制度，实践教学文件，校企合作典型案例，合作成果、特色与经验示范，现代学徒制实践过程中的几点思考与建议以及附录。

本书对高职院校参与校企合作具有较好的借鉴作用，特别是对参与现代学徒制试点的高职院校土木类专业具有一定的参考价值。


**图书在版编目（CIP）数据**

高职土木类现代学徒制实践与探索/丁学所，李蒙编著.—郑州：黄河水利出版社，2021.5

ISBN 978-7-5509-2996-8

Ⅰ.①高… Ⅱ.①丁…②李… Ⅲ.①高等职业教育-土木工程-学徒-教育制度-研究-安徽 Ⅳ.①TU

中国版本图书馆 CIP 数据核字（2021）第 094247 号

组稿编辑：王路平　电话：0371-66022212　E-mail：hhslwlp@126.com
田丽萍　66025553　912810592@qq.com

出 版 社：黄河水利出版社　网址：www.yrcp.com
地址：河南省郑州市顺河路黄委会综合楼 14 层　邮政编码：450003

发行单位：黄河水利出版社
发行部电话：0371-66026940、66020550、66028024、66022620（传真）
E-mail：hhslcbs@126.com

承印单位：河南新华印刷集团有限公司

开本：787 mm×1 092 mm　1/16

印张：13.5

字数：310 千字

版次：2021 年 5 月第 1 版　印次：2021 年 5 月第 1 次印刷

定价：80.00 元

# 前 言

当前职业教育正处于历史上最好的发展时期，国家重视、学校努力、企业积极、社会支持，形成了职业教育改革发展前所未有的良好社会氛围，迎来了重大发展机遇。积极探索具有中国特色的职业教育体系是一项重大实践项目，深入探索适合我国社会经济发展的职业教育教学规律，是遵循我国基本国情和当下社会经济发展的基本要求。

面对新时代、新使命，全面提升职业教育发展水平，支撑、推动、引领职业教育服务经济社会高质量发展，应以"十个必须"为中心，即：对外必须基于国家发展阶段，必须支撑国家发展目标，必须服务国家产业战略，必须支撑科学技术进步，必须对接社会市场需求；对内必须坚持产教研深度融合，必须与科学技术进步同行，必须与市场需求精准对接，必须服务和支撑区域经济，必须与终身教育发展并进。

为了深入贯彻《中华人民共和国职业教育法》《国务院办公厅关于深化产教融合的若干意见》《教育部关于开展现代学徒制试点工作的意见》《职业学校校企合作促进办法》《国家职业教育改革实施方案》《关于印发国家产教融合建设试点实施方案的通知》等相关法规文件精神，安徽水利水电职业技术学院与安徽水安建设集团股份有限公司共同签订了校企合作共建"水安学院"协议书，进一步践行校企深度合作的双主体育人机制，结合教育部第三批现代学徒制试点项目实施方案，积极探索高等职业教育校企合作招生（招工）、校企深度合作专业人才培养方案修订、课程改革和多元评价等培养模式；构建多主体、全过程参与学校教育教学的管理体制，指导学生职业规划、创新创业及就业（结合教育扶贫）的全人教育长效机制，将"三全育人"与"课程思政"融入教育教学实践中，切实提高高等职业教育人才培养水平和质量，建立适合安徽水利水电职业技术学院与安徽水安建设集团股份有限公司深度合作的人才培养实施方案，为我国探索和推行土木类专业现代学徒制试点工作提供了可借鉴的成功案例。

本书编写和出版得到安徽省2017年高等学校省级质量工程"安徽水利水电职业技术学院安徽水安建设集团股份有限公司实践教育基地"项目（项目编号：2017sjjd059），中国高等教育学会职业技术教育分会2019年重点课题"高等职业教育深化产教融合、校企合作的研究与实践"（项目编号：GZYZD2019014），2019年度安徽省职业与成人教育学会科研规划（高职）重点课题"现代学徒制'双师型'教学团队建设研究"（项目编号：Azcj004），水利部、中国水利教育协会等现代学徒制水利类专业"1+X"证书制度体系探索（项目编号：2019SLZJ35），安徽省2020年高等学校质量工程项目"工程力学基础一流教材"（项目编号：2020yljc061）等项目研究成果的支持。主要汇集了建筑工程技术、水利水电工程技术、水利水电工程管理和市政工程技术等专业在现代学徒制试点中实践与探索形成的阶段成果，共分9个部分，分别为绪论，谋划校企深度合作，招生（招工），实践教学管理制度，实践教学文件，校企合作典型案例，合作成果、特色与经验示范，现代学徒制试点过程中的几点思考与建议，附录。

本书由安徽水利水电职业技术学院丁学所、安徽水安建设集团股份有限公司(安徽艺术职业学院)李蒙编著,安徽水利水电职业技术学院水利工程学院张本华、毕守一,肥西县自然资源和规划局丁晶晶参加编写。在编写过程中得到了安徽水利水电职业技术学院建筑工程学院、水利工程学院和资源与环境工程学院及安徽水安建设集团股份有限公司的大力支持,安徽水利水电职业技术学院院长汪绪武,安徽水安建设集团股份有限公司副总经理胡先林、副总经理兼水安学院副院长李靖、人力资源部部长(总经理助理)赵晓峰、人力资源部经理章天意、培训学校主任赵琛、金承哲等给予了具体指导和帮助,水安学院刘婷、郑兰老师为本书收集整理了大量的第一手基础资料,在此一并表示衷心的感谢!

本书编写历时两年多。因现代学徒制试点理论与实践探索仍处于基础阶段,实践过程仅限于土木类部分专业,本书仅展示了土木类现代学徒制实践探索过程的相关成果,对合作育人管理过程中出现的实际问题进行了一些思考,以期为职业院校实践现代学徒制提供一定的参考和借鉴。本书存在的不足之处,恳请能与广大读者商榷,共同探讨。

作　者

2021 年 4 月

# 目　录

# 绪　论

职业教育在国家发展历史进程中，伴随着国家发展而发展，伴随着国家强大而壮大。回顾我国职业教育发展的历史，无论什么时期，重视职业教育，社会经济就能平稳运行。中华人民共和国成立初期由于比较重视职业教育，我国工业建设取得较好成绩；“文化大革命”期间职业教育没有得到应有的重视，社会经济出现停滞；恢复高考制度后，职业教育得到应有的恢复和发展，为改革开放和社会主义建设培养了大量技术技能型人才，社会经济得到恢复和发展；特别是近20年来，职业教育迅速发展，为高速发展的国民经济提供了良好的人才支撑。

随着2005年全国职业教育大会的召开，高等职业教育进入稳定规模、提高质量、突显特色、内涵发展的新时期。但职业教育在改革与发展过程中也出现了一些问题，人们仍将职业教育归类到高等教育范畴，期望毕业生从事体面的社会管理工作，高等职业教育的质量与社会经济快速发展不相匹配。

尽管各个时期对职业教育人才培养规格、质量等有不同的要求，但其内涵要求始终是一致的，必须体现职业教育人才培养的特征，培养出与社会经济发展相匹配的技术技能型应用人才。目前社会上一方面存在就业难，另一方面出现技术技能型人才缺乏的双向错位，实际上就是职业教育与社会需求的融合度不够的具体体现。

现代学徒制试点是构建适合我国职业教育体系的必要路径，在新形势下，职业教育从试点向线和面展开，必须坚持以习近平新时代中国特色社会主义思想为指导，贯彻习近平总书记关于职业教育的重要指示和2021年全国职业教育大会精神，把职业教育摆在教育改革创新和经济社会发展中更加突出的位置，培养出适应我国社会经济可持续发展的技术技能型专门人才。

2014年8月25日，教育部发布《关于开展现代学徒制试点工作的意见》(教职成〔2014〕9号)，现代学徒制试点工作正式启动；截至2018年8月，教育部分别公布三批现代学徒制试点地区、单位和学校；2019年1月24日，《国务院关于印发国家职业教育改革实施方案的通知》(国发〔2019〕4号)明确职业教育与普通教育是两种不同教育类型，具有同等重要地位，为进一步办好新时代职业教育、全面落实《中华人民共和国职业教育法》提出具体要求。

在现代学徒制试点过程中，前两批试点单位大部分都进行了很好的探索，完成了试点方案提出的任务，总结提供了不同专业类别的人才培养模式，许多典型案例取得了很好的试点成果，具有很好的借鉴性，但在试点单位工作过程中仍出现困难，少数试点单位没有按照任务书的要求，甚至极少数试点单位主动提出退出试点工作。究其原因，主观因素大于客观因素，项目建设的惯性思维占上风，习惯于20多年来职业教育所形成的固有的按学科教育的模式，导致试点项目建设的系统性、整体性不强，效果差的现象。

现代学徒制试点重在落实，职业教育改革也不是简单的制度模式移植，尽管德国、澳大利亚、英国、芬兰和美国等国家在职业教育中做得很好,我们可以借鉴,但不可移植拿来,我们应从自己的文化民情中,按照中国特色的社会主义制度,利用强大的组织管理体系,快速推进,才能为我国经济转型和产业升级提供强大的技术技能型人才支撑。

试点工作中存在的问题不是教育系统内部能解决的,全社会应该多方位参与现代学徒制试点。利用中国特色社会主义制度的优越性,在职业教育改革创新中,可以借鉴我国扶贫脱贫项目建设经验,政行企校形成命运共同体,配合现有政策按计划全面落实《中华人民共和国职业教育法》(正在修订中)。政府牵头建立现代学徒制统一的管理平台,在国有企业中遴选一批产教融合型企业,加大试点力度,全面落实现代学徒制试点项目建设,共同参与到现代学徒制试点的实践中,教育行政部门全过程指导和监督;鼓励民营企业积极跟进,实行责权利相统一的配套政策。只有明确实施路径,才能很好完成职业教育改革的各项政策任务,才能配合国家经济结构转型和产业升级,促进区域经济健康发展。

校企合作的初衷是为企业培养适应型的专门人才,解决企业在发展过程中人才流动频繁给企业经营带来的管理问题。水安学院是安徽水利水电职业技术学院与安徽水安建设集团股份有限公司合作共建的,自 2017 年 5 月成立以来,结合职业教育从数量扩张向内涵发展转变,校企深度合作,坚持职业教育办学指导思想和特色,以服务合作企业为抓手,坚持“学用结合,重在应用”的原则,提升人才培养质量。校企在深度合作过程中,不断纠偏和完善,已完成了第 2 轮合作专业的人才培养方案修订,按照现代学徒制试点实施方案,校企共同招生,学生双重身份,实施产教融合的双岗教学、双师指导和综合评价的校企一体化育人路径。

第 2 轮合作专业(3 年制)人才培养试点模式:1 +1(0.2 +0.3 +0.2 +0.3) +1,总体思路为多学期、分段式的“产教融合,工学交替”(阶段或综合性实践教学实习实训)。

第 1 学年:主要完成公共基础课和部分专业基础课任务,实践教学实习(实训)在学校内完成,以学校实训室为主,培养学生建立基本的专业意识。

第 2 学年:每学期安排不少于 50% 学时到合作企业岗位一线从事“产教融合,工学交替”实践教学活动,实行双导师制度,践行理论与实践并重的产教融合,利用实践教学实习(实训),充分为学生提供动手实践和劳动体验教育,贯彻 2020 年 3 月 20 日中共中央、国务院关于全面加强新时代大中小学劳动教育的意见精神,构建德智体美劳全面培养的教育体系,在实践教学实习(实训)平台中融入三观教育,提升学生的职业素养,引导学生职业生涯规划的自我修正;实践教学结束后,现场指导教师对每位学生给予综合评价。

注:二年级第一学期安排 30 天(国庆节后实施),主要以参与项目专业实践认知为主,在师傅的指导下,结合工程项目建设内容,以非生产性学习为主,辅助参与工程相关内容;第二学期安排 45 天(开学后实施),主要参与项目部具体技术与管理工作,在师傅的安排和指导下,实践产教融合,部分参与生产性学习,为准员工(三年级)的全面毕业(岗位)综合实践教学实习(实训)奠定基础。

第 3 学年:学生基本完成专业理论学习任务,以准员工身份参与到岗位一线,进行为期一年的毕业综合实践教学实习(实训),从当年 7 月至次年 6 月,完全参与生产性产教岗位的学习,实行双导师制度和共同考评,评定综合实践教学实习(实训)成绩,纳入学生成绩档案及校企深度合作的各项评比。

校企深度合作多学期、分段式的“产教融合，工学交替”实践教学的三知实践（第1学年专业感知、第2学年岗位认知、第3学年定岗行知），激发企业参与人才培养积极性，建立校企联合培养人才的体制和机制，引导企业从单一的“人才拿来主义”向共同参与人才培养转变。

产教融合的双岗教学、双师指导是现代学徒制特征之一，实践教学实习（实训）是双师参与育人的载体，通过校企双师参与，特别是企业能工巧匠和技术专家参与教学，营造工匠传承氛围，实现理论与实践并重，实践教学学时达到或超过50%。在阶段性问卷调查中，多学期、分段式的“产教融合，工学交替”培养效果超过预期，保障了校企合作专业的培养质量。各项工作仍在不断完善过程中，如后期评价、阶段性跟踪企业对毕业生的综合评价等，以期为土木类现代学徒制试点提供一定的示范参考。

将“互联网+产教融合”的管理模式，成功应用于校企深度合作现代学徒制合作育人过程管理中；实践教学实习（实训）的学生以项目为单位，建立学习小组，实行小组互助制度，重点利用企业场所，融安徽水安建设集团股份有限公司企业文化于实践教学过程，培养学生的团队意识，弘扬“锐意进取、不断创新、知行合一、勇攀高峰”的水安精神；双师团队、学生团队基于“互联网+产教融合”平台，实时完成教学指导，解决合作育人过程中出现的问题，不仅降低运行成本，回归职业教育本质，而且为实践教学实习（实训）各环节顺利实施提供保障。

近年来，安徽水利水电职业技术学院在与安徽水安建设集团股份有限公司的深度合作过程中，多次完成了阶段性（较长时间）产教融合实践教学实习（实训）活动。特别是土木类专业产教融合实践教学岗位，存在学生安全风险高、吃住行费用高等问题，经过多方合作与协调，很好地解决了上述问题，在工学交替实践教学实习（实训）各环节中均取得新的突破。成功实行了合作培养成本费用分摊和设立企业奖学金机制，安徽水安建设集团股份有限公司承担培养成本费用分摊600元/（生·学年）（无论毕业后是否选择入职安徽水安建设集团股份有限公司）；设立企业奖学金，每年提供不超过10万元的企业奖学金，奖学金评定结合学生在校综合测评成绩和产教融合过程中校企给予的评价，校企共同审核评定，取得了良好的社会影响。

校企深度合作，普惠参与现代学徒制试点的全体学生。在招生（招工）与就业相统一的同时，毕业就业入职时仍可进行二次选择，筛选出不适合进入合作企业的毕业生，实现企业参与育人、选人和用人的基本程序，校企深度合作缓解了企业人才频繁流动对经营的影响。如2017年10月校企共同从二年级招生（招工）158人，经过合作培养，2019年7月首届毕业生有71人入职，入职一年来，基本上达到校企合作育人的初衷，毕业生下得去、留得住、用得上、上手快、队伍稳、离职率低。

校企深度合作为校企获得双赢局面。企业深度参与学校合作育人，同时学校也积极参与到企业员工等相关培训工作中。学校组建了一支稳定的教学团队，参与安徽水安建设集团股份有限公司水利专业三类人员培训工作，很好地完成了集团内部的年度培训任务。除此之外，教学团队还参与完成集团承担的安徽省住建厅建筑、市政和机电三个专业的二级建造师继续教育培训任务。从培训反馈信息来看，各方满意度高，培训工作卓有成效，一方面为教师参与企业培训锻炼提供机会，另一方面搭建校企人员交流学习平台。

校企深度合作为学校延伸参与行业教育培训提供平台。2018 年由中国水利工程协会牵头,中国安能建设总公司、中国水电建设集团第十五工程局有限公司、中水淮河规划设计研究有限公司、上海洪波工程咨询管理有限公司、华北水利水电大学、安徽水利水电职业技术学院、安徽水安建设集团股份有限公司、湖北水总水利水电建设股份有限公司、重庆水利电力职业技术学院和长江水利委员会湖北长江清淤疏浚工程有限公司共同编写水利工程施工五大员(施工员、质检员、安全员、资料员、材料员)岗位群系列培训教材 6 册,2019 年 8 月正式出版发行,其中《基础知识》一册由安徽水安建设集团股份有限公司、安徽水利水电职业技术学院共同编写;其他 5 册教材分别由重庆水利电力职业技术学院等高职院校和央企专家共同参与编审。该培训教材以水利工程施工五大员岗位群为基础,重点突出,在中国水利工程协会直接领导和参与下,整个编写过程进展比较顺利。充分说明以行业协会牵头,目标明确,代表行业共性,效率高,降低重复劳动,组织实施标准统一,为后续配套“学历证书 + 若干职业技能等级证书”制度试点(简称 1 + X 证书制度试点)实施奠定基础。

由于主客观因素影响,在现代学徒制试点过程管理中,还有许多工作不全面、不深入的问题,甚至有必须要做但无法全面开展的工作,如合作专业人才培养方案深度重构、校企合作教材的开发和双师的责权利等;试点与探索工作任重道远,但我们始终围绕现代学徒制试点的核心开展工作,按照试点路径,规范教学文件,做到过程管理可溯源;不做文字游戏,摒弃“伪学徒制”给社会带来的负面影响。

# 第 1 部分　谋划校企深度合作

## 1.1　安徽水利水电职业技术学院、安徽水安建设集团股份有限公司关于共建"水安学院"的协议

甲方：安徽水利水电职业技术学院

乙方：安徽水安建设集团股份有限公司

在遵守中华人民共和国法律和教育法规的前提下，为贯彻落实《中华人民共和国职业教育法》（1996 年 9 月 1 实施）和《教育部关于开展现代学徒制试点工作的意见》（教职成〔2014〕9 号）等法律法规，充分利用学校、企业资源，建立"产教融合、工学结合"的长效机制，全面提升高校对企业发展的人力支撑能力和高校服务社会能力，甲乙双方本着"资源共享、优势互补、合作共赢、共同发展"的原则，经友好协商，决定共建"安徽水利水电职业技术学院水安学院"（简称水安学院），为将水安学院打造成"工程类人才培养基地""校企职工培训和实习（实训）基地""技能鉴定与行业资质认定基地"，特达成如下协议。

**一、合作基础**

**【学院概况】**　安徽水利水电职业技术学院 1952 年建校，是全国百所国家示范性高等职业院校之一和安徽省首批 16 所地方技能型高水平建设单位，具有 60 余年办学历史。学院还是全国高职高专人才培养工作水平评估优秀单位、国家高技能人才培养基地、全国水利系统文明单位、全国职业教育先进单位和安徽省普通高校毕业生就业工作标兵单位。学院面向社会，培养适应生产、建设、管理、服务一线需要的高等技术应用型专业人才，开设水利、建筑、资源与环境、市政、机电、机械、交通、电气、电子信息及管理工程等十大类共 59 个专业。厚重的办学历史、优美的教学环境、雄厚的师资力量、完善的实训场所、完美的创新创业教育，使其成为有志学子学习的最佳场所。学院已累计培养各类专业人才 7 万多人，他们遍布于全国 20 多个省（市、区），奋战在水利、电力、机电、建筑、市政、IT 等各条战线上，成为安徽乃至全国经济社会发展和水电事业的基础力量和重要支撑。

**【水安集团概况】**　安徽水安建设集团股份有限公司（简称水安集团）由原安徽省水利建筑安装总公司改制设立，现已发展成为一家以工程施工总承包为主，集投资建设、项目运营、工程设计、房地产开发为一体，具备国际工程承包竞争实力的大型施工企业和国家高新技术企业。公司通过了质量管理体系、环境管理体系、职业健康安全管理体系认证，通过了安徽省省级技术中心的认定，被水利部评定为水利水电工程施工企业安全生产标准化一级达标单位；被中国建筑业协会、中国水利工程协会分别评定为 AAA 级信用企业。目前公司注册资本 5.6 亿元，银行机构综合授信和 PPP 项目专项授信额度 500 亿元，拥有各类专业技术及管理人员 1 500 余人（其中，高、中级专业技术人员 383 人，一、二级建造师 432 人），带动就业人口近 4 万人，年施工能力超百亿元。公司具有水利水电施工

总承包特级资质，房屋建筑、市政公用工程施工总承包一级资质，公路工程施工总承包二级资质，消防设施工程、机电设备安装工程、钢结构工程、地基与基础工程等专业承包一级资质，公路路基、园林绿化等多项专业承包二级资质，水库枢纽、引调水、灌溉排涝三项专业设计甲级资质，以及国外工程承包经营资格。历经六十多年的改革发展，公司始终弘扬伟大的治淮精神，秉承“讲诚信、铸精品，开拓创新、奉献社会”的企业宗旨，坚持“改革促进发展、改革创新经营、改革推动精细化管理”的发展思路，立足江淮，面向全国，走向世界，全方位开拓经营市场，全过程加强施工管理。公司先后在国内外承建了数千项水利水电建筑、河道整治、城市路网、供水设施、污水处理、公路交通、船闸航道、房屋建筑、水环境治理等工程项目，多项工程获得鲁班奖、詹天佑奖、大禹奖、黄山杯奖及科技进步奖，境外工程项目也受到了所在国家政府(部门)的好评。公司多次荣获全国优秀施工企业、全国优秀水利企业、全国用户满意安装企业、中国建筑业成长性百强企业、安徽省优秀企业、安徽省守合同重信用企业等荣誉称号，取得了显著的经营业绩和良好的市场声誉。“十三五”期间，公司坚持“夯基础、调结构、促转型、增效益”的发展方针，聚焦转型升级、创新发展，强化合作共赢经营理念，在巩固和提升现有市场业绩的基础上，持续在PPP项目、海外工程承包和房地产开发上发力，实现资本运作业务突破，努力完成“1341”发展目标，致力于把公司打造成社会认可、股东满意、员工幸福、国内知名、安徽一流的综合性企业集团。

**二、合作方式**

(一)为共建水安学院，甲方以现有教学资源，乙方以设备与技术等资源开展合作，实现合作建设、合作育人、合作就业、合作发展。

(二)双方共同组建水安学院理事会，具体运作模式等由理事会协商确定。

(三)水安学院场地设在甲方校园内，双方共同参与水安学院教学与办公场所的调整与布置。

(四)水安学院为隶属于甲方的二级院系机构，不具有独立的法人主体资格。

1. 双方用以合作的资源，在合作期限内仅提供其使用权，不转移所有权。

2. 双方根据共建需要各自委派、任命若干员工进入水安学院工作，员工的人事劳动关系及责任由各自承担。

3. 水安学院财务单独核算，经费的收支和使用制度由院长办公会议协商确定，但应合并纳入甲方报表进行审计。

**三、组织机构**

为保证水安学院的有效运行，甲乙双方共同组建以下四个管理机构。

(一)校企合作领导小组

组长：周银平、汪绪武、薛松

副组长：张敏、胡先林、李靖

成员：满广生、赵晓峰、章天意、赵琛、丁学所

(二)水安学院理事会

水安学院理事会为安徽水利水电职业技术学院和安徽水安建设集团股份有限公司共同领导下的决策机构，负责水安学院校企合作办学总体统筹，负责水安学院工作决策和管

理人员任免。理事会由7人组成,其中,甲方占4位,乙方占3位,理事长由安徽水利水电职业技术学院领导担任,副理事长由安徽水安建设集团股份有限公司领导担任。

理事长:薛松

副理事长:张敏

理事:李靖、赵晓峰、汪允文、满广生、吕同斌

(三)水安学院管理机构

根据理事会提名并任命,成立由1名院长及2名副院长组成的水安学院管理机构,其中由甲方委派院长1名、副院长1名,乙方委派副院长1名。院领导班子执行水安学院理事会决议,开展水安学院工作,定期向理事会汇报。

院长:满广生

副院长:李靖、丁学所(主持工作)

(四)水安学院综合办公室

甲乙双方根据教学管理、学生管理、招生就业、培训鉴定、沟通协调等工作的实际需要,各委派专职工作人员1~3名,综合办公室由水安学院管理机构负责。

主任:章天意、赵琛

成员:王煜梁、金承哲、刘婷、郑兰

**四、合作领域**

根据双方各自优势和发展需要,双方同意在以下几个领域展开全方位、深层次的合作。

(一)专业设置

1. 综合考虑企业需求,调研、开发、设置和调整专业,并为自愿拓宽发展渠道的学生开设辅修专业。

2. 部分专业可实行乙方企业冠名办班,如“水安水利班”“水安房建班”“水安市政班”“水安机械班”“水安国际班”等,为乙方企业提供人才支持。

3. 共同组建水安学院专业建设指导委员会,共同确定专业培养目标、制订专业人才培养方案、开发课程标准和教材等。

(二)专业人才培养方案

4. 双方共同组织修订并实施水安学院专业人才培养方案(课程开发与改革),共同开展办学质量考核与监控。

5. 设立水安奖学金,奖励水安学院优秀学生。

(三)培训

6. 利用双方资源,互相开展师资与企业员工培训,使水安学院逐步形成校企双方技能培训与鉴定窗口。

7. 选派甲方专业带头人、骨干教师、教学能手到乙方企业实践锻炼。

8. 聘请乙方企业专家、工程技术人员到水安学院任兼职教师(兼职教授),邀请企业工程技术人员到校开设课程和讲座,提升学校教师队伍整体水平。

(四)科技研发

9. 通过成果转让、联合攻关、产品研发、技术服务等方式,开展科技项目合作,积极促

进企业科技开发与成果推广，提高企业工程质量和品牌影响力。

（五）技能鉴定与资质认定

10. 利用甲方技能鉴定站资源，优先为水安学院学生和安徽水安建设集团股份有限公司职工提供技能鉴定。

11. 积极争取外部资源，拓展技能鉴定及资质认定项目。

12. 争取省建设主管部门支持，为学生获取相关资质证书提供考核方便。

（六）实践教学实习（实训）与就业

13. 合作实施学生的实践教学实习（实训）和毕业综合实践教学实习（实训），共同促进毕业生高质量就业等。

14. 乙方企业接收水安学院合格毕业生就业入职。

**五、双方权责**

（一）甲方

1. 负责办理水安学院开办的相关报批手续。

2. 负责水安学院筹建工作。

3. 负责水安学院院长、副院长（甲方人员）的推荐、委派及管理，监督水安学院理事会决议的贯彻与落实。

4. 决定水安学院岗位设置、人员编制，并负责其部分关键岗位人员的聘免与考核。

5. 负责水安学院的招生宣传及日常的教学管理、督导工作。

6. 负责水安学院新设专业的申报、招生计划的制订申报及招生工作。

（1）按乙方招工计划，落实和完成每年 3 个专业（水利水电工程技术、建筑工程技术、市政工程技术）约 150 人的招生任务（可根据乙方人才规划需求按年调整）。

（2）甲方每年 5 月左右，根据企业用人需求，面向全校二年级学生，招收不超过 40 人的重点班，由安徽水安建设集团股份有限公司集中培训，统一分配。

7. 负责提供水安学院后勤、保卫等保障工作。

8. 负责收取水安学院学生的学费、住宿费等。

9. 配合相关二级学院负责支付乙方兼职教师的课时津贴。

10. 负责提供水安学院日常运行的办公室及办公设备。

11. 负责水安学院承接建设主管部门鉴定与培训任务的组织实施工作。

12. 负责安排二年级专业阶段性实践教学等实习（实训）和组织工作；负责学生交通车辆及指派实践教学指导老师，承担交通车辆花费及指派实践教学指导老师指导费（二年级第 1 学期安排 30 天，主要参与项目专业认知；第 2 学期 45 天，主要参与项目部技术学习和管理工作，为三年级全面毕业综合实践教学实习（实训）奠定基础）。

（1）甲方提前两个月与乙方联系，确定专（兼）职教师和学生实践教学实习（毕业综合实践教学实习）的时间、内容，并与乙方共同制订具体实施方案。

（2）甲方的教师和学生应尊重乙方企业文化，严格遵守乙方各项管理制度和劳动纪律。

13. 聘请乙方生产、技术、管理与服务第一线的专业技术人员作为甲方的兼职教师，参与校企合作的专业人才方案修订和专业建设工作；聘请乙方第一线的专业人员为实践教学指导老师（师傅）并承担一定的实践教学任务，负责聘书制作和聘任工作，指导老师的指导费由双方约定支付。

甲方根据青年教师培养方案，每年派遣若干名专业教师到乙方担任专（兼）职教师，进行双师实践锻炼，共同开展科研合作，提供技术服务，推广科技成果。

14. 负责《校企合作奖学金管理办法》的制定和实施；奖学金由安徽水安建设集团股份有限公司提供，获奖学生的奖学金经集团人力资源部审核，学生毕业入职后统计发放；未到集团公司办理入职的获奖学生，不再享受安徽水安建设集团股份有限公司提供的企业奖学金。

15. 配合相关二级学院办理和发放水安学院学生毕业证书（资格证书）。

16. 负责接收乙方按 600 元/（生・年）标准承担联合培养成本分摊费用，为乙方出具报账凭据（毕业入职为基数）。

17. 配合相关二级学院统计、审核和支付水安学院教师教学（实践教学实习（实训）现场指导教师）课酬及辅导员津贴。

注：实践教学实习（实训）现场指导老师指导课时标准按《安徽水利水电职业技术学院内部分配制度改革实施办法（修订）》（皖水院人〔2011〕12 号）和院长办公会议纪要执行。

18. 负责定期组织召开校企合作领导小组、理事会、辅导员交流座谈会。

19. 负责安徽水利教育基金会的筹备、申报与注册工作。

20.《安徽水利水电职业技术学院学报》优先发表乙方学术论文。

21. 负责在学报彩页版面及学校网站优先刊登乙方图文宣传。

（二）乙方

1. 与甲方共同筹建并管理水安学院。

2. 负责水安学院副院长（乙方人员）的推荐、委派及管理，监督水安学院理事会决议的贯彻与落实。

3. 协助甲方拟定水安学院招生宣传资料和招生简章。

4. 推选优秀的专业技术人员、管理人员到水安学院进行教学、实训指导和日常管理工作。充分利用企业的优势和影响，根据自身需要与甲方进行项目合作和研究，并组织专家参加甲方的专业人才培养方案修订和课程建设、实践教学指导。

5. 负责安排甲方选派专业带头人、骨干教师、教学能手到企业实践锻炼的落实工作。

6. 负责为水安学院学生现场实践教学提供先进的实训设备、设施。

7. 负责水安学院学生“产教融合、工学结合”生产性实践教学岗位的安排。

（1）负责落实专业技术人员或专业管理人员为实践教学实习（实训）现场指导老师（师傅），指导学生阶段实践教学（毕业综合实践教学）实习（实训）期间的日常管理。

（2）负责对甲方指派青年教师、专（兼）职教师和实践教学（毕业综合实践教学）实习（实训）学生的成绩进行全面评价和考核。

（3）负责对教师和学生开展有关安全操作规程等的教育及培训，确保学生人身和设备的安全。

(4)负责实践教学实习(实训)学生的食宿;负责毕业综合实践教学实习(实训)学生的交通、食宿;统一为实践教学实习(实训)学生购买雇主险。

8. 负责对水安学院的教学岗位设置、人员编制及实训进行监控,并提出改进意见报理事会通过。

9. 负责按照合作双方的约定,拨付水安学院相应的日常管理经费及人员报酬,建立明确的经济收支账目。

10. 乙方按600元/(生·年)标准承担联合培养成本分摊费用,甲乙双方依据毕业生入职人数,统计结算培养成本分摊费。

注:培养成本统计一、二年级分摊费用,三年级毕业综合实践教学实习(实训)费用全部由乙方承担。

11. 负责每年为水安学院学生提供不超过10万元的奖学金。参与甲方落实《校企合作奖学金管理办法》的制定和实施,负责奖学金的评定与发放。奖学金标准相当于300元/(生·年),由安徽水安建设集团股份有限公司审核毕业学生入职统计,由学校统一办理发放;放弃入职水安集团的获奖学生,不再享受安徽水安建设集团股份有限公司提供的奖学金。

12. 优先为甲方提供科技合作项目,并积极促进科技开发与成果推广。

13. 乙方配合甲方定期组织召开校企合作领导小组会议、校企合作理事会、辅导员交流座谈会,及时解决水安学院在办学中出现的各种问题。

14. 负责整合外部技能鉴定与资格证书考核等相关工作。

15. 乙方负责邀请主管部门专家、其他高校教授每学期至少给学生进行一场专题讲座;负责安排安徽水安建设集团股份有限公司领导、专家给学生进行企业文化、职业发展路径等方面的专题指导,增加学生对安徽水安建设集团股份有限公司的认同感和归属感。讲座内容、安排领导(专家)讲课费由双方约定支付,水安学院配合组织实施。

16. 负责与省建设主管部门协调,协助甲方办理水安学院学生相关资格证书。

17. 优先录用水安学院合格毕业生;推荐毕业生到安徽水安建设集团股份有限公司关系企业及集团客户企业就业。

**六、甲乙方账户信息**

(略)

**七、合作期限**

1. 合作期限为5年。本协议期满时,双方无书面提出终止协议的,则本协议顺延5年。

2. 因政策、甲方教学规划和院系调整的需要,一方在提前90天书面通知的前提下,可提前解除本协议。

3. 合作期限届满或协议因故提前终止履行的,双方各自收回投入的资产、设备及技术资料,依法、妥善安置员工和学生。无论何种原因导致合同终止,双方均有义务保持甲方正常和良好的教学及校园秩序不受影响,否则,应承担相关的经济损失和法律责任。

**八、其他**

1. 本协议一式两份，双方各执一份，经双方代表签字即生效。双方应遵守有关条款，未尽事宜，由双方协商解决或签订有关条款的补充协议。

2. 本协议所指“双方”仅指本协议的缔约方，即上述甲方和乙方。

甲方（盖章）：安徽水利水电职业技术学院
法人代表（签字）：

乙方（盖章）：安徽水安建设集团股份有限公司
董事长（签字）：

签订日期：　年　月　日

## 1.2　校企合作水安学院理事会章程

**第一章　总　则**

**第一条**　理事会是水安学院建设与发展的决策、审议与监督机构，是水安学院实施科学决策、扩大民主监督、促进校企深度合作的重要组织形式。

**第二条**　理事会遵循“资源共享、优势互补、合作共赢、共同发展”的原则。

**第三条**　理事会的一切活动均应遵守国家法律法规和相关制度规定。

**第二章　理事会的作用**

**第四条**　理事会联系共建双方力量，加强联合办学，提高办学水平，改善办学条件，采取多种形式支持、促进水安学院各项事业的发展。

**第五条**　密切社会联系，提升社会服务能力，与社会各界建立长效合作机制。

**第六条**　扩大决策民主，保障水安学院改革发展相关的重大事项在决策前能够充分听取安徽水利水电职业技术学院和安徽水安建设集团股份有限公司的意见。

**第七条**　完善监督、决策机制，健全理事会对水安学院办学与管理活动的监督、评价、决策机制。

**第三章　理事会的组成及任期**

**第八条**　理事会由学校领导、安徽水安建设集团股份有限公司领导、有关部门负责人及水安学院领导组成。

**第九条**　理事会由 7 人组成。组成人员如下：

理事长：薛松

副理事长：张敏

理事：李靖、赵晓峰、汪允文、满广生、吕同斌

**第十条**　理事会每届任期 5 年，理事可以连任。

**第四章　理事会的职责**

**第十一条**　审议通过理事会章程、章程修订案。

**第十二条** 决定理事的增补或者退出。

**第十三条** 就水安学院校企合作发展目标、战略规划、学科建设、专业设置、重大改革举措、职责拟定或修订、重大制度制定等重大问题进行决策或参与审议。

**第十四条** 根据水安学院发展需要,依据有关部门推荐和人事部门考察情况,提名并任命水安学院管理人员。

**第十五条** 听取水安学院工作报告,对水安学院的发展规划提出建议和意见。

**第十六条** 评议水安学院办学质量,就办学特色与质量进行评估,提出合理化建议或意见。

**第十七条** 检查、指导、督促水安学院开展党建等教育活动。

**第五章 理事会议事制度**

**第十八条** 理事会原则上每年举行1次全体会议,讨论研究水安学院重大事项,审议理事会工作。特殊情况经理事长提议可提前或延期召开。应水安学院申请,也可召开专题会议。

**第十九条** 理事会必须有半数以上理事参加方可召开,理事会决议须经三分之二以上与会理事通过方能生效。

**第六章 理事会双方单位的权利与义务**

**第二十条** 学校权责

1.负责办理水安学院开办的相关报批手续。

2.负责水安学院筹建工作。

3.负责水安学院院长、副院长(学校人员)的推荐、委派及管理。

4.决定水安学院岗位设置、人员编制,并负责其部分关键岗位人员的聘免与考核。

5.负责水安学院的招生宣传及日常的教学管理、督导工作。

6.负责水安学院新设专业的申报、招生计划的制订申报及招生工作。

7.负责提供水安学院后勤、保卫等保障工作。

8.负责收取水安学院学生的学费、住宿费等。

9.负责支付安徽水安建设集团股份有限公司兼职教师课时津贴。

10.负责提供水安学院日常运行的办公室及办公设备。

11.负责水安学院承接建设主管部门鉴定与培训任务的组织实施工作。

12.配合相关二级学院办理和发放水安学院学生毕业证书。

13.负责安徽水利教育基金会的筹备、申报与注册工作。

14.《安徽水利水电职业技术学院学报》优先发表安徽水安建设集团股份有限公司学术论文。

15.负责在学报彩页版面及学校网站优先刊登安徽水安建设集团股份有限公司图文宣传。

**第二十一条** 安徽水安建设集团股份有限公司权责

1.与学校一起共同筹建并管理水安学院。

2.负责水安学院副院长(安徽水安建设集团股份有限公司人员)的推荐、委派及管理,监督水安学院理事会决议的贯彻与落实。

3. 协助学校进行水安学院招生宣传资料和招生简章相关内容的修订。

4. 推选优秀的专业技术人员、管理人员到水安学院进行教学、实训指导和日常管理工作。

5. 负责安排学校选派专业带头人、骨干教师、教学能手到本方企业实践锻炼的落实工作。

6. 负责为水安学院提供先进的实训设备、设施。

7. 负责安排水安学院学生参与"产教融合、工学结合"的生产岗位实践教学实习(实训)。

8. 负责对水安学院的教学岗位设置、人员编制及实训进行监控,并提出改进意见报理事会通过。

9. 负责按照公司的规定,拨付水安学院相应的日常管理经费及人员报酬,建立明确的经济收支账目。

10. 负责每年为水安学院学生提供不超过 10 万元的奖学金。

11. 优先为学校提供科技合作项目,并积极促进科技开发与成果推广。

12. 负责整合外部技能鉴定与资格证书考核等相关工作。

13. 争取省建设主管部门支持,为学生获取相关资质证书提供方便。

14. 优先录用水安学院合格毕业生;推荐毕业生到安徽水安建设集团股份有限公司关系企业及集团客户企业就业。

## 1.3 建筑工程技术专业人才培养方案(第 2 轮)

### 1.3.1 主体部分:现代学徒制建筑工程技术专业人才培养的标准和要求

#### 1.3.1.1 专业名称与专业方向

(1)专业名称:建筑工程技术。

(2)专业方向:建设工程施工。

#### 1.3.1.2 教育类型与学历层次

(1)教育类型:高等职业教育。

(2)学历层次:高职高专。

#### 1.3.1.3 学制与招生对象

(1)学制:全日制 3 年。

(2)招生对象:普通高中毕业生或同等学历者。

#### 1.3.1.4 培养目标

为满足安徽水安建设集团股份有限公司工程施工一线的需要,培养德、智、体、美、劳全面发展,具有专业必备的基础理论和专业知识,掌握专业技术,服务于企业,从事建筑工程施工及管理工作,能熟练应用专业信息技术开展相关业务工作,具有创新创业意识和创新创业能力的可持续发展的高素质技术技能型人才。

#### 1.3.1.5 培养规格

1. 专业面向

本方案围绕建筑工程施工八大员岗位群，通过与合作企业"产教融合、工学结合"联合培养方式，毕业生主要从事建筑工程施工组织策划、施工技术管理、施工进度成本控制、质量安全环境管理、施工信息资料管理等专业岗位的业务工作。

专业面向的单位为安徽水安建设集团股份有限公司及相关单位。

初始入职岗位为安徽水安建设集团股份有限公司施工员、质检员、安全员、材料员、资料员、机械员、造价员、劳务员等。

未来发展岗位为项目经理及相关技术管理岗位。

2. 知识要求

(1)掌握一定的自然科学、人文科学和社会科学基础知识。

(2)掌握建筑工程材料、工程制图与CAD、工程测量、构造与识图、力学与结构等专业基础知识。

(3)掌握建筑工程施工一般程序，主要工程的施工方法、施工工艺、质量标准、安全管理、环境管理，工程计量与班组结算等专业技术知识。

(4)具有工程质量验评、施工组织管理、资料管理及项目管理的有关岗位知识。

(5)具备扩展专业知识和业务的基本条件。

3. 能力要求

(1)具有工程制图及识图能力。

(2)具有测量与放样能力。

(3)具有建筑工程施工技术。

(4)具有施工组织设计及专项方案编写能力。

(5)具有工程质量、安全、进度及费用管理的能力。

(6)具有工程计量及班组结算的能力。

(7)具有建筑构造认知能力。

(8)了解公司(企业)文化。

(9)了解BIM技术的使用情况。

(10)掌握计算机及常用软件使用技术。

(11)具有工程资料管理能力。

(12)具有认识社会、交际、协作、公关等能力。

(13)具有工程材料选择、应用和检测能力。

(14)具有一定的外语基础水平。

(15)熟悉国家建筑工程相关法律法规。

4. 素质要求

1)人文素质要求

具有历史、政治、哲学、法律、艺术、道德、文学等人文知识；具有良好的职业道德、积极向上的思想观念；具有正确的人生观与价值观；拥有成熟的思维模式、较好的逻辑思维能力；拥有极强的开拓创新精神、自主学习与创新创业能力。

2）职业素质要求

具有“必需、够用”的专业理论基础，强调理论在实践中的应用和职业的针对性。有较强的综合运用各种知识解决实际问题的能力，有较高的处理人际关系、组织协调、沟通等关键能力。通过实践教学实习（实训）不断强化动手能力，提升职业素养，缩短毕业入职适应期，无缝对接专业岗位群。

### 1.3.1.6　课程体系

1. 课程体系设计思路

除规定开设的思政、体育等基础课程外，本方案重点对专业课程在以下方面进行了梳理整合，以利于应用型人才的培养。

（1）课程内容整合弱化理论，强化实践教学与技能培养，理论知识坚持“必需、够用”的原则，压缩和整合部分理论性强、学习难度大的课程内容，淡化理论，突出和强化技能培养。如将“工程力学”“钢筋混凝土结构”“钢结构”等课程整合为“力学与结构”，仅介绍专业技能培养必需的基本构造及工程结构基本知识。

（2）课程设置围绕学生就业岗位。考虑到专业岗位群的需要，重点加强工程施工技术相关课程学习力度。如将工程施工技术分为“基础工程施工”“主体结构施工”和“防水与装饰工程施工”，并将“施工组织”等与工程施工、组织管理相关的课程列为专业核心课程。

2. 专业课程体系

专业课程体系见表 1-1。

**表 1-1　专业课程体系**

<table>
<tr><th>序号</th><th>课程名称</th><th>课程属性</th><th>序号</th><th>课程名称</th><th>课程属性</th></tr>
<tr><td>1</td><td>工程材料应用与检测</td><td rowspan="5">专业基础课<br>（5 门）</td><td>11</td><td>建筑工程项目管理</td><td rowspan="3">专业技术课<br>（8 门）</td></tr>
<tr><td>2</td><td>工程制图与 CAD</td><td>12</td><td>建筑设备安装</td></tr>
<tr><td>3</td><td>建筑工程测量</td><td>13</td><td>建筑安全技术*</td></tr>
<tr><td>4</td><td>建筑构造与识图</td><td>14</td><td>Revit 建模技术</td><td rowspan="7">专业拓展课<br>（7 门）</td></tr>
<tr><td>5</td><td>力学与结构</td><td>15</td><td>建设法规</td></tr>
<tr><td>6</td><td>基础工程施工（5 周）*</td><td rowspan="5">专业技术课<br>（8 门）</td><td>16</td><td>工程资料管理</td></tr>
<tr><td>7</td><td>主体结构施工（6 周）*</td><td>17</td><td>工程质量监测</td></tr>
<tr><td>8</td><td>防水与装饰工程施工（4 周）*</td><td>18</td><td>BIM 项目管理软件应用</td></tr>
<tr><td>9</td><td>工程计量与计价*</td><td>19</td><td>招投标与合同管理</td></tr>
<tr><td>10</td><td>建筑工程施工组织*</td><td>20</td><td>英语口语</td></tr>
</table>

**注：**专业课一共 20 门（必修），加“*”者为专业核心课。

融施工员及 BIM 技能认证于课程教学与训练，采用教、学、做一体化教学，将职业资格认证贯穿于教学的全过程，配合引导学生双证就业或多证就业。

3. 整体课程设置说明

1）课程体系组成

课程体系由公共基础课、专业基础课、专业技术课、专业拓展课和专业实践教学实习

(实训)课程五部分组成。

(1)公共基础课。包括思政、形势与政策、通识教育、英语、体育、计算机应用基础、水安文化讲座等课程。

(2)专业基础课。包括工程材料应用与检测、工程制图与 CAD、建筑工程测量、建筑构造与识图、力学与结构 5 门课程。

(3)专业技术课。包括基础工程施工、主体结构施工、防水与装饰工程施工、工程计量与计价、建筑工程施工组织、建筑工程项目管理、建筑设备安装、建筑安全技术等 8 门课程。

(4)专业拓展课。包括 Revit 建模技术、建设法规、工程资料管理、工程质量监测、BIM 项目管理软件应用、招投标与合同管理、英语口语等 7 门课程。

(5)专业实践教学实习(实训)课程。课程教学采用“产教融合、工学结合”的教学模式,重在培养学员的实践操作技能,整体教学除包括课内实践外,还包括入学教育、计算机应用实训、构造认知与识图实训、建筑工程测量实训、建筑施工(含设备安装)实训、建筑施工图识读专项实训、结构施工图识读专项实训、施工组织设计专项实训、施工图(含设备)识读综合实训、施工综合能力强化实训、资料管理专项实训、工程质量检测专项实训、工程一线的阶段实践教学、毕业综合实践教学、毕业教育及鉴定等多项实践。

2)课程主要内容

课程主要内容见表 1-2 ~ 表 1-6。

**表 1-2 公共基础课及其基本内容**

| 课程编码 | 公共基础课 | 课程基本内容和要求 |
|---|---|---|
| GGJC - 01 | 思政基础课 | 思政基础课是思政理论课“思想道德修养与法律基础”的简称。该课程以正确的人生观、价值观、道德观和法制观教育为主线,内容包括追求远大理想、坚定崇高信念,继承爱国传统、弘扬中国精神,领悟人生真谛、创造人生价值,学习道德理论、注重道德实践,领会法律精神、理解法律体系,树立法治理念、维护法律权威,遵守行为规范、锤炼高尚品格等。通过理论学习和实践体验,使大学生逐步形成崇高的理想信念,弘扬伟大的爱国主义精神,确立正确的人生观和价值观,培养其良好的思想道德素质和法律素质,并逐渐成长为德、智、体、美、劳全面发展的社会主义事业的合格建设者 |
| GGJC - 02 | 思政概论课 | 思政概论课是思政理论课“毛泽东思想和中国特色社会主义理论体系概论”的简称。本课程是以中国化的马克思主义为主题,以马克思主义中国化为主线,以中国特色社会主义为重点,着重讲授中国共产党将马克思主义基本原理与中国实际相结合的历史进程,以及马克思主义中国化两大理论成果即毛泽东思想和中国特色社会主义理论体系等相关内容,从而坚定大学生在党的领导下走中国特色社会主义道路的理想信念 |
| GGJC - 03 | 形势与政策 | 形势与政策是高校思想政治理论课的重要组成部分,是对大学生进行形势政策教育的主要渠道和主阵地,通过学习可帮助青年大学生深刻理解和领会党的最新理论成果、认识当前国内国际政治经济形势与国际关系,帮助大学生开阔视野,及时了解和正确对待国内外重大时事,更好地贯彻落实中央的有关精神,使大学生在改革开放的环境下有坚定的立场、较强的分析能力和适应能力,为培养具有社会责任感和时代使命感的大学生发挥独特的作用 |

续表 1-2

| 课程编码 | 公共基础课 | 课程基本内容和要求 |
| --- | --- | --- |
| GGJC－04 | 通识教育 | 通识教育是教育的一种，这种教育的目标是：加强文学、历史、哲学、艺术等人文社科方面的教育，在现代多元化的社会中，为受教育者提供通行于不同人群之间的知识和价值观。目前主要开设的课程有演讲与沟通、社交礼仪、应用文写作等 |
| GGJC－05 | 英语 | 讲授基础词汇和基础语法，注重培养学生听、说、读、写的基本技能和运用英语进行交际的能力；具有一定的专业英语水平，能够阅读一般的专业文献、期刊，能够进行一般的专业论文翻译 |
| GGJC－06 | 体育 | 学习体育与健康的基本知识、基本技术和基本技能，使学生掌握科学锻炼和娱乐休闲的基本方法，养成自觉锻炼的习惯；培养学生自主锻炼、自我保健、自我评价和自我调控的意识，全面提高学生的身心素质和社会适应能力，为学生终身锻炼、继续学习与创业立业奠定基础 |
| GGJC－07 | 计算机应用基础 | 学习计算机的基本知识，掌握常用操作系统的安装使用方法，掌握 Office（Word、Excel、PowerPoint、WPS）办公软件的使用技术，掌握计算机网络的基本操作和使用方法，具备熟练操作计算机的基本技能 |
| GGJC－08 | 水安文化讲座 | 以讲座的形式，邀请安徽水安建设集团股份有限公司中高层领导，从企业文化的物质层面、行为层面、制度层面、精神层面，以及企业的品质文化、服务文化、营销文化、广告文化、管理文化、环境文化等方面进行全方位、多维度的讲解，使学生了解、熟悉乃至领悟水安文化。通过学习，使学生认识到：学习掌握企业文化可以提高企业组织的竞争力，实现个人职业生涯与企业总体目标的真正融合，使人们在工作中体会生命的意义，使员工个体得到全面的发展，同时使企业整体得到可持续发展。只有致力于人的发展的企业文化，才能锻造强大的企业 |

表 1-3　专业基础课及其基本内容

| 课程编码 | 专业基础课 | 课程基本内容和要求 |
| --- | --- | --- |
| ZYJC－01 | 工程材料应用与检测 | 掌握常用工程材料，包括无机胶凝材料及其制品、有机胶凝材料及其制品、木材及钢材等的基本知识，能合理选用工程材料及制品；掌握工程材料常规试验的基本方法，能进行主要原材料的检测与试验检验，能够进行材料的使用管理 |
| ZYJC－02 | 工程制图与 CAD | 学习工程制图国家标准和工程制图的基础知识，掌握工程施工图、结构施工图的识读和绘制技能，并具有对一般建筑设备施工图的识读能力，培养学生绘图、识图能力。熟悉建筑 CAD 绘图基本菜单命令的使用，掌握建筑 CAD 绘图的基本方法，能使用计算机绘制一般的建筑图 |

续表 1-3

| 课程编码 | 专业基础课 | 课程基本内容和要求 |
|---|---|---|
| ZYJC－03 | 建筑工程测量 | 学习工程测量基本知识，掌握常用测量仪器的基本操作、检验与校正方法，了解建筑工程测量的基本原理，初步掌握水准测量、建筑场地上地形测量的方法，能进行施工定位、放线、抄平等常见测量工作，会阅读、使用地形图 |
| ZYJC－04 | 建筑构造与识图 | 掌握一般工业与民用建筑构造、设计原理和方法，具有一般工业与民用建筑初步设计能力，进一步提高建筑施工图的绘图、识图能力。熟悉钢筋混凝土结构各建筑构件的构造做法，能够识读和绘制构造详图 |
| ZYJC－05 | 力学与结构 | 主要学习静力学的基本理论和方法，学习杆件在静荷载作用下的强度、刚度、压杆稳定问题；学习杆系静定结构的计算方法，能解决简单超静定结构的内力计算问题。<br>学习混凝土、钢材及砌体材料的基本力学性能；了解概率极限状态设计法、混凝土结构与砌体结构基本构件（梁、板、柱、墙）的计算方法；掌握一般结构的计算与构造知识。通过学习，能识读和绘制结构施工图 |

表 1-4　专业技术课及其基本内容

| 课程编码 | 专业技术课 | 课程基本内容和要求 |
|---|---|---|
| ZYJS－01 | 基础工程施工 | 学习土的工程性质，学习土方工程、地基与基础工程的施工工艺、方法、施工机械选择、施工规范和验收标准，以及有关施工设计、施工方案拟定的基本知识。能够进行土方施工、地基处理、桩基施工，能够进行常见基础结构模板、钢筋、混凝土分部工程的施工及方案编制 |
| ZYJS－02 | 主体结构施工 | 学习钢筋混凝土结构（模板工程、钢筋工程、混凝土工程）、钢结构、砌体结构（墙体砌筑、二次结构）的施工工艺、质量与安全技术措施等。掌握建筑主体结构施工方法、工艺流程、机械设备选用等，能够进行建筑主体结构施工质量控制、安全管理以及施工方案编制等 |
| ZYJS－03 | 防水与装饰工程施工 | 学习防水（地下防水与地上防水）工程和常见装饰工程的施工工艺、质量与安全技术措施等。能够进行地下工程防水施工，屋面、卫生间防水施工；能够进行屋面施工、抹灰工程施工、门窗安装施工、楼地面工程施工、吊顶施工、饰面板（砖）安装施工及涂饰工程施工等 |
| ZYJS－04 | 工程计量与计价 | 学习工程造价的构成、工程造价计价依据、工程造价计价基本理论、工程计量、各阶段工程造价的确定方法、计算机辅助工程计量与计价系统等。能够运用房屋建筑与装饰工程量计算规范规则计算清单工程量，能够进行各种建筑材料用量分析和人工用量分析，并能根据定额计算规则、市场价格、费率取定进行综合单价分析，能编制单位工程工程量清单确定工程造价，并具有标书编制的能力 |

**续表 1-4**

| 课程编码 | 专业技术课 | 课程基本内容和要求 |
|---|---|---|
| ZYJS－05 | 建筑工程施工组织 | 学习建筑工程施工组织的方式方法，学习施工组织设计的编制技术。熟悉建筑工程施工程序、施工组织设计的内容；懂得建筑施工流水作业的基本原理及其应用；掌握工程网络计划技术，能够进行网络计划的绘制、计算及优化；掌握施工组织设计软件的使用技术，能够使用软件编制施工组织设计文本文件，能够绘制工程网络图（时标网络图）、横道图，能够使用软件绘制施工现场平面布置图，能够编制建筑工程各工种工程的主要施工方案及主要管理计划 |
| ZYJS－06 | 建筑工程项目管理 | 掌握建筑工程项目管理工作流程，熟悉工程项目管理各方的目标和任务，掌握成本、进度、质量控制的程序和措施。熟悉安全管理的方法，掌握安全事故的处理措施。熟练掌握招标投标的方式，编制招标投标文件，增强中标能力。熟练掌握合同的管理方法及合同索赔的相关问题。学习项目管理软件的使用方法 |
| ZYJS－07 | 建筑设备安装 | 掌握一般房屋中给水、排水、通风、空调、煤气供应等设备的初步知识和工作原理。能进行一般设备的安装工作，能识读一般建筑工程的水暖施工图，以便能编制水暖、安装工程预算。了解建筑施工用电基本知识，了解建筑施工中常用电器选择和安装，能识读一般建筑工程的电气施工图，以便能编制室内电气工程预算 |
| ZYJS－08 | 建筑安全技术 | 介绍建设工程安全生产管理的基本知识、建设工程施工危险源辨识与控制、建筑施工安全技术、拆除工程施工安全技术与管理、施工现场安全保证体系与保证计划、施工安全检查与安全评价，使“技术”与“管理”有机结合 |

**表 1-5　专业拓展课及其基本内容**

| 课程编码 | 专业拓展课 | 课程基本内容和要求 |
|---|---|---|
| ZYTZ－01 | Revit 建模技术 | 通过本课程的学习，使学生能够运用 Revit 软件进行建筑工程建模，熟悉建筑建模相关业务知识，具有工程软件建模和工程虚拟渲染的能力，提高学生解决实际问题的能力，具备履行工程建模岗位职责和业务活动所必备的专业知识和实际工作能力 |
| ZYTZ－02 | 建设法规 | 课程内容从工程建设程序、工程建设执业资格、城乡规划、工程发包与承包、工程勘察设计、工程建设监理、工程建设安全生产管理、建设工程质量管理和建设工程合同管理等方面对我国建设领域相关法律法规进行介绍，包括《中华人民共和国城乡规划法》《中华人民共和国招标投标法》《建设工程质量管理条例》《建设工程勘察设计管理条例》《建设工程安全生产管理条例》等最近颁发的有关法律法规的内容。通过学习，能够运用法律法规进行合同管理、索赔与反索赔 |

续表 1-5

| 课程编码 | 专业拓展课 | 课程基本内容和要求 |
|---|---|---|
| ZYTZ－03 | 工程资料管理 | 主要内容包括建筑工程资料管理概述、工程准备阶段资料整理、监理资料整理、施工资料整理、竣工验收资料整理、建筑工程资料管理软件及应用、建筑工程施工资料编制实例。通过学习，掌握建筑工程资料的分类与组卷及编写和填表方法 |
| ZYTZ－04 | 工程质量监测 | 学习建筑工程质量管理的基本知识、建筑工程材料质量检测、地基基础工程质量控制及检测、砌体工程质量控制及检测、混凝土结构工程质量控制及检测、钢结构工程质量控制及检测、地下防水工程质量控制及检测、屋面工程质量控制及检测等，通过学习掌握典型工程实体各分项工程的质量检测、质量分析鉴定和处理方法，熟悉并掌握各种常用的工程质量检测手段和使用方法 |
| ZYTZ－05 | BIM 项目管理软件应用 | 学习现场施工项目管理的主要管理实务，能进行建筑工程模板、脚手架、基坑等安全施工方案计算和编制，能够进行 BIM 施工网络计划编制、三维场布设计，能够用于技术标的编制，能够对施工进度、施工过程进行控制管理，能够对工程进度控制进行动画模拟 |
| ZYTZ－06 | 招投标与合同管理 | 学习建设工程招标投标的基础知识及内容，掌握建设工程招标投标的方式、程序和参与招标投标各方主体资格要求，掌握工程招标投标文件的编制，掌握工程评标、定标办法，能够进行工程招标投标实施工作，掌握工程投标策略、投标决策与技巧、工程投标报价，熟悉我国建设工程施工合同示范文本，掌握建设工程合同的订立、合同的效力、合同的履行，以及合同的变更、违约责任、争议解决，能够进行合同索赔与反索赔 |
| ZYTZ－07 | 英语口语 | 学习英语日常口语，掌握常用对话语句，能够进行一般场景下的口语交流；同时结合所学专业，进行专业英语口语学习，能够在国际工程项目环境下进行项目管理、工程招标投标、商务谈判，具备承揽海外项目或参与国外企业合作项目管理的英语口语交际能力 |

表 1-6　专业实践课程及其基本内容

| 课程编码 | 专业实践课程 | 基本内容和要求 |
|---|---|---|
| ZYSJ－01 | 入学教育 | 包括军训、适应性教育、专业思想教育、爱国爱校教育、文明修养与法纪安全教育、心理健康教育、成才教育 |
| ZYSJ－02 | 计算机应用实训 | Windows 操作系统应用练习、Office 软件使用练习和 WPS 软件操作练习等 |
| ZYSJ－03 | 构造认知与识图实训（含力学与结构） | 通过实训，对建筑物（构筑物）实体有个全面认识，熟悉构造组成、材料及其做法，能够识读建筑、结构施工图，为后续课程学习打下坚实基础 |

续表 1-6

| 课程编码 | 专业实践课程 | 基本内容和要求 |
| --- | --- | --- |
| ZYSJ－04 | 建筑工程测量实训 | 通过对测量实训任务的实操练习，掌握建筑工程测量的施工方法和各种施工现场测量仪器的操作技能，理论联系实际，具备施工测量及各种工程测量的能力 |
| ZYSJ－05 | 建筑施工（含设备安装）实训 | 直观地学习掌握各工种工程的施工工序、工艺做法，熟悉质量与安全管理措施，了解现场管理及组织作业基本技术 |
| ZYSJ－06 | 建筑、结构施工图识读专项实训 | 通过实训，掌握施工图的识图技术，能够识读建筑、结构施工图，并通过图形绘制进一步掌握识图技术 |
| ZYSJ－07 | 施工组织设计专项实训 | 掌握施工组织的几种常见方式，能够编制施工方案，并能够运用施工组织方式组织施工，提高施工效率。掌握施工现场平面布置图的绘制技术，进度计划表的编制技术 |
| ZYSJ－08 | 施工图（含设备）识读综合实训 | 综合掌握施工图（建筑、结构、机电三个方面）的识图技术，全面提升施工图的识读能力 |
| ZYSJ－09 | 施工综合能力强化实训 | 通过实践，对学生在建筑结构设备识图、施工方案编制、工程计量计价等主要岗位职业能力进行系统全面的训练，为今后就业提供保障 |
| ZYSJ－10 | 资料管理专项实训 | 掌握施工准备阶段文件资料、施工资料、监理资料、竣工图资料、竣工验收备案资料的收集和编制方法，了解我国建设工程技术资料管理方面的相关法律法规 |
| ZYSJ－11 | 工程质量检测专项实训 | 学习建筑工程中主要分部工程、分项工程、关键施工工序等各环节的质量控制要点和质量检验方法及质量合格标准，并会使用相关仪器设备 |
| ZYSJ－12 | 阶段实践教学、毕业综合实践教学 | 产学融合培养学生专业认知、岗位感知及理论应用行知的能力，加强综合分析和解决问题的能力、组织管理和社交能力；培养学生独立工作的能力，缩短毕业入职适应期 |
| ZYSJ－13 | 毕业教育及鉴定 | 对学生所学的专业知识进行最终全面、综合的检验 |

#### 1.3.1.7　考核与评价

1. 课程考核与评价

（1）课程考核内容由理论部分和实践部分两项组成（按百分制考评，60 分为合格），理论部分考核采用机试或笔试，实践部分考核采用实操，原则上理论∶实操＝1∶1。

（2）突出过程评价，课程考核结合课堂提问、小组讨论、实作测试、课后作业、任务考核等手段，加强实践性教学环节过程考核，突出校企共同考核与评价。

(3)强调目标评价和理实一体化综合评价，在进行综合评价时，结合实践活动，充分发挥学生的主动性和创造力，注重引导学生进行学习方式转变，重点考核学生的动手能力和在实践中分析问题、解决问题的能力。

2. 学生实践教学实习(实训)考核与评价

学生阶段(毕业综合)实践教学实习(实训)成绩鉴定由校企双方共同考核，企业评价为主。根据学生实践教学的基本技能、岗位适应能力、工作态度、职业素质、工作实绩由企业和学校共同对学生进行双重考核，考核成绩作为企业奖学金评定的重要依据。

### 1.3.1.8 教学安排

1. 专业教学计划进程

专业教学计划进程见表1-7。

**表1-7 专业教学计划进程表**

| 课程类别 | 课程代码 | 课程名称 | 授课学时 | | | 学分 | 时间安排及每周授课学时分配 | | | | | |
|---|---|---|---|---|---|---|---|---|---|---|---|---|
| | | | 合计 | 其中 | | | 第1学年 | | 第2学年 | | 第3学年 | |
| | | | | 课程理论教学 | 课堂实践教学 | | 第1学期 | 第2学期 | 第3学期 | 第4学期 | 第5学期 | 第6学期 |
| | | | | | | | 19周(16) | 19周(16) | 19周(15) | 19周(14) | 19周(10) | 15周 |
| 公共基础课 | GGJC－01 | 思政基础课 | 48 | 32 | 16 | 3 | 4 | | | | | |
| | GGJC－02 | 思政概论课 | 64 | 48 | 16 | 4 | | 4 | | | | |
| | GGJC－03 | 形势与政策 | 32 | 24 | 8 | 1 | 总8 | 总8 | 总8 | 总8 | | |
| | GGJC－04 | 通识教育 | 48 | 24 | 24 | 3 | 2 | | 2 | | | |
| | GGJC－05 | 英语 | 116 | 84 | 32 | 7 | 4 | 4 | | | | |
| | GGJC－06 | 体育 | 92 | 92 | 0 | 6 | 2 | 2 | 2 | | | |
| | GGJC－07 | 计算机应用基础 | 64 | 32 | 32 | 4 | 4 | | | | | |
| | GGJC－08 | 水安文化讲座 | 64 | 64 | 0 | 4 | 总4×4 | 总4×4 | 总4×4 | 总4×4 | | |
| 专业基础课 | ZYJC－01 | 工程材料应用与检测 | 64 | 32 | 32 | 4 | 4 | | | | | |
| | ZYJC－02 | 工程制图与CAD | 96 | 48 | 48 | 6 | 6 | | | | | |
| | ZYJC－03 | 建筑工程测量 | 90 | 60 | 30 | 5 | | 6 | | | | |
| | ZYJC－04 | 建筑构造与识图 | 90 | 42 | 48 | 5 | | 6 | | | | |
| | ZYJC－05 | 力学与结构 | 90 | 60 | 30 | 5 | | 6 | | | | |

**续表 1-7**

| 课程类别 | 课程代码 | 课程名称 | 授课学时 | | | 学分 | 时间安排及每周授课学时分配 | | | | | |
|---|---|---|---|---|---|---|---|---|---|---|---|---|
| | | | 合计 | 其中 | | | 第 1 学年 | | 第 2 学年 | | 第 3 学年 | |
| | | | | 课程理论教学 | 课堂实践教学 | | 第 1 学期 | 第 2 学期 | 第 3 学期 | 第 4 学期 | 第 5 学期 | 第 6 学期 |
| | | | | | | | 19 周（16） | 19 周（16） | 19 周（15） | 19 周（14） | 19 周（10） | 15 周 |
| 专业技术课 | ZYJS－01 | 基础工程施工*（5 周） | 60 | 30 | 30 | 4 | | | 12 | | | |
| | ZYJS－02 | 主体结构施工*（6 周） | 72 | 36 | 36 | 4.5 | | | 12 | | | |
| | ZYJS－03 | 防水与装饰工程施工*（4 周） | 48 | 24 | 24 | 3 | | | 12 | | | |
| | ZYJS－04 | 工程计量与计价* | 90 | 42 | 48 | 5 | | | 6 | | | |
| | ZYJS－05 | 建筑工程施工组织* | 84 | 42 | 42 | 5 | | | | 6 | | |
| | ZYJS－06 | 建筑工程项目管理 | 56 | 28 | 28 | 3.5 | | | | 4 | | |
| | ZYJS－07 | 建筑设备安装 | 90 | 48 | 42 | 5 | | | 6 | | | |
| | ZYJS－08 | 建筑安全技术* | 56 | 28 | 28 | 3.5 | | | | 4 | | |
| | 专业专题讲座 | | 48 | 48 | 0 | 3 | 总 1×4 | 总 2×4 | 总 4×4 | 总 3×4 | 总 2×4 | |
| 专业拓展课 | ZYTZ－01 | Revit 建模技术 | 84 | 42 | 42 | 5 | | | | 6 | | |
| | ZYTZ－02 | 建设法规 | 40 | 20 | 20 | 2.5 | | | | | 4 | |
| | ZYTZ－03 | 工程资料管理 | 56 | 28 | 28 | 3.5 | | | | 4 | | |
| | ZYTZ－04 | 工程质量监测 | 40 | 20 | 20 | 2.5 | | | | | 4 | |
| | ZYTZ－05 | BIM 项目管理软件应用 | 80 | 40 | 40 | 5 | | | | | 8 | |
| | ZYTZ－06 | 招投标与合同管理 | 40 | 20 | 20 | 2.5 | | | | | 4 | |
| | ZYTZ－07 | 英语口语 | 40 | 20 | 20 | 2.5 | | | | | 4 | |
| 合计 | | | 1 942 | 1 158 | 784 | 117 | 26 | 28 | 52 | 24 | 24 | |

**注**：1. 表中每学期上课周数可能有所浮动，（ ）内为扣除实践教学后的教学周数。

2. 表中课程名称后带有“*”的为专业核心课程。

3. 表中带有“总…”者，是指总共有多少课时；“总 3×4”是指 3 次讲座，每次 4 课时，总共 12 课时；不计算在周学时合计中。

4. 专题讲座根据课程情况适时安排，一般是对课程内容的补充或延伸，通常讲解新技术、新材料等。

2. 专业实践教学进程安排

专业实践教学进程见表1-8。

表1-8 专业实践教学进程表

<table>
<tr><th rowspan="3">实训环节类别</th><th rowspan="3">实训内容</th><th colspan="6">时间安排与实践周数(周)</th></tr>
<tr><th colspan="2">第1学年</th><th colspan="2">第2学年</th><th colspan="2">第3学年</th></tr>
<tr><th>第1学期</th><th>第2学期</th><th>第3学期</th><th>第4学期</th><th>第5学期</th><th>第6学期</th></tr>
<tr><td rowspan="3">专业认知实训</td><td>入学教育</td><td>2</td><td></td><td></td><td></td><td rowspan="16">企业专业综合实训8周</td><td></td></tr>
<tr><td>计算机应用实训</td><td>1</td><td></td><td></td><td></td><td></td></tr>
<tr><td>构造认知与识图实训(含力学与结构)</td><td></td><td>2</td><td></td><td></td><td></td></tr>
<tr><td rowspan="7">专项能力实训</td><td>建筑施工(含设备安装)实训</td><td></td><td></td><td>4(前)</td><td></td><td></td></tr>
<tr><td>施工组织设计专项实训</td><td></td><td></td><td></td><td>1</td><td></td></tr>
<tr><td>测量实训</td><td></td><td>1</td><td></td><td></td><td></td></tr>
<tr><td>工程质量检测专项实训</td><td></td><td></td><td></td><td rowspan="3">2(前)</td><td></td></tr>
<tr><td>资料管理专项实训</td><td></td><td></td><td></td><td></td></tr>
<tr><td>建筑、结构施工图识读专项实训</td><td></td><td></td><td></td><td></td></tr>
<tr><td>阶段实践教学(专业认知、岗位感知)</td><td></td><td></td><td>4</td><td>6</td><td></td></tr>
<tr><td rowspan="4">综合能力实训</td><td>施工图(含设备)识读综合实训</td><td></td><td></td><td></td><td></td><td></td></tr>
<tr><td>施工综合能力强化实训</td><td></td><td></td><td></td><td></td><td></td></tr>
<tr><td>毕业综合实践教学(企业岗位)</td><td></td><td></td><td></td><td></td><td>15</td></tr>
<tr><td>毕业教育及鉴定</td><td></td><td></td><td></td><td></td><td></td></tr>
<tr><td rowspan="2">职业资格证书考核</td><td>建筑八大员岗位证书考核</td><td></td><td></td><td></td><td></td><td></td></tr>
<tr><td>BIM 技能证书考核</td><td></td><td></td><td></td><td></td><td></td></tr>
<tr><td colspan="2">合计</td><td>3</td><td>3</td><td>8</td><td>9</td><td>8</td><td>15</td></tr>
</table>

**注:**1. 入学教育在正式开课前进行,学校统一安排;

2. 毕业综合实践教学与毕业教育及鉴定时间合在一起计算;

3. 表中职业资格证书考核是利用周末时间进行,不占用日常教学时间。

3. 素质拓展课程安排

素质拓展课程根据专业培养实际需要并结合学校具体情况而做出统一安排，详细安排计划见表 1-9。

**表 1-9　素质拓展课程安排计划表**

| 课程类型 | 课程名称 | 学时要求 | 时间安排 | | | | | |
|---|---|---|---|---|---|---|---|---|
| | | | 第 1 学年 | | 第 2 学年 | | 第 3 学年 | |
| | | | 第 1 学期 | 第 2 学期 | 第 3 学期 | 第 4 学期 | 第 5 学期 | 第 6 学期 |
| 拓展类 | 高等数学 | 32 | | | | | √ | |
| | 力学（安徽省大学生力学竞赛） | 32 | | | | | √ | |
| | 英语 | 32 | | | √ | | | |
| | 文学名著赏析 | 32 | | | | √ | | |
| | 书法 | 32 | | | √ | | | |
| | 公共关系 | 32 | | | | | √ | |
| | 心理学概论 | 32 | | | | √ | | |
| | 环境与人类 | 32 | | | √ | | | |
| | 演讲与口才 | 32 | | | √ | | | |
| | 中国近代史（系列讲座） | 32 | | | | √ | | |
| | 社交礼仪 | 32 | | | | | √ | |
| | 摄影 | 32 | | | √ | | | |
| 工具类 | 逻辑学基础 | 32 | | | √ | | | |
| | 专业规范及手册使用 | 32 | | | | | √ | |
| | 市场营销 | 32 | | | | √ | | |
| | 社会学概论 | 32 | | | | √ | | |
| | 管理经济学 | 32 | | | | | √ | |
| | 商务谈判 | 32 | | | | | √ | |
| | 法律实务 | 32 | | | | | √ | |
| | 国际政治与经济 | 32 | | | | √ | | |
| | 安全教育 | 32 | | | √ | | | |

注：1. 素质拓展课为学校统一安排课程，学员根据个人喜好、需要自由进行选择；

2. 素质拓展课开课时间与专业课及基础课错开进行，不必担心课程冲突问题。

4. 教学安排有关说明

（1）本专业教学总周数为 110 周左右，其中课堂教学为 72 周（含课内实践教学），阶段（毕业综合）实践教学为 45 周左右（由于建筑专业性质，阶段或毕业综合实践教学每周远大于30学时，一般不实行双休日，实际实践教学达70周左右）。

（2）体育课第1～3学期为专项选修（限选），选修时间安排在课外时间进行。

（3）第6学期的毕业综合实践教学实习（实训），学生的实践教学实习（实训）成绩由项目部考核评定；学生依据项目岗位提交毕业综合实习报告和实习日志，现场或回校完成毕业设计成果鉴定和毕业答辩。

#### 1.3.1.9 毕业要求

1. 学时要求

公共基础课、专业基础课、专业技术课、专业拓展课四类课程总学时为1 942学时（117学分），专业实践教学45周，共计1 140学时76学分（阶段或毕业综合实践教学实习每周按30学时2学分计算），五类课程合计总学时3 082学时（折算为193学分，不含素质拓展课程学时），理论：实践＝1∶1。

鼓励学生参加专业考证，鼓励学生积极参加各种职业技能竞赛，以促进其技术技能的训练掌握，提高技术技能水平。

2. 职业资格证书要求

学生在校学习期间应取得本专业施工员岗位证书及相关职业资格证书（如BIM技术技能应用等级证书等）。引导学生在校期间积极参加专业相关证书考核，配合国家推行专业资格证书考核及取证工作，鼓励学生在校期间获得1＋X证书。

### 1.3.2 支撑部分：专业人才培养实施条件与保障

#### 1.3.2.1 专业人才培养实施条件

1. 校内外实习（实训）条件

1）校内实训条件

校内建有工程技术实训中心，为中央财政支持的“建筑技术职业教育实训基地”“国家级高职高专学生土建工程实训基地”“建筑行业技能型紧缺人才培养培训基地”“安徽省高职高专教师‘双师素质’建筑工程培训基地”。此外，软件实训室包括BIM工程实训中心及施工虚拟仿真实训室。校内实训条件见表1-10。

表1-10 校内实训条件

| 序号 | 试验实训室 | 主要设备设施及数量 | 面积（$m^2$） | 可完成实践教学项目 |
| --- | --- | --- | --- | --- |
| 1 | 建筑施工实训中心 | 钢筋调直机3台；钢筋切割机6台；钢筋弯曲加工机6台；箍筋弯曲机3台；闪光对焊机2台；电弧焊机4台；电渣压力焊机3台；锥螺纹加工机1台；直螺纹加工机2台；套筒挤压机1台；砌体实物模型18套；砌筑工具60套；砌筑施工质量检测工具30套 | 800 | 钢筋调直、剪切下料、弯曲加工实训；钢筋连接、骨架制作实训；砌筑施工及质量检测实训 |
| 2 | 建筑工程测量实训室 | 水准仪36套；光学经纬仪12套；电子经纬仪24套；全站仪20套；激光垂准仪24套；GPS测量系统等测量设备3套 | 120 | 房屋定位测量；轴线引测；标高引测；沉降观测 |

续表 1-10

| 序号 | 试验实训室 | 主要设备设施及数量 | 面积（$m^2$） | 可完成实践教学项目 |
|---|---|---|---|---|
| 3 | 材料试验实训中心 | 自动控制压力试验机 2 套；标准养护箱 2 套；烘箱 2 套；水泥抗折试验机 1 台；万能试验机 1 台；砂浆稠度仪 3 台；坍落度筒 3 台；维勃稠度仪 1 台 | 100 | 砂石、沥青等工程材料检测；水泥、混凝土、钢筋检测 |
| 4 | 构造模型室 | 构造模型 300 余套；节点模型 10 余套，整体模型 3 套 | 200 | 房屋构造展示 |
| 5 | 土工实训室 | 三联高压固结仪 16 台；等应变直剪仪 8 套；电脑液塑限联合测定仪 10 台；土壤渗透仪、土壤膨胀仪、土壤收缩仪各 16 台；室内回弹模量测定仪 8 套等 | 80 | 土建施工相关土工试验 |
| 6 | 工程质量检测实训室 | 超声波检测仪 2 套；数显回弹仪 10 套；混凝土裂缝测深仪 2 套；渗漏巡检仪 2 套；楼板厚度检测仪 2 套；混凝土保护层厚度检测仪 5 套 | 80 | 建筑工程施工质量检测 |
| 7 | 招标投标实训室 | 文件柜 2 套；招标投标软件、桌椅 60 套 | 120 | 招标投标模拟实训 |
| 8 | 屋面与防水工程施工实训室 | 屋面防水整体模型 1 套；各类防水卷材 15 卷；防水涂料 2 桶 | 80 | 防水工程施工实训 |
| 9 | BIM 工程实训中心 | 建筑设计、绿色设计、设备设计、结构设计、三维算量与计量计价、项目管理、UC 软件各 40 机位 | 130 | 造价、项目管理实训、CAD 绘图；建模实训；施工组织设计编制等 |
| 10 | 施工仿真实训室 | 建筑工程施工仿真、建筑工程识图与构造仿真、安全文明施工及标准化施工软件各 80 节点 | 320 | 建筑施工实训，建筑构造与识图实训，设备安装实训 |
| 11 | VR 虚拟现实体验室 | 配有激光定位传感器；HTC vive VR 眼镜＋激光定位器＋无线操控手柄 Steambox 主机，内置陀螺仪、加速度计和激光定位传感器，体感控制器、基站、基站支架各 2 套；满足沉浸式体验要求的模块的 40 个 | 100 | 可以在场景中进行漫游，查看每个施工现场的设计，具有超强的沉浸感 |
| 12 | BIM 专业实训室 | 建模软件、翻模软件、施工综合管理软件各 75 节点，高配置电脑 75 台 | 170 | BIM 专业教学及实训 |

2）校外实习（实训）条件

校外以安徽水安建设集团股份有限公司实践教学基地为主，根据教学需要，安排学生参与“产教融合、工学结合”阶段（毕业综合）实践教学实习（实训），按照现代学徒制多主体育人目标，学生以双重身份参与到项目岗位“生产性”实践教学实习（实训），接受双重管理和考核评价。

2. 师资条件

1）专任教师

已形成具有双师素质和师资水平高及结构合理、数量足、素质过硬、稳定的专任教师队伍，完全能够满足教、学、研及服务培训需求。专任教师详见表1-11。

**表1-11　专任教师一览表**

| 序号 | 姓名 | 出生日期(年-月) | 性别 | 职称 | 备注 |
|---|---|---|---|---|---|
| 1 | 满广生 | 1964-11 | 男 | 教授 | 专业带头人、双师素质 |
| 2 | 曲恒绪 | 1965-09 | 男 | 教授 | 专业带头人、双师素质 |
| 3 | 杨建国 | 1964-10 | 男 | 教授 | 骨干教师、双师素质 |
| 4 | 魏应乐 | 1966-10 | 男 | 教授 | 骨干教师、双师素质 |
| 5 | 李有香 | 1970-12 | 女 | 教授 | 专业带头人、双师素质 |
| 6 | 丁学所 | 1966-06 | 男 | 副教授 | 双师素质 |
| 7 | 赵品北 | 1973-05 | 男 | 副教授 | 专业带头人、双师素质 |
| 8 | 张胜峰 | 1973-07 | 男 | 副教授 | 专业带头人、双师素质 |
| 9 | 胡慨 | 1972-11 | 男 | 副教授 | 专业带头人、双师素质 |
| 10 | 刘先春 | 1966-05 | 男 | 副教授 | 骨干教师、双师素质 |
| 11 | 宋文学 | 1975-05 | 男 | 副教授 | 专业带头人、双师素质 |
| 12 | 朱宝胜 | 1981-12 | 男 | 讲师 | 骨干教师、双师素质 |
| 13 | 朱林 | 1962-10 | 男 | 讲师 | 骨干教师、双师素质 |
| 14 | 吴瑞 | 1975-06 | 男 | 讲师 | 骨干教师、双师素质 |
| 15 | 杨浩 | 1980-07 | 男 | 助讲 | 骨干教师、双师素质 |
| 16 | 李永祥 | 1974-11 | 男 | 讲师 | 骨干教师、双师素质 |
| 17 | 祝冰青 | 1978-07 | 女 | 讲师 | 骨干教师、双师素质 |
| 18 | 王小春 | 1976-04 | 男 | 讲师 | 骨干教师、双师素质 |
| 19 | 陈伟 | 1983-01 | 女 | 讲师 | 骨干教师、双师素质 |
| 20 | 于文静 | 1985-12 | 女 | 讲师 | 骨干教师、双师素质 |
| 21 | 何芳 | 1984-01 | 女 | 讲师 | 骨干教师、双师素质 |
| 22 | 刘雯 | 1982-10 | 女 | 讲师 | 骨干教师、双师素质 |
| 23 | 谢颖 | 1983-06 | 女 | 讲师 | 骨干教师、双师素质 |
| 24 | 夏璐 | 1984-12 | 女 | 讲师 | 骨干教师、双师素质 |
| 25 | 包海玲 | 1986-06 | 女 | 讲师 | 双师素质 |
| 26 | 王来玮 | 1987-09 | 女 | 助教 | 双师素质 |
| 27 | 潘光翠 | 1984-04 | 女 | 讲师 | 双师素质 |
| 28 | 李涛 | 1979-06 | 男 | 助教 | 双师素质 |
| 29 | 熊伟 | 1990-11 | 男 | 工程师 | 双师素质 |

2）实践教学指导教师（师傅）

根据实际教学需要，邀请安徽水安建设集团股份有限公司及相关高校、企业专业技术人员作为兼职教师进行授课和专题讲座；“产教融合、工学结合”阶段（毕业综合）实践教学实习（实训）指导教师全部为安徽水安建设集团股份有限公司项目部工程技术人员，动态实践教学指导教师（师傅）详见表1-12。

表 1-12　动态实践教学指导教师(师傅)一览表

| 序号 | 姓名 | 性别 | 年龄 | 学历 | 工作单位及职务(职称) | 从事专业或领域 | 职业资格等级 | 获得荣誉称号 |
|---|---|---|---|---|---|---|---|---|
| 1 | 薛松 | 男 | 50 | 硕士 | 安徽水安建设集团股份有限公司董事长、党委书记 | 水利工程 | 一级建造师 | 无 |
| 2 | 王月元 | 男 | 52 | 硕士 | 安徽水安建设集团股份有限公司总经理 | 水利工程 | 一级建造师 | 无 |
| 3 | 胡先林 | 男 | 54 | 硕士 | 安徽水安建设集团股份有限公司副总经理 | 水利工程 | 一级建造师 | 无 |
| 4 | 李靖 | 男 | 54 | 中职 | 安徽水安建设集团股份有限公司副总经理 | 水利工程 | 一级建造师 | 无 |
| 5 | 赵晓峰 | 男 | 40 | 硕士 | 安徽水安建设集团股份有限公司总经理助理、人力资源部长 | 工程管理 | 一级建造师 | 无 |
| 6 | 章天意 | 男 | 35 | 硕士 | 安徽水安建设集团股份有限公司人力资源部经理 | 人力资源 | 一级建造师 | 无 |
| 7 | 王煜梁 | 男 | 32 | 硕士 | 安徽水安建设集团股份有限公司人力资源部经理 | 人力资源 | 一级建造师 | 无 |
| 8 | 赵琛 | 女 | 32 | 硕士 | 安徽水安建设集团股份有限公司培训学校副校长 | 人力资源 | 一级建造师 | 无 |
| 9 | 金承哲 | 女 | 28 | 硕士 | 安徽水安建设集团股份有限公司人力资源部主任 | 人力资源 | 一级建造师 | 无 |
| 10 | 沈伟 | 男 | 34 | 硕士 | 安徽水安建设集团股份有限公司安全部经理 | 工程管理 | 一级建造师 | 无 |

续表 1-12

| 序号 | 姓名 | 性别 | 年龄 | 学历 | 工作单位及职务(职称) | 从事专业或领域 | 职业资格等级 | 获得荣誉称号 |
|---|---|---|---|---|---|---|---|---|
| 11 | 朱世平 | 男 | 28 | 本科 | 安徽水安建设集团股份有限公司项目副经理 | 水利水电工程项目管理,水利水电工程施工图预算 | 四级 | 珠江水利委员会安全征文一等奖,水安集团安全质量知识竞赛团体二等奖 |
| 12 | 肖云闯 | 男 | 27 | 本科 | 安徽水安建设集团股份有限公司助理工程师 | 无 | 无 | 无 |
| 13 | 李鹏李 | 男 | 29 | 专科 | 安徽水安建设集团股份有限公司项目经理 | 水利工程 | 初级 | 优秀工作者、先进个人 |
| 14 | 苏义洋 | 男 | 24 | 本科 | 安徽水安建设集团股份有限公司项目副经理 | 水利水电、市政道路 | 无 | 安徽国控集团优秀共青团员与“水安共成长”征文暨演讲比赛二等奖 |
| 15 | 牛奔 | 男 | 32 | 专科 | 安徽水安建设集团股份有限公司助理工程师 | 水利水电建筑工程 | 无 | 水安集团组织的安全质量竞赛上分别获得过团体一等奖、二等奖、三等奖 |
| 16 | 胡富 | 男 | 30 | 本科 | 安徽水安建设集团股份有限公司助理工程师 | 水利工程 | 初级 | 无 |
| 17 | 曹平凡 | 男 | 24 | 专科 | 安徽水安建设集团股份有限公司助理工程师 | 建筑安全 | 建安 C 证 | 无 |
| 18 | 阚霁 | 男 | 32 | 专科 | 安徽水安建设集团股份有限公司助理工程师 | 水利工程 | 无 | 无 |
| 19 | 郭睿 | 男 | 29 | 专科 | 安徽水安建设集团股份有限公司助理工程师 | 水利水电工程施工管理 | 一级建造师 | 水安集团组织的安全质量竞赛上分别获得过团体一等奖、二等奖、三等奖,荣获水安集团2018年度先进个人称号 |

续表 1-12

| 序号 | 姓名 | 性别 | 年龄 | 学历 | 工作单位及职务(职称) | 从事专业或领域 | 职业资格等级 | 获得荣誉称号 |
|---|---|---|---|---|---|---|---|---|
| 20 | 叶炳旭 | 男 | 27 | 专科 | 安徽水安建设集团股份有限公司助理工程师 | 水利工程、市政工程 | 初级 | 无 |
| 21 | 王爽 | 男 | 26 | 专科 | 安徽水安建设集团股份有限公司第二工程分公司质量员 | 水利水电工程施工管理 | 无 | 无 |
| 22 | 方禹 | 男 | 30 | 专科 | 安徽水安建设集团股份有限公司第二工程分公司助理工程师 | 水利水电工程施工管理 | 无 | 无 |
| 23 | 詹书杰 | 男 | 23 | 专科 | 安徽水安建设集团股份有限公司第二工程分公司施工员 | 水利水电工程技术、施工现场 | 无 | 无 |
| 24 | 张乐 | 男 | 30 | 本科 | 安徽水安建设集团股份有限公司第二工程分公司技术负责人 | 水利水电工程施工管理 | 二级建造师 | 无 |
| 25 | 霍伟鑫 | 男 | 30 | 本科 | 安徽水安建设集团股份有限公司第二工程分公司项目副经理 | 工程施工 | 二级建造师 | 先进个人、先进生产者 |
| 26 | 李让 | 男 | 28 | 专科 | 安徽水安建设集团股份有限公司第二工程分公司质量员 | 水利水电工程施工管理 | 无 | 无 |
| 27 | 韩伟 | 男 | 37 | 专科 | 安徽水安建设集团股份有限公司第二工程分公司项目经理 | 水利水电工程施工管理 | 无 | 无 |
| 28 | 姚涛 | 男 | 33 | 专科 | 安徽水安建设集团股份有限公司项目总工程师 | 水利水电建筑工程 | 无 | 无 |
| 29 | 陈忠斌 | 男 | 28 | 专科 | 安徽水安建设集团股份有限公司施工员 | 水利、市政 | 无 | 无 |
| 30 | 王军华 | 男 | 39 | 中专 | 安徽水安建设集团股份有限公司第三工程分公司项目经理(非国有工程师) | 项目施工与管理 | 初级 | 无 |

续表 1-12

| 序号 | 姓名 | 性别 | 年龄 | 学历 | 工作单位及职务(职称) | 从事专业或领域 | 职业资格等级 | 获得荣誉称号 |
|---|---|---|---|---|---|---|---|---|
| 31 | 周胜男 | 女 | 41 | 本科 | 安徽水安建设集团股份有限公司中级工程师、项目管理科科员 | 工程管理 | 二级建造师 | 安徽省环保产业先进工作者;合肥市许小河综合治理工程“禹王杯”奖主要贡献人;2018 年 12 月获得“安徽省安装工程优秀项目经理”;小仓房污水处理厂二期新建及一期提标改造工程创“黄山杯”奖主要完成人 |
| 32 | 鲍晖 | 男 | 35 | 专科 | 安徽水安建设集团股份有限公司项目技术负责人 | 工程建设施工 | 中级 | 无 |
| 33 | 杨焕星 | 男 | 33 | 专科 | 安徽水安建设集团股份有限公司项目技术负责人(非国有中级工程师) | 市政、水利、建筑、安装、园林绿化、装饰装修 | 二级建造师 | 无 |
| 34 | 阮仁强 | 男 | 40 | 本科 | 安徽水安建设集团股份有限公司经理助理 | 工程管理 | 一级注册建造师 | 无 |
| 35 | 安树波 | 男 | 27 | 本科 | 安徽水安建设集团股份有限公司初级工程师 | 市政工程 | 无 | 优秀大学生代表、先进个人、优秀员工 |
| 36 | 宋好 | 男 | 27 | 本科 | 安徽水安建设集团股份有限公司初级工程师 | 房建工程 | 无 | 先进个人 |
| 37 | 杨奎 | 男 | 33 | 本科 | 安徽水安建设集团股份有限公司初级工程师 | 水利工程 | 无 | 无 |
| 38 | 蒋俊 | 男 | 26 | 专科 | 安徽水安建设集团股份有限公司骨干 | 房建工程 | 无 | 安全质量竞赛三等奖，安全主题演讲三等奖 |

续表 1-12

| 序号 | 姓名 | 性别 | 年龄 | 学历 | 工作单位及职务（职称） | 从事专业或领域 | 职业资格等级 | 获得荣誉称号 |
|---|---|---|---|---|---|---|---|---|
| 39 | 陈望 | 男 | 27 | 本科 | 安徽水安建设集团股份有限公司初级工程师 | 市政工程 | 无 | 先进个人 |
| 40 | 杨永涛 | 男 | 27 | 本科 | 安徽水安建设集团股份有限公司技术负责人 | 水利、市政施工 | 初级 | 无 |
| 41 | 丁文剑 | 男 | 28 | 专科 | 安徽水安建设集团股份有限公司施工骨干 | 土木工程 | 初级 | 无 |
| 42 | 刘闯 | 男 | 26 | 本科 | 安徽水安建设集团股份有限公司施工骨干 | 土木工程 | 初级 | 无 |
| 43 | 周伟 | 男 | 26 | 专科 | 安徽水安建设集团股份有限公司施工骨干 | 建筑工程 | 初级 | 无 |
| 44 | 卫东 | 男 | 26 | 专科 | 安徽水安建设集团股份有限公司施工骨干 | 建设施工管理 | 无 | 无 |
| 45 | 李盛才 | 男 | 48 | 专科 | 安徽水安建设集团股份有限公司项目经理 | 水利、建筑安装工程 | 工程师 | 无 |
| 46 | 谢思稳 | 男 | 28 | 专科 | 安徽水安建设集团股份有限公司施工骨干 | 水利水电建筑工程 | 无 | 无 |
| 47 | 杨家军 | 男 | 34 | 本科 | 安徽水安建设集团股份有限公司第七工程分公司项目经理 | 水利水电工程 | 工程师 | 无 |
| 48 | 张涛 | 男 | 23 | 专科 | 安徽水安建设集团股份有限公司第七工程分公司项目施工员 | 水利水电工程 | 无 | 无 |
| 49 | 徐飞 | 男 | 29 | 本科 | 安徽水安建设集团股份有限公司第七工程分公司项目经理 | 建筑工程 | 助理工程师 | 无 |
| 50 | 史帅 | 男 | 25 | 专科 | 安徽水安建设集团股份有限公司第七工程分公司项目施工员 | 水利水电工程 | 无 | 无 |
| 51 | 王富 | 男 | 23 | 中专 | 安徽水安建设集团股份有限公司第七工程分公司项目施工员 | 水利水电工程 | 无 | 无 |

续表 1-12

| 序号 | 姓名 | 性别 | 年龄 | 学历 | 工作单位及职务(职称) | 从事专业或领域 | 职业资格等级 | 获得荣誉称号 |
|---|---|---|---|---|---|---|---|---|
| 52 | 赵鹏程 | 男 | 26 | 本科 | 安徽水安建设集团股份有限公司第七工程分公司项目施工员 | 水利水电工程 | 助理工程师 | 无 |
| 53 | 汤君军 | 男 | 24 | 专科 | 安徽水安建设集团股份有限公司第七工程分公司项目施工员 | 水利水电工程 | 无 | 无 |
| 54 | 侯建 | 男 | 26 | 专科 | 安徽水安建设集团股份有限公司第七工程分公司项目施工员 | 市政公用工程 | 无 | 无 |
| 55 | 宣自卫 | 男 | 29 | 本科 | 安徽水安建设集团股份有限公司第七工程分公司项目副经理 | 水利水电工程 | 助理工程师 | 无 |
| 56 | 储可钦 | 男 | 24 | 专科 | 安徽水安建设集团股份有限公司第七工程分公司项目施工员 | 水利水电工程 | 无 | 无 |
| 57 | 都模志 | 男 | 25 | 专科 | 安徽水安建设集团股份有限公司第七工程分公司项目施工员 | 水利水电工程 | 无 | 无 |
| 58 | 杜广林 | 男 | 30 | 本科 | 安徽水安建设集团股份有限公司项目经理 | 市政、水利工程管理 | 一级建造师 | 先进个人、优秀党员,多个参建(负责)项目获得“庐州杯”奖、“黄山杯”奖及“安徽省文明示范工地”荣誉称号 |
| 59 | 苏敏 | 男 | 34 | 专科 | 安徽水安建设集团股份有限公司施工骨干 | 工程施工 | 工程师 | 无 |
| 60 | 赵翔 | 男 | 29 | 本科 | 安徽水安建设集团股份有限公司工程师 | 项目管理 | 二级建造师 | 优秀项目经理 |
| 61 | 徐永成 | 男 | 32 | 本科 | 安徽水安建设集团股份有限公司第九工程分公司技术负责人 | 市政、水利 | 二级建造师 | 安徽水安集团先进个人 |
| 62 | 蒋晓飞 | 男 | 28 | 本科 | 安徽水安建设集团股份有限公司第九工程分公司段长 | 水利工程 | 助理工程师 | 无 |

续表 1-12

| 序号 | 姓名 | 性别 | 年龄 | 学历 | 工作单位及职务(职称) | 从事专业或领域 | 职业资格等级 | 获得荣誉称号 |
|---|---|---|---|---|---|---|---|---|
| 63 | 尚福育华 | 男 | 24 | 专科 | 安徽水安建设集团股份有限公司第九工程分公司技术员 | 测量工程 | 无 | 无 |
| 64 | 王少飞 | 男 | 28 | 专科 | 安徽水安建设集团股份有限公司第九工程分公司技术员 | 现场施工 | 助理工程师 | 无 |
| 65 | 吴旗 | 男 | 26 | 专科 | 安徽水安建设集团股份有限公司安全员 | 水利工程 | 初级 | 无 |
| 66 | 贺绍江 | 男 | 30 | 专科 | 安徽水安建设集团股份有限公司第十工程分公司施工员、助理工程师 | 建筑工程 | 无 | 先进个人 |
| 67 | 李军 | 男 | 26 | 专科 | 安徽水安建设集团股份有限公司第十工程分公司施工员 | 建筑工程 | 无 | 无 |
| 68 | 高庆涛 | 男 | 27 | 专科 | 安徽水安建设集团股份有限公司第十工程分公司技术骨干 | 市政工程 | 无 | 无 |
| 69 | 徐文亮 | 男 | 28 | 专科 | 安徽水安建设集团股份有限公司第十工程分公司结算员 | 项目结算 | 无 | 无 |
| 70 | 柯相全 | 男 | 24 | 专科 | 安徽水安建设集团股份有限公司第十工程分公司技术员 | 现场管理 | 无 | 无 |
| 71 | 田家萌 | 男 | 31 | 本科 | 安徽水安建设集团股份有限公司第十工程分公司项目总工程师 | 建筑工程 | 二级建造师 | 无 |
| 72 | 吴刚 | 男 | 30 | 专科 | 安徽水安建设集团股份有限公司第十工程分公司项目副经理、助理工程师 | 土木工程 | 无 | 无 |
| 73 | 曹伯睿 | 男 | 25 | 专科 | 安徽水安建设集团股份有限公司第十工程分公司安全员 | 施工现场安全管理 | 无 | 无 |

续表 1-12

| 序号 | 姓名 | 性别 | 年龄 | 学历 | 工作单位及职务(职称) | 从事专业或领域 | 职业资格等级 | 获得荣誉称号 |
|---|---|---|---|---|---|---|---|---|
| 74 | 韩洋洋 | 男 | 24 | 专科 | 安徽水安建设集团股份有限公司第十工程分公司技术员 | 施工现场技术指导 | 无 | 优秀员工 |
| 75 | 王俊超 | 男 | 27 | 本科 | 安徽水安建设集团股份有限公司第十一工程分公司成本科科员 | 成本管理、招标采购 | 无 | 无 |
| 76 | 李伟军 | 男 | 29 | 本科 | 安徽水安建设集团股份有限公司第十一工程分公司现场负责人 | 市政工程及房建工程 | 无 | 先进个人 |
| 77 | 张晨晨 | 男 | 25 | 专科 | 安徽水安建设集团股份有限公司第十一工程分公司成本科科员 | 成本经营 | 无 | 先进文稿奖 |
| 78 | 陆甜甜 | 女 | 23 | 专科 | 安徽水安建设集团股份有限公司第十一工程分公司综合科科员 | 工程资料编制和报验工作 | 无 | 无 |
| 79 | 程旭 | 男 | 43 | 中专 | 安徽水安恒泰新型建材分公司骨干 | 混凝土施工 | 工程师 | 无 |
| 80 | 史大龙 | 男 | 35 | 专科 | 安徽水安恒泰新型建材分公司骨干 | 混凝土施工 | 项目经理 | 无 |
| 81 | 何志强 | 男 | 38 | 本科 | 安徽金源工程检测有限公司经理助理(工程师) | 工程质量检测 | 高级 | 无 |
| 82 | 胡钢 | 男 | 33 | 专科 | 安徽金源工程检测有限公司经理助理(工程师) | 工程质量检测 | 中级 | 无 |
| 83 | 颜震 | 男 | 43 | 本科 | 安徽金源工程检测有限公司项目经理(工程师) | 工程质量检测 | 中级 | 无 |
| 84 | 李蒙 | 男 | 28 | 硕士 | 安徽水安建设集团股份有限公司项目技术员(助理工程师) | 成本经营 | 无 | 无 |

3. 教学资源条件

1）专业培养模式改革与创新

现代学徒制试点建筑工程技术专业，按照产教融合、校企合作的要求建设与实施，即融理论教学于实践教学，理论教学服务于实践教学，理论教学以“够用”为度，强化实践教学，弱化理论教学。专业建设过程大致包括以下几点：

（1）围绕安徽水安建设集团股份有限公司乃建筑行业的产业特点进行专业课程设置，使所设置的专业课程对应公司基本要求和发展的需要，以公司专业岗位群对专业人才的需要，把专业课程教学活动融入安徽水安建设集团股份有限公司生产经营活动中。

（2）在构建专业课程体系及确定教学内容时，围绕岗位能力、职业资格标准、从业者的任职要求和素质，在课程体系和课程标准中融入专业的能力体系、知识体系和素质体系，编制课程教学目标和内容，利用校企深度合作平台，共同修订现代学徒制产教融合的专业人才培养方案及课程改革。

（3）在实践教学中，根据相应岗位的生产特点，引用 VR 虚拟仿真技术，把生产过程融入实践教学活动中，按照“产教融合、工学结合”的专业人才培养模式，增加学生参与公司项目生产性实践教学，提升学生的动手操作能力，为缩短学生入职适应期奠定基础。

（4）探索将建筑行业岗位从业资格证书认证考试引入教学评价体系，作为相关课程的考核结果，用第三方评价替代校内评价，增强评价的客观性，从而把岗位认证体系融入学生能力考核，形成公司评价和社会评价相结合的质量评价体系。

2）创新人才培养方案

针对合作企业人才需求和职业教育的特点，水安学院现代学徒制建筑工程技术专业高职 3 年制专业人才培养试点实施方案：1 +1（0.2 +0.3 +0.2 +0.3）+1，教学安排的总体思路为多学期、分段式实践教学。

（1）第 1 学年：主要完成公共基础课和部分专业基础课任务，实践教学在学校内完成，以学校实训室为主，培养学生建立基本的专业意识。

（2）第 2 学年：每学期安排不少于 50% 左右学时到合作企业岗位一线从事“产教融合、工学结合”实践教学活动，实行双导师制度，践行理论与实践并重的产教融合，实践教学结束后，现场指导教师对每位学生给予综合评价。

注：二年级第 1 学期安排 30 天（国庆节后实施），主要以参与项目专业实践认知为主，在师傅的指导下，结合工程项目建设内容，辅助参与工程相关内容，以非生产性学习为主。第 2 学期 45 天（开学后即实施），主要参与项目部具体技术与管理工作，部分以生产性学习为主、非生产性学习为辅，在师傅的安排和指导下，实践产教融合，为准员工（三年级）的全面毕业（岗位）综合实践教学实习（实训）奠定基础。

（3）第 3 学年：学生基本完成专业理论学习任务，以准员工身份参与到岗位一线，进行为期一年的毕业综合实践教学实习（实训），从当年 7 月至次年 6 月，完全参与生产性岗位学习，实行双导师制度和共同考评，评定综合实践教学成绩，纳入学生成绩档案及校企深度合作的各项评比。

校企深度合作专业人才培养方案“三知”（第 1 年专业感知、第 2 年岗位认知、第 3 年定岗行知）教育的实践，充分体现了高职办学特色和校企深度合作的培养目标。

3）专业教学资源充足

专业特色教材及配套教学课件、习题库等教学资源包数量充足，质量水平高，可充分满足教学需求，建设过程中力争将专业课程教学资源包进一步优化和更新补充，有计划、有步骤地开发校企合作校本教材，探索“互联网+现代学徒制”推送供学生随时随地学习的资料。

课程一体化特色教材及配套资源见表1-13。

**表1-13 课程一体化特色教材及配套资源**

| 序号 | 教材 | 主编 | 出版社 | 教学资源包 |
|---|---|---|---|---|
| 1 | 工程测量 | 朱林 | 黄河水利出版社 | √ |
| 2 | 力学与结构 | 李有香 | 黄河水利出版社 | √ |
| 3 | 建筑材料应用与检测 | 刘先春 | 中国水利水电出版社 | √ |
| 4 | 构造与识图 | 李永祥、王小春 | 黄河水利出版社 | √ |
| 5 | 基础工程施工 | 宋文学、祝冰青 | 黄河水利出版社 | √ |
| 6 | 主体工程施工 | 吴瑞、曲恒绪 | 黄河水利出版社 | √ |
| 7 | 防水与装饰工程施工 | 满广生、姚春梅、杨浩 | 黄河水利出版社 | √ |
| 8 | 建筑设备安装 | 张胜峰、胡昊、陶继水 | 黄河水利出版社 | √ |
| 9 | 工程制图与CAD | 朱宝胜、李永祥 | 黄河水利出版社 | √ |
| 10 | 工程计量与计价 | 何芳、谢颖、刘雯 | 黄河水利出版社 | √ |
| 11 | 建筑安全技术 | 吴瑞、邓宗立 | 黄河水利出版社 | √ |
| 12 | 建筑工程施工组织 | 宋文学、于文静 | 黄河水利出版社 | √ |
| 13 | 建筑工程经济 | 潘光翠、谢颖、何芳 | 黄河水利出版社 | √ |
| 14 | 建筑工程图集 | 杨建国、王来玮 | 黄河水利出版社 | √ |
| 15 | 建筑法规 | 杨建国、谢颖、朱守奇 | 黄河水利出版社 | √ |
| 16 | 工程资料管理 | 杨建国、张胜峰、李涛 | 黄河水利出版社 | √ |
| 17 | 力学 | 李有香、王来玮 | 黄河水利出版社 | √ |
| 18 | 结构检测 | 曲恒绪、祝冰青 | 黄河水利出版社 | √ |

#### 1.3.2.2 专业人才培养实施保障

1.校企合作体制机制保障

1）组织管理

现代学徒制校企合作人才培养旨在加强教学的针对性和实用性，提高学生的综合素质，培养学生的动手能力和解决问题的实践能力，实现人才培养的多样化。校企合作人才培养可以有多种形式，以现代学徒制试点的基本要求，实施“产教融合、工学结合”培养方案，回归职业教育本质，实现技术技能型人才的培养目标。

（1）学校成立校企合作产业学院。学校与安徽水安建设集团股份有限公司共同成立水安学院，负责教育教学全面对接与落实工作。

（2）学院成立校企合作专业人才培养领导小组。在校企合作协议框架下，成立专业人才培养领导小组，全面领导、组织、实施合作培养的各项工作，督促检查产教合作教育教学工作的执行情况，协调处理工作中出现的问题。

（3）学院成立专业指导委员会。专业指导委员会每学期聘请公司和行业的专家、学者参与专业指导，不断扩大校外专业指导专家队伍。专业指导委员会成员主要由行业、企业的高级技术及管理人员和公司的专家组成，以安徽水安建设集团股份有限公司专家为主。

2）建立和完善校企合作制度

（1）在合作企业协议框架下，建立和完善行之有效的校企合作制度。促进合作办学、合作育人、合作就业、合作发展，形成支持校企共同发展的长效运行机制。总体协调校企之间专业共建、课程共建、实践教学基地共建、专（兼）职教师培训及聘任、学生实践教学实习（实训）与就业、技术研发应用与推广、技术培训等领域的合作事宜，实现校企深度合作。

（2）整合校企资源。整合校企合作人力资源与教学资源，制订双主体育人制度、双师互聘双重考核制度、员工培训制度等人力资源合作制度。共同制订、修订教学文件，实现校内外实践教学实训基地共建、教学质量共同评价、技术研发及产教融合等教学资源共享。

3）建立双师互聘

学校委派专任教师参与公司项目一线经营与管理，参与企业员工培训，与企业工程技术人员共同开发专业课程等教学资源，建立视频直播课堂采集点，破解校企合作时空障碍。聘用项目工程技术人员指导学生实践教学实习（实训），提升工程技术人员教育教学水平与能力；利用双师互聘机制，建立合作育人基地、双师资培养基地、技术服务的孵化基地。

2. 教学质量监控与评价机制保障

1）教师评价

对教师的评价是通过“专家评教”和“教师评教”，建立相同的质量评价标准，对教师教学中的教学设计水平、计算机辅助教学水平、教科研水平、敬业精神等方面进行评价打分，定性与定量评价相结合。

“专家评教”主要通过院级督导员和院领导的听课督查，对教师教学进行评价打分。“教师评教”主要通过院（部）督导员和院（部）主任及教研室主任的听课督查，对每个教师教学质量进行评价。

2）学生评价

实施双向测评即开展学生评教和教师评学活动。学生评教是在大部分课程结束或即将结束的时候，以班级为单位由学校教务处或督导办统一组织在指定地点对所有任课教师的评价打分。每个班级由学习成绩前 15 名学生参加，尽量减少因师生关系或管理严格给评价带来的负面影响，当场打分当场收回。教师评学是所有任课教师在课程结束前，就班级的学风、理论与实践课程的学习质量、创新能力、团队精神等方面进行质量评价打分，一般由院（部）组织，结果汇总到学生处，以此评选出“优良学风班级”。

3）管理水平评价

管理水平依托健全、科学、规范的制度管理体系，形成以法治校、科学管理的良好局面，不断提高管理决策的正确性和科学性。各项制度的建立，使管理工作有章可循、有法可依。首先由学校教务处牵头，不定期召开教学工作会议，汇总教学管理及教学质量的反馈信息，通过分析工作中存在的问题，提出解决办法。其次建立教学情况通报制度，对“教师的教”和“学生的学”以简报或通报的形式报道，对教与学发现的问题要按规章制度给予纠偏。最后完成阶段实践教学问卷调查和学生座谈会，听取参与实践教学学生反馈的意见，为针对性地研究完善校企合作提供解决方案。

4）社会评价

社会对高职教育教学质量的评价主要来自3个方面：安徽水安建设集团股份有限公司的评价、家长的评价和上级主管部门的评价。公司的评价主要体现在学生入职后的职业能力和关键能力与公司目标的吻合度，履行岗位工作的效率与能力，属于后评价阶段，至少在入职后1年左右开始跟踪。家长的评价主要体现在双主体对学生的学习及生活等方面的管理水平，对双师的素质和责任心的评价，以及在公司入职后的岗位评价，这部分主要体现在入职后的流动频度上。上级主管部门的评价主要通过教学水平评估，全面检查和评价学校的办学情况，通过动态考核测试，判定学生的能力和水平及服务于社会的质量。以上3个方面，学校通过跟踪问卷等形式实现。

建立健全教学质量保障、监控与评价体系，是实现校企合作培养目标、确保双主体育人质量的重要保证。

## 1.4 水利水电工程技术专业人才培养方案（第2轮）

### 1.4.1 主体部分：现代学徒制水利水电工程专业人才培养的标准和要求

#### 1.4.1.1 专业名称、专业方向与岗位

（1）专业名称：水利水电建筑工程技术。

（2）专业方向：水利水电工程。

（3）对应岗位名称：施工员、质检员、安全员、材料员和资料员。

#### 1.4.1.2 教育类型与学历层次

（1）教育类型：高等职业教育。

（2）学历层次：高职高专。

#### 1.4.1.3 学制与招生对象

（1）学制：全日制3年。

（2）招生对象：普通高中毕业生或同等学力者。

#### 1.4.1.4 培养目标

为满足长江和淮河流域水利建设、区域经济建设和社会发展的需要，培养拥护党的基本路线，适应水利生产、建设、管理、服务第一线需要的，德、智、体、美、劳等方面全面发展的高等技术应用型专门人才。使学生德、智、体、美、劳全面发展，具有良好的职业道德、熟练的职业技能、精益求精的工作态度、可持续发展的基础能力，掌握必备的专业理论知识，适应安徽水安建设集团股份有限公司水利工程施工等五大员的所需的基本专业知识与专业技能，具有水利水电工程施工技术应用及组织管理能力、施工质量监控及管理能力、工程概预算和招标投标能力等。

### 1.4.1.5 培养规格

1. 专业面向

本专业与安徽水安建设集团股份有限公司合作培养学生。毕业学生为具备水利工程建设、管理、服务公司一线的高技能型人才，毕业生入职后主要从事水利水电工程施工技术、水利水电工程施工组织与管理、水利水电工程造价分析等。

专业面向的单位为：安徽水安建设集团股份有限公司。

初始就业岗位为：水利工程建筑施工员、质检员、安全员、材料员和资料员。

未来发展岗位为：项目经理及相关技术管理岗位。

2. 知识要求

(1)具有一定的自然科学、人文基础、职业道德和社会科学基础知识。

(2)具备英语、计算机、工程应用文写作等基本知识。

(3)具备水利工程 CAD 制图、水利工程测量、水力分析与计算、地基基础施工与监测、水工建筑材料、工程力学、水工混凝土结构施工等专业基础知识。

(4)具备水工建筑物及水利工程施工技术等专业知识。

(5)具备施工技术、组织管理、工程造价与工程监理的专业知识。

(6)具备 BIM 基本技术知识。

3. 能力要求

(1)具有运用计算机进行文字处理及专业软件应用的基本能力。

(2)具有阅读及绘制工程图的能力。

(3)具有水利工程测量、土工及材料试验的能力。

(4)具有水利工程施工技术能力。

(5)具有水利工程造价、招标投标文件的编制及水利工程监理的基本能力。

(6)具有施工组织设计及专项方案编写能力。

(7)具有工程质量、安全、进度及费用管理的能力。

(8)理解公司(企业)文化。

(9)了解 BIM 技术的使用情况。

(10)具有工程资料管理能力。

(11)具有基本的专业外语水平。

(12)具有工程材料选择、应用和检测能力。

(13)熟悉国家建筑工程相关法律法规。

4. 素质要求

1)人文素质要求

(1)具有历史、政治、哲学、法律、艺术、道德、文学等人文知识。

(2)具有良好的职业道德、积极向上的思想观念。

(3)具有正确的人生观与价值观。

(4)具有较好的逻辑思维能力。

(5)具备一定的开拓创新精神和自主学习与创新创业能力。

2)职业素质要求

(1)具有“必需、够用”的专业理论基础，强调理论在实践中的应用和职业的针对性。

(2)具有较强的综合运用各种知识解决实际问题的能力。

(3)具有较高的处理人际关系、组织协调、沟通等关键能力。

(4)通过实践教学实习(实训),不断强化动手能力,毕业入职后缩短岗位适应期,无缝对接专业岗位工作。

### 1.4.1.6 课程体系

1. 课程体系设计思路

思政、体育等基础课程必须满足上级部门要求,按照产教融合、校企合作的要求,方案重点对专业课程进行了整合和调整,满足公司对专业应用型人才的目标要求。

1)课程内容整合弱化理论,强化技能培养

理论教学按"够用为度"的原则,对部分理论性强、学习难度大的课程内容进行整合,淡化理论,突出和强化实践教学,加强对学生的实践技能训练。

2)课程设置围绕学生岗位群

考虑到公司在发展过程中岗位和管理对学生知识能力的需求,围绕工程施工技术及相关课程的学习,将"水工程施工组织管理"等与工程施工、组织管理相关的课程列为专业核心课程。

2. 专业课程体系

专业课程体系见表1-14。

**表1-14 专业课程体系**

| 序号 | 课程名称 | 课程属性 | 序号 | 课程名称 | 课程属性 |
|---|---|---|---|---|---|
| 1 | 工程材料应用与检测 | 专业基础课 | 15 | 水工混凝土结构* | 专业技术课 |
| 2 | 水利工程制图 | | 16 | 招投标与合同管理 | |
| 3 | 水利工程测量 | | 17 | 水利工程质量监测 | |
| 4 | 水工识图与CAD | | 18 | 机电设备与安装 | |
| 5 | 工程力学 | | 19 | 建筑安全技术 | 专业拓展课 |
| 6 | 土工检测 | | 20 | 桥涵工程施工 | |
| 7 | 测量放样 | | 21 | 水利工程经济 | |
| 8 | 地基与基础 | | 22 | 工程资料管理(在企业进行) | |
| 9 | 水泵与水泵站 | 专业技术课 | 23 | 信息化技术应用(BIM) | |
| 10 | 水利计算 | | 24 | 企业管理 | |
| 11 | 水利工程施工* | | 25 | 工程项目管理软件应用 | |
| 12 | 水利工程造价* | | 26 | 质量控制与案例分析 | |
| 13 | 水工程施工组织管理* | | 27 | 安全管理与案例分析 | |
| 14 | 水工建筑物* | | 28 | 成本控制与案例分析 | |

注:专业课一共28门(必修),加"*"者为专业核心课。

融水利建设五大员及BIM技能认证于课程教学与训练,采用教、学、做一体化教学,将职业资格认证贯穿于教学全过程，积极探索符合国家政策的学生双证就业甚至多证就业(1+X)。

3. 整体课程设置说明

1)课程体系组成

课程体系由公共基础课、专业基础课、专业技术课、专业拓展课和专业实践教学五部分组成。

(1)公共基础课。包括思政、英语、体育、计算机应用基础、应用写作、创新创业指导和企业文化等7门课程。

(2)专业基础课。包括工程材料应用与检测、水利工程制图、水利工程测量(含测量放样)、水工识图与CAD、工程力学、地基与基础(含土工检测)6门课程。

(3)专业技术课。包括水利工程施工、水利工程造价、水工程施工组织管理、水工建筑物、水泵与水泵站、水工混凝土结构、水利计算、招投标与合同管理、水利工程质量监测、机电设备与安装等10门课程。

(4)专业拓展课。包括建筑安全技术、桥涵工程施工、水利工程经济、工程资料管理、信息化技术应用(BIM)、企业管理、工程项目管理软件应用、质量控制与案例分析、安全管理与案例分析、成本控制与案例分析等10门课程。

(5)专业实践课程。课程教学采用"产教融合、工学结合"的教学方案，重在培养学员的实践操作技能，整体教学除包括课内实践外，还包括计算机应用实训、工程材料实训、水利工程测量实训、水利施工实训、水利施工图识读与CAD实训、水利工程造价专项实训、施工组织设计专项实训、安徽水安建设集团股份有限公司项目部阶段实践教学实习(实训)、施工综合能力强化实习、资料管理专项实训、地基与基础实训、工程质量监测专项实训、毕业综合实践教学实习(安徽水安建设集团股份有限公司集中安排岗位实践教学产教融合实习)等专项实践教学。

2)课程主要内容

课程主要内容见表1-15~表1-19。

**表1-15　公共基础课及其基本内容**

| 课程编码 | 公共基础课 | 课程基本内容和要求 |
|---|---|---|
| GGJC-01 | 思政 | 通过课程学习，对学生进行毛泽东思想教育及新时期党的路线方针政策教育、法制教育、职业道德教育，引导学生树立科学的世界观和为人民服务的人生观，使学生具有良好的思想政治素质和职业道德素质 |
| GGJC-02 | 英语 | 讲授基础词汇和基础语法，注重培养学生听、说、读、写的基本技能和运用英语进行交际的能力；具有一定的专业英语水平 |
| GGJC-03 | 体育 | 学习体育与健康的基本知识、基本技术和基本技能，使学生掌握科学锻炼和娱乐休闲的基本方法，养成自觉锻炼的习惯；培养学生自主锻炼、自我保健、自我评价和自我调控的意识，全面提高学生身心素质和社会适应能力，为学生终身锻炼、继续学习与创业立业奠定基础 |

续表 1-15

| 课程编码 | 公共基础课 | 课程基本内容和要求 |
|---|---|---|
| GGJC－04 | 计算机应用基础 | 学习计算机的基本知识、常用操作系统的使用、Office 办公软件的使用、计算机网络的基本操作和使用，使学生掌握计算机操作的基本技能 |
| GGJC－05 | 应用写作 | 加强写作和口头交际训练，提高学生日常口语交际水平。通过课内外的教学活动，使学生进一步巩固和扩展必需的语文基础知识，培养学生的应用文写作能力 |
| GGJC－06 | 创新创业指导 | 通过学习帮助毕业生树立正确的择业标准，确立高尚的求职道德，帮助毕业生选择正确的成才道路。使面临就业选择的毕业生，有着充分的思想准备，具备求职技术，能够把握择业良机 |
| GGJC－07 | 企业文化 | 学习企业文化包括文化观念、价值观念、企业精神、职业道德规范、行为准则、历史传统、企业制度、文化环境、企业产品等。学习企业文化即是学习企业的灵魂，其核心是企业的精神和价值观 |

表 1-16　专业基础课及其基本内容

| 课程编码 | 专业基础课 | 课程基本内容和要求 |
|---|---|---|
| ZYJC－01 | 工程材料应用与检测 | 掌握常用工程材料，包括无机胶凝材料及其制品、有机胶凝材料及其制品、钢材等的基本知识，能合理选用水工建筑材料及其制品；掌握工程材料常规试验的基本方法，能进行主要材料的检测与试验、检验 |
| ZYJC－02 | 水利工程制图 | 学习水利工程制图国家标准和工程制图的基础知识，掌握并具有水利工程施工图、工程结构施工图的识读能力和绘制技能。培养学生的水利绘图、识图能力 |
| ZYJC－03 | 水利工程测量（含测量放样） | 学习水利工程测量基本知识、掌握常用测量仪器的基本操作、检验与校正方法，了解建筑工程测量的基本原理，初步掌握水准测量、建筑场地上地形测量的方法，能进行施工定位、放线、抄平等常见测量工作，会阅读、使用地形图 |
| ZYJC－04 | 水工识图与 CAD | 进一步增强水利工程施工图、工程结构施工图的识读能力，学生具有中型水利工程的施工图和结构施工图的识读能力和绘制技能。熟悉建筑 CAD 绘图基本菜单的使用，掌握建筑 CAD 绘图的基本方法，能使用计算机绘制一般的建筑图 |
| ZYJC－05 | 工程力学 | 主要学习静力学的基本理论和方法，学习杆件在静荷载作用下的强度、刚度、压杆稳定问题；学习杆系静定结构的计算方法，能解决简单超静定结构的内力计算问题 |

续表 1-16

| 课程编码 | 专业基础课 | 课程基本内容和要求 |
| --- | --- | --- |
| ZYJC－06 | 地基与基础（含土工检测） | 主要学习土的物理性质与工程分类、土的渗透性与渗流问题，了解土体中的应力计算与有效应力原理，了解土的变形计算与固结理论，熟悉土的抗剪强度及其理论、土压力理论、土坡稳定的分析方法和地基承载力；会常规土工检测 |

表 1-17　专业技术核心课及其基本内容

| 课程编码 | 专业技术核心课 | 课程基本内容和要求 |
| --- | --- | --- |
| ZYJS－01 | 水利工程施工 | 学习土的工程性质，土方工程和地基与基础工程的施工工艺、施工方法、施工机械选择、施工规范和验收标准；土石坝有关施工设计、施工方案拟定的基本知识；混凝土坝有关施工设计、施工方案拟定的基本知识 |
| ZYJS－02 | 水利工程造价 | 掌握水利工程概（预）算的编制原则和方法，以便能根据本地区现行定额及有关规定编制一般水利建筑工程施工图预算，确定水利工程造价 |
| ZYJS－03 | 水工程施工组织管理 | 熟悉水工程施工组织设计的概念与内容；懂得建筑施工流水作业的基本原理及其应用；掌握工程网络计划技术，能够进行网络计划的绘制、计算及优化；能够编制水工程施工组织设计文件；能够编制施工方案 |
| ZYJS－04 | 水工建筑物 | 学习河流、流域、水库参数、频率、枢纽组成、主要水工建筑物（如重力坝、土石坝、水闸、正槽式溢洪道、水工隧洞、渡槽、水电站等）的基本构造、水利工程建设程序、施工截流与导流等 |
| ZYJS－05 | 水工混凝土结构 | 学习混凝土材料的基本力学性能；了解概率极限状态设计法、混凝土结构基本构件梁、板、柱的计算方法；掌握一般结构的计算与构造知识；通过学习，能识读和绘制水工混凝土结构施工图 |

表 1-18　专业拓展主要课及其基本内容

| 课程编码 | 专业拓展课 | 课程基本内容和要求 |
| --- | --- | --- |
| ZYTZ－01 | 水利工程经济 | 介绍工程经济学的基本理论和工程经济分析的计算方法，内容包括工程经济分析的基本技术经济因素、资金的时间价值、工程经济分析基本方法、不确定性分析、水利工程建设项目经济评价等 |
| ZYTZ－02 | 建筑安全技术 | 介绍建设工程安全生产管理的基本知识、建设工程施工危险源辨识与控制、建筑施工安全技术、拆除工程施工安全技术与管理、施工现场安全保证体系与保证计划、施工安全检查与安全评价，使“技术”与“管理”有机结合 |
| ZYTZ－03 | 工程资料管理 | 通过学习建筑工程施工资料、监理资料和建筑施工安全管理资料的管理，掌握建筑工程资料的分类与组卷及编写和填表方法 |

续表 1-18

| 课程编码 | 专业拓展课 | 课程基本内容和要求 |
| --- | --- | --- |
| ZYTZ-04 | 桥涵工程施工 | 学习市政道路桥梁构造组成、道路工程与管道工程施工工艺、施工方法、施工机械选择、施工规范、质量验收标准、安全管理措施,以及有关施工组织设计、施工方案拟定的基本知识等。通过学习能够掌握桥梁施工技术及施工管理方法 |
| ZYTZ-05 | 水利工程质量监测 | 学习典型水利工程实体各分项工程的质量检测、质量分析鉴定和处理方法,熟悉并掌握各种常用的工程质量检测手段和使用方法,能够进行工程结构可靠性鉴定和评估 |
| ZYTZ-06 | 工程项目管理软件应用 | 学习常用项目管理软件的操作使用,学习主流 BIM 综合软件的操作使用,要求做到熟练使用工程项目管理软件和 BIM 综合软件,能够利用信息化手段结合企业信息化管理平台参与施工项目管理 |
| ZYTZ-07 | 信息化技术应用(BIM) | 学习 BIM 基础知识、BIM 建模环境及应用软件体系、工程视图基础、项目 BIM 实施与应用以及 BIM 标准与流程。通过学习能够对 BIM 技术有初步认识,能够结合企业 BIM 技术管理平台进行技术应用,为将来 BIM 技术的应用奠定基础 |

表 1-19　专业实践课程及其基本内容

| 课程编码 | 专业实践课程 | 课程基本内容和要求 |
| --- | --- | --- |
| ZYSJ-01 | 入学教育 | 包括军训、适应性教育、专业思想教育、爱国爱校教育、文明修养与法纪安全教育、心理健康教育、成才教育 |
| ZYSJ-02 | 计算机应用实训 | Windows 操作系统应用练习、文字处理软件的使用练习和 Excel 操作练习等 |
| ZYSJ-03 | 公司工地水工程认知实习 | 通过在安徽水安建设集团股份有限公司工地 30 天左右的实习,对水工建筑物实体有全面认识,熟悉构造组成、材料及其做法,为后续课程学习打下坚实基础 |
| ZYSJ-04 | 水利工程测量实训 | 通过对测量实训任务的实操练习,掌握建筑工程测量的施工方法和各种施工现场测量仪器的操作技能,理论联系实际,具备施工测量及各种工程测量的能力 |
| ZYSJ-05 | 工程材料实训 | 通过对水利建筑材料实训任务的实操练习,掌握常见材料的检测方法和各种仪器的操作,理论联系实际,具备施工建筑材料及各种工程材料质量检测的能力 |
| ZYSJ-06 | 土工检测实训 | 通过对土方实训任务的实操练习,掌握常见土方检测方法和各种仪器的操作,理论联系实际,具备水利建筑工程土方及土石坝质量检测的能力 |
| ZYSJ-07 | 水利施工实训 | 直观地学习掌握水利施工各工种工程的施工工序、工艺做法,熟悉质量与安全管理措施,了解现场管理及组织作业基本技术 |

续表 1-19

| 课程编码 | 专业实践课程 | 课程基本内容和要求 |
|---|---|---|
| ZYSJ－08 | 水利施工图识读与 CAD 实训 | 通过实训，掌握施工图的识图技术，能够识读水利建筑图、结构施工图，并通过 CAD 图形绘制进一步掌握识图技术 |
| ZYSJ－09 | 施工组织设计专项实训 | 掌握施工组织的几种常见方式，能够编制施工方案，并能够运用施工组织方式组织施工，提高施工效率 |
| ZYSJ－10 | 水利工程造价专项实训 | 造价专项实训掌握水利工程概（预）算的编制方法。能根据本地区现行定额及有关规定进行水利建筑工程施工图预算，确定水利工程造价 |
| ZYSJ－11 | 公司工地施工综合能力强化实习 | 安徽水安建设集团股份有限公司工地 45 天实习，对学生在水利建筑识图、施工方案编制、工程计量计价等主要岗位职业能力进行系统全面的训练，为今后零距离上岗提供保障 |
| ZYSJ－12 | 资料管理专项实训 | 掌握施工准备阶段文件资料、施工资料、监理资料、竣工图资料、竣工验收备案资料的收集和编制方法，了解我国建设工程技术资料管理方面的相关法律法规 |
| ZYSJ－13 | 工程质量监测专项实训 | 学习建筑工程中主要分部、分项工程，关键施工工序等各环节的质量控制要点和质量检验方法及质量合格标准，并会使用相关仪器设备 |
| ZYSJ－14 | 毕业综合实践教学实习（实训） | 安排到安徽水安建设集团股份有限公司“产教融合、工学结合”毕业综合实践教学实习（实训），培养学生综合分析和解决问题的能力、组织管理和社交能力，培养学生独立工作的能力，毕业与就业无缝对接，缩短学生就业岗位适应期 |
| ZYSJ－15 | 毕业教育及鉴定 | 对学生所学的专业知识最终进行全面、综合的检验 |

#### 1.4.1.7　考核与评价

1. 课程考核与评价

（1）课程考核内容由理论部分和实践部分两项组成（按百分制考评，60 分为合格），理论部分考核采用机试，实践部分考核采用实操，原则上理论：实操＝1：1。

（2）突出过程评价，课程考核结合课堂提问、小组讨论、实作测试、课后作业、任务考核等手段，加强实践性教学环节的考核，并注重平时考核（比例不得小于 30%），融入实践教学现场指导老师（师傅）对学生的考核和评价机制。

（3）强调目标评价和理实一体化综合评价，在进行综合评价时，结合实践活动，充分发挥学生主动性和创造力，引导学生进行学习方式转变，注重考核学生的动手能力和在实践中分析问题、解决问题的能力。

2. 学生毕业综合实践教学实习（实训）考核与评价

学生毕业综合实践教学实习（实训）成绩鉴定由校企双方共同考核。根据其基本技术能力、岗位适应能力、工作态度、职业素养、工作实绩，由安徽水安建设集团股份有限公司和学校共同对学生进行双重考核，以安徽水安建设集团股份有限公司考核评价为主。

### 1.4.1.8 教学安排

1. 专业教学计划进程

专业教学计划进程见表1-20。

**表1-20 专业教学计划进程表**

| 课程类别 | 课程代码 | 课程名称 | 授课学时 | | | 学分 | 时间安排及每周授课学时分配 | | | | | |
|---|---|---|---|---|---|---|---|---|---|---|---|---|
| | | | 合计 | 其中 | | | 第1学年 | | 第2学年 | | 第3学年 | |
| | | | | 课程理论教学 | 课堂实践教学 | | 第1学期 | 第2学期 | 第3学期 | 第4学期 | 第5学期 | 第6学期 |
| | | | | | | | 19周(16) | 19周(15) | 19周(15) | 19周(14) | 19周(12) | 15周(6) |
| 公共基础课 | GGJC－01 | 思政 | 48 | 32 | 16 | 3 | 4 | 4 | | | | |
| | GGJC－02 | 英语 | 124 | 124 | 0 | 7.5 | 4 | 4 | | | | |
| | GGJC－03 | 体育 | 92 | 92 | 0 | 6 | 2 | 2 | | | | |
| | GGJC－04 | 计算机应用基础 | 64 | 32 | 32 | 4 | 4 | | | | | |
| | GGJC－05 | 应用写作 | 24 | 24 | 0 | 2 | 2 | | | | | |
| | GGJC－06 | 创新创业指导 | 28 | 28 | 0 | 2 | | | | 2 | | |
| | GGJC－07 | 企业文化 | 32 | 16 | 16 | 1.5 | 总8 | 总8 | 总8 | 总8 | | 讲座 |
| 专业基础课 | ZYJC－01 | 工程材料应用与检测 | 60 | 48 | 12 | 4 | 4 | | | | | |
| | ZYJC－02 | 水利工程制图 | 60 | 48 | 12 | 4 | 4 | | | | | |
| | ZYJC－03 | 水利工程测量 | 64 | 32 | 32 | 4 | 4 | | | | | |
| | | 工程测量与放样 | 64 | 14 | 50 | 4 | | 4 | | | | |
| | ZYJC－04 | 水工识图与CAD | 64 | 30 | 34 | 4 | | 4 | | | | |
| | ZYJC－05 | 工程力学 | 64 | 54 | 10 | 4 | 4 | | | | | |
| | ZYJC－06 | 地基与基础（含土工检测） | 64 | 40 | 24 | 4 | | 4 | | | | |
| 专业技术课 | ZYJS－01 | 水利工程施工* | 90 | 60 | 30 | 5.5 | | 4 | 6 | | | |
| | ZYJS－02 | 水利工程造价* | 90 | 42 | 48 | 5.5 | | | 6 | | | |
| | ZYJS－03 | 水工程施工组织管理* | 64 | 42 | 22 | 5 | | | | 6 | | |
| | ZYJS－04 | 水工建筑物* | 90 | 60 | 30 | 5.5 | | | 6 | 4 | | |
| | ZYJS－05 | 水工混凝土结构* | 90 | 60 | 30 | 5.5 | | | 6 | | | |
| | ZYJS－06 | 机电设备与安装 | 56 | 28 | 28 | 3.5 | | | | | 4 | |
| | ZYJS－07 | 招投标与合同管理 | 24 | 20 | 4 | 1.5 | | | | 4 | | |
| | ZYJS－08 | 水利工程质量监测 | 56 | 28 | 28 | 3.5 | | | | 4 | | |

**续表 1-20**

| 课程类别 | 课程代码 | 课程名称 | 授课学时 | | | 学分 | 时间安排及每周授课学时分配 | | | | | |
|---|---|---|---|---|---|---|---|---|---|---|---|---|
| | | | 合计 | 其中 | | | 第 1 学年 | | 第 2 学年 | | 第 3 学年 | |
| | | | | 课程理论教学 | 课堂实践教学 | | 第 1 学期 | 第 2 学期 | 第 3 学期 | 第 4 学期 | 第 5 学期 | 第 6 学期 |
| | | | | | | | 19 周（16） | 19 周（15） | 19 周（15） | 19 周（14） | 19 周（12） | 15 周（6） |
| 专业拓展课 | ZYTZ－01 | 水利工程经济 | 36 | 36 | 0 | 2 | | | | | 4 选修 | |
| | ZYTZ－02 | 建筑安全技术 | 24 | 24 | 0 | 2 | | | | | 2 选修 | |
| | ZYTZ－03 | 工程资料管理（在企业进行） | 48 | 24 | 24 | 3 | | | | 4 | | |
| | ZYTZ－04 | 桥涵工程施工 | 48 | 24 | 24 | 3 | | | | | 4 | |
| | ZYTZ－05 | 工程项目管理软件应用 | 56 | 28 | 28 | 3.5 | | | | 6 | | |
| | ZYTZ－06 | 信息化技术应用（BIM） | 56 | 28 | 28 | 3.5 | | | | | 6 | |
| | ZYTZ－07 | 企业管理 | 56 | 28 | 28 | 3.5 | | | | | 4 | |
| | ZYTZ－08 | 建设工程法规 | 48 | 24 | 24 | 3 | | | 2 | | | |
| | ZYTZ－09 | 质量控制与案例分析 | | | | | | | | | 3 周 | |
| | ZYTZ－10 | 安全管理与案例分析 | | | | | | | | | 2 周 | |
| | ZYTZ－11 | 成本控制与案例分析 | | | | | | | | | 2 周 | |
| | ZYTZ－12 | 团队建设 | | | | | | | | | 2 周 | |
| | ZYTZ－13 | 专题讲座 20 学时 | | | | | | 工程材料 | 基础工程 | 水利工程造价 | 水利工程施工组织管理 | |
| | ZYTZ－14 | | | | | | | 工程测量 | 水利工程施工 | 水工混凝土结构 | 安全技术与管理 | |
| | ZYTZ－15 | | | | | | | | | | 水工建筑物、泵站 | 招投标与合同管理 |
| 合计 | | | 1 784 | 1 170 | 614 | 113 | 32 | 26 | 26 | 30 | 18 | |

注：1. 表中每学期上课周数可能有所浮动，( )内为扣除实践教学后的教学周数；

2. 表中课程名称后带有“＊”的为专业核心课程。

2. 专业实践教学进程安排

专业实践教学进程见表1-21。

**表1-21　专业实践教学进程**

| 实训环节类别 | 实训内容 | 时间安排与实践周数 | | | | | |
|---|---|---|---|---|---|---|---|
| | | 第1学年 | | 第2学年 | | 第3学年 | |
| | | 第1学期 | 第2学期 | 第3学期 | 第4学期 | 第5学期 | 第6学期 |
| 专业认知实训 | 入学教育 | 2周 | | | | | |
| | 计算机应用实训 | 理实一体化训练1周 | | | | | |
| 专项能力实训 | 水利工程测量实训 | | 理实一体化训练1周 | | | | |
| | 水利工程施工技术 | | | | | 理实一体化训练1周 | |
| | 水利建筑认识施工实习 | | | 4周 | | | |
| | 施工组织设计专项实训 | | | | | 理实一体化训练1周 | |
| | 工程材料应用与检测实训 | | 理实一体化训练1周 | | | | |
| | 水利工程造价专项实训 | | | | | | |
| | 土工检测实训 | | 理实一体化训练1周 | | 理实一体化训练1周 | | |
| | 水工图识读与CAD实训 | | | | | 理实一体化训练1周 | |
| | 水泵与水泵站 | | | | 理实一体化训练1周 | | |

续表 1-21

| 实训环节类别 | 实训内容 | 时间安排与实践周数 | | | | | |
|---|---|---|---|---|---|---|---|
| | | 第 1 学年 | | 第 2 学年 | | 第 3 学年 | |
| | | 第 1 学期 | 第 2 学期 | 第 3 学期 | 第 4 学期 | 第 5 学期 | 第 6 学期 |
| 综合能力实训 | 资料管理专项实训 | | | | | 理实一体化训练 1 周 | |
| | 阶段实践教学实习（产教融合） | | | 4 周 | 6 周 | | |
| | 毕业综合实践教学实习 | | | | | 8 周 | 15 周 |
| | 工程质量检测专项实训 | | | | | 理实一体化训练 1 周 | |
| | 毕业教育及鉴定 | | | | | 1 周 | |
| 职业资格证书考核 | 五大员岗位初级证书考核 | | | | | | |
| | BIM 技能证书考核 | | | | | | |
| 合计 | | 3 周 | 3 周 | 8 周 | 8 周 | 14 周 | 15 周 |

注：1. 入学教育在正式开课前进行，学校统一安排；

2. 毕业综合实践教学实习（实训）与毕业教育及鉴定时间合在一起计算；

3. 表中职业资格证书考核是利用周末时间进行，不占用日常教学时间。

### 3. 素养拓展课程安排

素养拓展课程安排计划见表 1-22。

表 1-22　素养拓展课程安排计划

| 课程类型 | 课程名称 | 学时要求 | 时间安排 | | | | | |
|---|---|---|---|---|---|---|---|---|
| | | | 第 1 学年 | | 第 2 学年 | | 第 3 学年 | |
| | | | 第 1 学期 | 第 2 学期 | 第 3 学期 | 第 4 学期 | 第 5 学期 | 第 6 学期 |
| 拓展类 | 高等数学 | 32 | | | | | √ | |
| | 力学（安徽省大学生力学竞赛） | 32 | | | | | √ | |
| | 英语 | 32 | | | √ | | | |
| | 文学名著赏析 | 32 | | | | √ | | |
| | 书法 | 32 | | | √ | | | |
| | 公共关系 | 32 | | | | | √ | |

**续表 1-22**

| 课程类型 | 课程名称 | 学时要求 | 时间安排 | | | | | |
|---|---|---|---|---|---|---|---|---|
| | | | 第 1 学年 | | 第 2 学年 | | 第 3 学年 | |
| | | | 第 1 学期 | 第 2 学期 | 第 3 学期 | 第 4 学期 | 第 5 学期 | 第 6 学期 |
| 拓展类 | 心理学概论 | 32 | | | | √ | | |
| | 环境与人类 | 32 | | | √ | | | |
| | 演讲与口才 | 32 | | | √ | | | |
| | 中国近代史(系列讲座) | 32 | | | | √ | | |
| | 社交礼仪 | 32 | | | | | √ | |
| | 摄影 | 32 | | | √ | | | |
| 工具类 | 逻辑学基础 | 32 | | | √ | | | |
| | 专业规范及手册使用 | 32 | | | | | √ | |
| | 市场营销 | 32 | | | | √ | | |
| | 社会学概论 | 32 | | | | √ | | |
| | 管理经济学 | 32 | | | | | √ | |
| | 商务谈判 | 32 | | | | | √ | |
| | 法律实务 | 32 | | | | | √ | |
| | 国际政治与经济 | 32 | | | | √ | | |
| | 安全教育 | 32 | | | √ | | | |

**注**:1. 素养拓展课为学校统一安排课程,学员根据个人喜好、需要自由进行选择;
2. 素养拓展课开课时间与专业课及基础课错开。

4. 教学安排有关说明

(1)本专业教学总周数为 129 周,其中课堂教学为 78 周(包含理实一体化教学),专业实践教学为 51 周,按学时统计理论: 实践 = 1∶1左右(阶段或毕业综合实践教学实习(实训)学时实际远高于每周按 30 学时)。

(2)体育课第 3、4 学期为专项选修(限选),选修时间安排在课外时间进行。

(3)第 6 学期的毕业综合实践顶岗实训的学生成绩,依据安徽水安建设集团股份有限公司与学校共同对其进行的考核、评价和毕业答辩。

### 1.4.1.9 毕业要求

1. 学时要求

公共基础课、专业基础课、专业技术课、专业拓展课四类课程总学时为 1 784 学时(113 学分),专业实践教学 51 周,共计 1 212 学时(由于水利专业性质,阶段或毕业综合实践教学每周远大于 30 学时,一般不实行双休日,实际实践教学达 70 周左右),理论: 实践 = 1∶1左右。

鼓励学生参加职业资格证考试及各种职业技能竞赛,以促进职业技能的训练,提升学生职业技术技能水平。

2. 职业资格证书要求

学生在校学习期间应取得与本专业相应的岗位证书(如 BIM 技术技能应用等级证书等)。按照国家规定,结合安徽水安建设集团股份有限公司要求,引导学生在校期间积极参与专业相关资格证书的学习与考核,将取证与职业规划有机结合,岗位资格证书与岗位职责结合,学生在校期间获取 1 + X 资格证书,提升学生就业能力。

## 1.4.2　支撑部分:专业人才培养实施条件与保障

### 1.4.2.1　专业人才培养实施条件

1. 校内外实习(实训)条件

1)校内实训条件

校内建有工程技术实训中心,该中心为中央财政支持的"建筑技术职业教育实训基地""国家级高职高专学生土建工程实训基地""建筑行业技能型紧缺人才培养培训基地""安徽省高职高专教师'双师素质'建筑工程培训基地"。此外,软件实训室包括 BIM 工程实训中心及施工虚拟仿真实训室。

校内实训条件见表 1-23。

**表 1-23　校内实训条件**

| 序号 | 试验实训室 | 主要设备设施及数量 | 面积($m^2$) | 可完成实践教学项目 |
|---|---|---|---|---|
| 1 | 建筑施工实训中心 | 钢筋调直机 3 台;钢筋切割机 6 台;钢筋弯曲加工机 6 台;箍筋弯曲机 3 台;闪光对焊机 2 台;电弧焊机 4 台;电渣压力焊机 3 台;锥螺纹加工机 1 台;直螺纹加工机 2 台;套筒挤压机 1 台。砌体实物模型 18 套;砌筑工具 60 套;砌筑施工质量检测工具 30 套 | 800 | 钢筋调直、剪切下料、弯曲加工实训;钢筋连接、骨架制作实训;砌筑施工及质量检测实训 |
| 2 | 建筑工程测量实训室 | 水准仪 36 套;光学经纬仪 12 套;电子经纬仪 24 套;全站仪 20 套;激光垂准仪 24 套;GPS 测量系统等测量设备 3 套 | 120 | 房屋定位测量;轴线引测;标高引测;沉降观测 |
| 3 | 材料试验实训中心 | 自动控制压力试验机 2 套;标准养护箱 2 套;烘箱 2 套;水泥抗折试验机 1 台;万能试验机 1 台;砂浆稠度仪 3 台;坍落度筒 3 台;维勃稠度仪 1 台 | 100 | 砂石、沥青等工程材料检测;水泥、混凝土、钢筋检测 |
| 4 | 水利工程模型室 | 水利工程模型 200 余套 | 200 | 水利工程现场教学 |
| 5 | 土工实训室 | 三联高压固结仪 16 台;等应变直剪仪 8 套;电脑液塑限联合测定仪 10 台;土壤渗透仪、土壤膨胀仪、土壤收缩仪各 16 台;室内回弹模量测定仪 8 套等 | 80 | 土建施工相关土工试验 |

续表 1-23

| 序号 | 试验实训室 | 主要设备设施及数量 | 面积($m^2$) | 可完成实践教学项目 |
|---|---|---|---|---|
| 6 | 工程质量检测实训室 | 超声波检测仪 2 套;数显回弹仪 10 套;混凝土裂缝测深仪 2 套;渗漏巡检仪 2 套;楼板厚度检测仪 2 套;混凝土保护层厚度检测仪 5 套 | 80 | 建筑工程施工质量检测 |
| 7 | 招标投标实训室 | 文件柜 2 套;招标投标软件、桌椅 60 套 | 120 | 招标投标模拟实训 |
| 8 | 屋面与防水工程施工实训室 | 屋面防水整体模型 1 套;各类防水卷材 15 卷;防水涂料 2 桶 | 80 | 防水工程施工实训 |
| 9 | BIM 工程实训中心 | 建筑设计、绿色设计、设备设计、结构设计、三维算量与计量计价、项目管理、UC 软件各 40 机位 | 130 | 造价、项目管理实训、CAD 绘图;建模实训等 |
| 10 | 施工仿真实训室 | 建筑工程施工仿真、建筑工程识图与构造仿真、安全文明施工及标准化施工软件各 80 节点 | 320 | 建筑施工实训,建筑构造与识图实训,设备安装实训 |
| 11 | VR 虚拟现实体验室 | 配有激光定位传感器;HTC vive VR 眼镜 + 激光定位器 + 无线操控手柄 Steambox 主机,内置陀螺仪、加速度计和激光定位传感器,体感控制器、基站、基站支架各 2 套;满足沉浸式体验要求的模块 40 个 | 100 | 可以在场景中进行漫游,查看每个施工现场的设计,具有超强的沉浸感 |
| 12 | 市政工程施工实训场 | 灌砂筒 20 套;贝克曼梁 4 套;电脑摆式摩擦系数测定仪 6 台;电动铺砂仪 6 台;路面渗水量测定仪 16 台;表面振动压实试验仪 2 台;混凝土钻孔取芯机 2 套;落球仪 8 台;公路连续式八轮平整度仪 3 台;现场 CBR 值测定仪 8 台;平板载荷测试仪 4 台;多功能直读式测钙仪 10 台;基桩动测仪 1 台 | 100 | 路基施工质量检测,路面施工质量检测 |
| 13 | 水闸工程施工实训场 | 真实的水闸工程实体、水闸构造及钢筋实训 | 200 | 水闸现场教学及水闸结构钢筋实训 |
| 14 | 水利工程造价实训室 | 文件柜 2 套;水利工程造价软件、80 台电脑及桌椅 | 120 | 水利工程造价模拟实训 |

2)校外实训条件

利用安徽水安建设集团股份有限公司校企合作校外实践教学基地,根据教学需要实时安排学生进行产教融合阶段(毕业综合)实践教学实习(实训),按现代学徒制试点专业人才培养方案及任务书落实各环节,通过实践教学实习(实训)项目落实师徒关系,满足学校对学生产教融合生产性实践教学和公司对实现专业人才培养目标的要求。

2. 师资条件

1) 专任教师

已形成具有双师素质和师资水平高及结构合理、数量足、素质过硬、稳定的专任教师队伍，完全能够满足教、学、研及服务培训的需求。专任教师详见表 1-24。

表 1-24　专任教师一览表

| 序号 | 姓名 | 性别 | 职称 | 备注 |
|---|---|---|---|---|
| 1 | 毕守一 | 男 | 教授 | 专业带头人、双师素质 |
| 2 | 李宏明 | 男 | 副教授 | 专业带头人、双师素质 |
| 3 | 张身壮 | 男 | 副教授 | 骨干教师、双师素质 |
| 4 | 吴长春 | 男 | 副教授 | 骨干教师、双师素质 |
| 5 | 胡昱玲 | 女 | 副教授 | 专业带头人、双师素质 |
| 6 | 潘孝兵 | 男 | 副教授 | 专业带头人、双师素质 |
| 7 | 陈明杰 | 男 | 副教授 | 专业带头人、双师素质 |
| 8 | 关水平 | 男 | 副教授 | 专业带头人、双师素质 |
| 9 | 费成效 | 男 | 副教授 | 骨干教师、双师素质 |
| 10 | 唐祥胜 | 男 | 副教授 | 专业带头人、双师素质 |
| 11 | 丁学所 | 男 | 副教授 | 骨干教师、双师素质 |
| 12 | 宋春发 | 男 | 副教授 | 双师素质 |
| 13 | 沈刚 | 男 | 副教授 | 双师素质 |
| 14 | 赵吴静 | 女 | 副教授 | 双师素质 |
| 15 | 杨晓红 | 女 | 副教授 | 双师素质 |
| 16 | 张海娥 | 女 | 副教授 | 双师素质 |
| 17 | 杨勇 | 男 | 讲师 | 专业带头人、双师素质 |
| 18 | 李方灵 | 女 | 讲师 | 专业带头人、双师素质 |
| 19 | 张本华 | 女 | 讲师 | 实验师 |
| 20 | 杨李 | 女 | 讲师 | 骨干教师、双师素质 |
| 21 | 鲁业宏 | 男 | 助教 | 双师素质 |
| 22 | 魏继莲 | 女 | 助教 | 骨干教师、双师素质 |
| 23 | 王芳 | 女 | 讲师 | 骨干教师、双师素质 |
| 24 | 刘磊 | 男 | 工程师 | 双师素质 |
| 25 | 朱英明 | 男 | 讲师 | 骨干教师、双师素质 |
| 26 | 胡平 | 女 | 讲师 | 骨干教师、双师素质 |

续表 1-24

| 序号 | 姓名 | 性别 | 职称 | 备注 |
|---|---|---|---|---|
| 27 | 董相如 | 女 | 讲师 | 骨干教师、双师素质 |
| 28 | 刘甘华 | 男 | 讲师 | 骨干教师、双师素质 |
| 29 | 范晓健 | 女 | 讲师 | 实验师 |
| 30 | 程小兵 | 男 | 讲师 | 骨干教师、双师素质 |

2）实践教学指导教师（师傅）

根据实际教学需要，邀请安徽水安建设集团股份有限公司及相关高校、企业专业技术人员作为兼职教师进行授课和专题讲座；“产教融合、工学结合”阶段性（毕业综合）实践教学实习（实训）指导教师全部为安徽水安建设集团股份有限公司项目部工程技术人员。

目前已建立一个相对稳定的实践教学指导教师（师傅）库，满足实践教学对指导老师（师傅）的要求，配套制定了相应的管理制度。动态实践教学指导教师（师傅）详见表 1-12。

3. 教学资源条件

1）专业培养模式

水利水电工程技术专业利用校企合作平台，落实理论教学服务于实践教学，融理论教学于实践教学，理论知识以“够用为度”的原则，强化实践教学，弱化理论教学。

专业建设过程大致包括以下几点：

（1）围绕安徽水安建设集团股份有限公司及水利行业的产业特点进行专业课程设置，使所设置的专业课程符合公司发展和水利建设行业区域发展的需要，符合水利建设行业专业技术人才市场的需要，符合水利建设行业高新技术应用和现代管理模式的需要，从而把专业课程建设融入安徽水安建设集团股份有限公司发展当中。

（2）在构建专业课程体系及确定教学内容时，围绕职业岗位能力、职业资格标准、岗位任职要求和职业素养，建立专业的知识、能力和人文素养体系，编制课程教学目标和内容，整合校企资源和智慧，合作开发现代学徒制课程与教材。

（3）在实践教学实施过程中，根据项目建设进度和生产特点，安排相应岗位进行“产教融合、工学结合”的合作人才培养方案，将生产过程融入教学活动中，逐步培养和提升学生实际操作动手能力，为缩短学生入职后岗位适应期奠定基础。

（4）在学业考核时，积极将行业岗位从业资格证书认证考试引入教学计划，作为相关课程的考核结果，用第三方评价替代校内评价，增强评价的客观性，从而把岗位认证体系融入学生能力考核，形成学校评价和公司评价相结合的教学评价体系。

2）创新人才培养方案

针对合作企业人才需求和职业教育的特点，水安学院现代学徒制水利水电工程技术专业高职 3 年制专业人才培养试点实施方案：1 + 1（0.2 + 0.3 + 0.2 + 0.3）+ 1，教学安排的总体思路为多学期、分段式实践教学。

（1）第 1 学年：主要完成公共基础课和部分专业基础课任务，实践教学在学校内完成，以学校实训室为主，培养学生建立基本的专业意识。

（2）第 2 学年：每学期安排不少于 50% 左右学时到合作企业岗位一线从事"产教融合、工学结合"实践教学活动，实行双导师制度，践行理论与实践并重的产教融合，实践教学结束后，现场指导教师对每位学生给予综合评价。

注：二年级第 1 学期安排 30 天（国庆节后实施），主要以参与项目专业实践认知为主，在师傅的指导下，结合工程项目建设内容，辅助参与工程相关内容；第 2 学期 45 天（开学后即实施），主要参与项目部具体技术与管理工作，在师傅的安排和指导下，实践产教融合，为准员工（三年级）的全面毕业（岗位）综合实践教学实习（实训）奠定基础。

（3）第 3 学年：学生基本完成专业理论学习任务，以准员工身份参与到岗位一线，进行为期一年的毕业综合实践教学实习（实训），从当年 7 月至次年 6 月，实行双导师制度和共同考评，评定综合实践教学成绩，纳入学生成绩档案及校企深度合作的各项评比。

校企深度合作人才培养方案"三知"（第 1 年专业感知、第 2 年岗位认知、第 3 年定岗行知）的教育实施，充分体现了高职办学特色和校企深度合作的培养目标。

3）专业教学资源

（1）目前专业特色教材及配套教学课件、习题库等教学资源包数量充足，质量水平高，较好地满足专业教学需求。

（2）现有的专业课程教学资源包，还需进一步优化和更新补充；进一步探索校企合作资源整合与供给，利用"互联网 + 现代学徒制"方式提供辅助教学。

（3）利用安徽水安建设集团股份有限公司项目建设，实时利用不同项目建设进度的技术应用，开展学生的阶段性（毕业综合）实践教学实习（实训），落实现代学徒制产教融合的双主体育人机制。

#### 1.4.2.2　专业人才培养实施保障

1. 校企合作体制机制保障

1）组织管理

现代学徒制校企合作人才培养旨在加强教学的针对性和实用性，提高学生的综合素养，培养学生的动手能力和解决问题的实际能力，实现人才培养的多元化主体。现代学徒制落实推行与生产劳动和社会实践相结合，以工学结合—项目导向阶段实践教学和毕业综合实践教学实习（实训）等为主，有利于提升学生技能。

（1）学校成立校企合作产业学院。学校与安徽水安建设集团股份有限公司共同成立水安学院，负责教育教学全面对接与落实工作。

（2）学院成立校企合作专业人才培养领导小组。在校企合作协议框架下，成立专业人才培养领导小组，全面领导、组织、实施合作培养的各项工作，督促检查产教融合教育教学工作的执行情况，协调处理工作中出现的问题。

（3）学院成立专业指导委员会。专业指导委员会每学期聘请公司和行业的专家、学者参与专业指导，不断扩大校外专业指导专家队伍。专业指导委员会成员主要由行业、企业的高级技术及管理人员和公司的专家组成，以安徽水安建设集团股份有限公司专家为主。

2)建立和完善校企合作制度

(1)在合作企业协议框架下,建立和完善行之有效的校企合作制度。促进合作办学、合作育人、合作就业、合作发展,形成支持校企共同发展的长效运行机制。总体协调校企之间专业共建、课程共建、实践教学基地共建、专(兼)职教师培训及聘任、学生实践教学实习与就业、技术研发应用与推广、技术培训等领域的合作事宜,实现校企深度合作。

(2)整合校企资源。整合校企合作人力资源与教学资源,制订双主体育人制度、双师互聘双重考核制度、员工培训制度等人力资源合作制度。共同制订、修订教学文件,实现校内外实践教学实训基地共建、教学质量共同评价、技术研发及产教融合等教学资源共享。

3)建立双师互聘

学校委派专任教师参与公司项目一线经营与管理,参与企业员工培训,与企业工程技术人员共同开发专业课程等教学资源,建立视频直播课堂采集点,破解校企合作时空障碍。聘用项目工程技术人员指导学生实践教学实习(实训),提升工程技术人员教育教学水平与能力;利用双师互聘机制,建立合作育人基地、双师资培养基地、技术服务的孵化基地。

4)校企合作平台,不断完善产教融合

校企深度合作实际就是实现学校与安徽水安建设集团股份有限公司双方互动、资源共享、互惠互利、共赢发展。

(1)为构建产教合作机制,保障"产教融合、工学结合"人才培养模式的实施,按照公司的生产技术状况,特别是先进生产技术的应用状况,分阶段制定工学交替人才培养计划。

阶段性集中实践教学实习(实训)注重与安徽水安建设集团股份有限公司项目建设进度相联系,满足实践教学要求。一方面,课程结构应综合化(项目化)和模块化,重构后的课程体系应满足公司多岗位转换甚至岗位内涵变化、发展所需要的知识和能力的要求;另一方面,课程体系使学生具有知识内化、迁移和继续学习的基本能力。

根据安徽水安建设集团股份有限公司岗位要求,增加企业文化及生产安全行为规范教育,介绍安徽水安建设集团股份有限公司生产中的新技术、新设备等,为阶段性集中实践教学实习(实训)和毕业综合实训教学奠定基础。

树立安徽水安建设集团股份有限公司的企业文化理念。主要体现为管理理念更新,打破学生在安徽水安建设集团股份有限公司实践教学实习(实训)必须按照学校的教学计划进行的陈规,视安徽水安建设集团股份有限公司生产旺季与需求灵活安排。校内课放在安徽水安建设集团股份有限公司淡季来上,而把实践教学调整到安徽水安建设集团股份有限公司生产旺季。第3学年实践教学实习(实训)应是一个动态的过程,实行学生轮训等动态管理。

(2)校企合作是实现校企互利互惠和双赢的基本路径。实现工程技术人员与教师互聘,当安徽水安建设集团股份有限公司生产任务紧、人手紧缺时,在不影响学生学业的情况下,安排教师带队与学生一起参与公司生产教学,现场工程技术人员与教师组成指导团队,双主体共同在生产过程中完成实践教学活动。

在"产教融合、工学结合"的实践教学过程中，校企共同实行全过程管理与服务。安徽水安建设集团股份有限公司统一安排学生实践教学过程中的食宿、安全、劳动保险等。一是每位学生都对应安排现场指导老师（师傅），解决学生实践教学实习（实训）过程中的学习、生活和工作方面可能遇到的问题，按照实践教学实习（实训）指导书，结合项目建设现场，实践结合理论辅导学生解决学校课堂中无法解决的问题。二是安徽水安建设集团股份有限公司人力资源部与水安学院共同联合管理实践教学实习（实训），对实践教学实习（实训）中出现的问题进行商讨、提出实时解决对策。三是建立日常巡查、检查指导，校企双方按计划每月组织指导老师到现场指导学生，总结阶段性工作成果，现场解决实践教学实习中还存在的一些问题，既加强日常管理，又能协调学生、学校与公司之间的问题，完善实践教学实习管理制度，保障实践教学实习（实训）过程中学生、学校与公司之间各方的合法权益。四是加强对实践教学实习学生的管理，充分发挥辅导员的管理能力，建立健全实践教学实习学生的档案管理、奖惩管理、组织文体活动等。

在教学组织上，校企共同研究制订教学组织方案，每学期开学之初召开全体授课教师会议，落实校企合作专业人才培养方案交底。以安徽水安建设集团股份有限公司兼职教师为主体，对学生实践教学实习不同岗位进行编组辅导。在教学组织实施上，根据"产教融合、工学结合"办学模式的特点，安排学生集中阶段（毕业综合）实践教学实习（实训），实践教学实习（实训）由公司技术人员在各项目部给学生授课培训。实践性教学实行单元模块教学，做到实践学习和实践实训密切结合。"产教融合、工学结合"期间根据工程进度和劳动力计划，实行转班轮岗，积极引导和探索学生在某岗位经考核合格后转到更高一级岗位工作。

在教学评价上，突出实践能力评价的比重。按照校企合作协议，实践教学由安徽水安建设集团股份有限公司业务突出、技术过硬的师傅担任指导教师，学生实践教学实习（实训）成绩由指导教师根据其实习情况评出，突出对学生岗位适应能力，职业道德、吃苦耐劳精神，分析问题、解决实际问题的能力评定，将学生实践教学实习（实训）成绩纳入学生总评成绩。

2. 教学质量监控与评价机制保障

1）教师评价

对教师的评价是通过"专家评教"和"教师评教"，建立相同的质量评价标准，对教师教学中的教学设计水平、计算机辅助教学水平、教科研水平、敬业精神等方面进行评价打分，定性与定量评价相结合，考核结果与教师的绩效工资挂钩。

"专家评教"主要通过院级督导员和院领导的听课督查，对教师教学进行评价打分。"教师评教"主要通过院（部）督导员和院（部）主任及教研室主任的听课督查，对每个教师教学质量进行评价。最后形成院（部）教学质量评价支撑材料。

2）学生评价

实施双向测评即开展学生评教和教师评学活动。学生评教是在大部分课程结束或即将结束的时候，以班级为单位由学校教务处或督导办统一组织在指定地点对所有任课教师的评价打分。每个班级由学习成绩前 15 名学生参加，尽量减少因师生关系或管理严格给评价带来的负面影响，当场打分当场收回。教师评学是所有任课教师在课程结束前，就班级的学风、理论与实践课程的学习质量、创新能力、团队精神等方面进行质量评价打分，一般由院(部)组织，结果汇总到学生处，以此评选出“优良学风班级”。

3)管理水平评价

管理水平依托健全、科学、规范的制度管理体系，形成以法治校、科学管理的良好局面，不断提高管理决策的正确性和科学性。各项制度的建立，使管理工作有章可循、有法可依。首先由学校教务处不定期召开教学工作会议，汇总教学管理及教学质量的反馈信息，通过分析工作中存在的问题，提出解决办法。其次是建立教学情况沟通制度，对教学中存在的问题及管理中出现的失误、漏洞，及时沟通解决；对出现问题严重的要召开校企联合会议，形成纪要上报领导处理。再次是不定期召开学生代表座谈会，听取教与学双方提出的问题，有针对性地研究制订解决方案。最后是实行校企联合指导检查制度，重点是指导检查实践教学，配合学校做好各项教学检查，通过 PDCA 形成管理闭环。

4)社会(企业)评价

建立健全教学质量保障、监控与评价体系，是实现培养目标、确保育人质量的重要保证。

社会对高职教育教学质量的评价主要来自于 3 个方面，安徽水安建设集团股份有限公司的评价、家长的评价和上级主管部门的评价。公司的评价主要体现在学生入职后的职业能力和关键能力与公司目标吻合度，履行岗位工作效率与能力，属于后评价阶段，至少在毕业入职后 1 年左右进行跟踪。家长的评价主要体现在双主体对学生的学习及生活等方面的管理和水平，对双师的素质和责任心的评价，以及在公司入职后的岗位评价，这部分主要体现在入职后流动频度上。上级主管部门的评价主要通过教学水平评估，全面检查和评价学校的办学情况，通过动态考核测试，判定学生的能力和水平以及服务于社会的质量。

建立健全教学质量保障、监控与评价体系，确保双主体育人质量，是实现校企合作培养目标的保障措施。

## 1.5 市政工程技术专业人才培养方案(第 2 轮)

### 1.5.1 主体部分：现代学徒制市政工程技术专业人才培养的标准和要求

#### 1.5.1.1 专业名称与专业方向

(1)专业名称：市政工程技术。

(2)专业方向：市政工程建设行业。

#### 1.5.1.2 教育类型与学历层次

(1)教育类型：高等职业教育。

(2)学历层次：高职专科。

#### 1.5.1.3 学制与招生对象

(1)学制：全日制 3 年。

(2)招生对象：普通高中毕业生或同等学力者。

#### 1.5.1.4 培养目标

面向安徽水安建设集团股份有限公司市政工程生产、建设、服务和管理一线生产与管理岗位，培养适应集团公司经济发展需要，掌握市政工程技术职业岗位（群）所需的基本知识和专业技能，具备较强市政工程识图及绘图能力、施工能力、质量检测能力、施工组织管理能力及施工预（决）算能力，具有创新创业意识和创新创业能力的可持续发展的高素质技术技能型人才。

#### 1.5.1.5 培养规格

1. 专业面向的职业岗位

本专业面向安徽水安建设集团股份有限公司一线生产与管理岗位。培养具有市政施工一线的施工员、质量员、安全员、资料员、材料员等岗位能力和专业技能的专业技术型人才，并能在相关岗位从事技术及管理工作的高素质技术技能型综合型人才。

毕业生服务对象：安徽水安建设集团股份有限公司。

初始就业岗位：市政工程施工员、质量员、资料员等。

未来发展岗位：技术负责人、项目经理等。

2. 知识要求

（1）具有一定的自然科学基础知识、较好的人文素养和社会科学基础知识，具备唯物辩证法思想方法的基本知识。

（2）具备岗位需要的英语、计算机基础知识。

（3）了解市政建设的基本内容。

（4）掌握专业所需的基础知识和基本技能。

（5）掌握室外管道施工技术。

（6）掌握路基路面施工技术。

（7）掌握桥梁施工技术。

（8）掌握园林绿化施工技术。

（9）掌握地下工程施工技术。

（10）掌握工程建模软件的应用。

（11）掌握市政工程施工技术。

（12）掌握市政工程监理的基本知识。

（13）掌握市政道路、市政工程计量与计价的基本知识。

3. 能力要求

（1）市政工程现场施工操作及管理能力。

（2）编制市政工程概预算和施工组织管理的能力。

（3）材料检验、工程现场施工监理及质量检测能力。

4. 素养要求

1）人文素养要求

（1）政治素质：能坚持正确的政治方向，具有远大的理想和社会主义的荣辱观。

（2）身体素质：身体健康。

（3）文化素质：具有广泛的人文科学和社会科学知识，谦虚谨慎。

（4）心理素质：有较强的自信心、强烈的进取心，有创新创业意识和抗挫折能力。

2)职业素质要求

满足“够用为度”的专业基础理论知识。具有综合运用各种知识解决实际问题的能力,具有一定的处理人际关系、组织协调、沟通等关键能力。通过阶段或毕业综合实践教学实习(实训)不断提高学生实践动手能力,毕业后能顺利对接专业岗位工作,缩短入职适应期。

### 1.5.1.6 课程体系构建

1.课程体系设计思路

按照“产教融合、工学结合” 的校企合作人才培养模式,依托参与项目阶段或综合实践教学实习(实训)的教学模式,以岗位能力为核心,融入施工员、质量员、材料员、资料员等职业资格证书及专业技术标准与素质要求,并且结合培养具有创新创业意识的可持续发展的高素质技术技能型人才的要求,形成以知识、能力、素养培养为主线,工作过程为导向的课程体系。市政工程技术专业课程体系构建思路如图 1-1 所示。

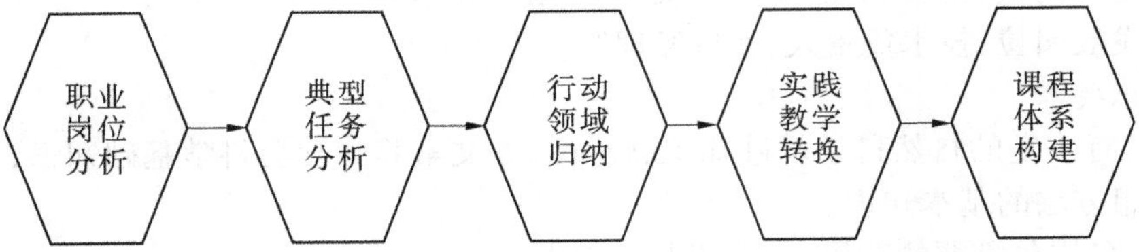


图 1-1 市政工程技术专业课程体系构建思路

2. 专业课程体系

专业课程体系见表 1-25。

表 1-25 专业课程体系

| 序号 | 课程名称 | 课程属性 | 序号 | 课程名称 | 课程属性 |
|---|---|---|---|---|---|
| 1 | 工程材料应用与检测 | 专业基础课(6门) | 13 | 地下工程施工技术 | 专业技术课(9门) |
| 2 | 市政工程制图与 CAD | | 14 | 安全技术与管理 | |
| 3 | 市政工程测量 | | 15 | 工程质量监测 | |
| 4 | 工程力学 | | 16 | 工程资料整编 | 专业拓展课(9门) |
| 5 | 钢筋混凝土结构 | | 17 | 建设法规 | |
| 6 | 地基与基础 | | 18 | 工程建模软件应用 | |
| 7 | 路基路面施工技术* | 专业技术课(9门) | 19 | 信息化技术与 BIM 应用 | |
| 8 | 市政管道施工技术* | | 20 | 建筑施工技术 | |
| 9 | 园林绿化工程施工技术 | | 21 | 工程招投标与合同管理 | |
| 10 | 桥梁施工技术* | | 22 | 工程经济 | |
| 11 | 市政工程计量与计价* | | 23 | 企业管理 | |
| 12 | 市政工程施工组织与项目管理* | | 24 | 英语口语 | |

注:专业课一共 24 门(必修),加“ * ”者为专业核心课。

融施工员等岗位群及 BIM 技能认证于课程教学与训练，采用教、学、做一体化教学，将职业资格证书（1 + X）认证贯穿于教学全过程，利用国家政策，积极引导学生双证就业甚至多证就业。

3. 整体课程设置说明

1）课程体系组成

课程体系由公共基础课、专业基础课、专业技术课、专业拓展课和实践教学实习（实训）五部分组成。

（1）公共基础课：思政基础课与概论课、通识教育、形势与政策、英语、体育、计算机应用基础、创新创业指导、企业文化等课程。

（2）专业基础课：工程材料应用与检测、市政工程制图与 CAD、市政工程测量、工程力学、钢筋混凝土结构、地基与基础，共 6 门。

（3）专业技术课：路基路面施工技术、市政管道施工技术、园林绿化工程施工技术、桥梁施工技术、市政工程计量与计价、市政工程施工组织与项目管理、地下工程施工技术、安全技术与管理、工程质量监测，共 9 门。

（4）专业拓展课：工程资料整编、建设法规、工程建模软件应用、信息化技术与 BIM 应用、建筑施工技术、工程招投标与合同管理、工程经济、企业管理、英语口语，共 9 门。

（5）实践教学实习（实训）：实施“产教融合、工学结合”实践教学实习（实训），重在培养学员实践操作动手技能。

校内实践教学实习（实训）：计算机应用实训，市政工程测量实训，市政工程认知实习，施工组织设计专项实训，道路建筑材料与检测实训，市政工程计量与计价实训，力学、土工检测实训，工程图识读与 CAD 实训，资料管理专项实训。

校外实践教学实习（实训）：阶段实践教学实习（实训）和毕业综合实践教学实习（实训），利用安徽水安建设集团股份有限公司所属项目建设适时安排参与“产教融合、工学结合”实践教学实习（实训）。

2）课程主要内容

课程主要内容见表 1-26 ~ 表 1-30。

**表 1-26 公共基础课及其基本内容**

| 课程编码 | 公共基础课 | 课程基本内容和要求 |
|---|---|---|
| GGJC－01 | 思政基础课 | 思政基础课是“思想道德修养与法律基础”的简称。主要以马列主义、毛泽东思想、中国特色社会主义理论体系为指导，针对大学生成长过程中面对的思想道德和法律问题，有效地开展马克思主义的世界观、人生观、价值观、道德观、法制观教育，综合运用相关学科知识，依据大学生成长的基本规律，教育引导高职学生加强自身思想道德修养、强化法律观念和法律意识 |

续表 1-26

| 课程编码 | 公共基础课 | 课程基本内容和要求 |
|---|---|---|
| GGJC－02 | 思政概论课 | 思政概论课是“毛泽东思想和中国特色社会主义理论体系概论”的简称。通过学习，让学生了解近现代中国社会发展的规律，增强马克思主义和中国特色社会主义信念，培养学生运用马克思主义的立场、观点和方法分析问题、解决问题的能力，增强贯彻党的基本理论、基本路线、基本纲领及各项方针政策的自觉性和坚定性，积极投身于全面建成小康社会和实现中华民族伟大复兴的实践 |
| GGJC－03 | 通识教育 | 通识教育是加强学生文学、历史、哲学、艺术等人文社科方面的教育，在现代多元化的社会中，为受教育者提供通行于不同人群之间的知识和价值观。目前主要开设课程有演讲与沟通、社交礼仪、应用文写作等 |
| GGJC－04 | 形势与政策 | 引导和帮助学生掌握认识形势与政策问题的基本理论和基础知识，学会正确的形势与政策分析方法，特别是对我国的基本国情、国内外重大事件、社会热点和难点等问题的思考、分析和判断能力，使之能科学预测和准确把握形势与政策发展的客观规律，形成正确的政治观。帮助学生及时全面正确地了解国内外形势，了解党和国家的对内、对外政策，增强实现改革开放和社会主义现代化建设宏伟目标的信心和社会责任感。帮助学生了解高等教育发展的现状和趋势，对就业形势有一个比较清醒的认识，树立正确的就业观 |
| GGJC－05 | 英语 | 掌握基础词汇和基础语法，注重培养学生听、说、读、写的基本技能和运用英语进行交际的能力；能听懂简单对话和短文，提高学生自学和继续学习的能力，融合人文素质教育，增强国际化意识，并为提高专业英语水平打下基础 |
| GGJC－06 | 体育 | 提高对身体健康的认识，掌握有关身体健康的基本知识和科学健身的方法；提高自我保健意识，增强体质、促进身体健康；养成良好的体育锻炼习惯，保持良好的心态；掌握基本体育运动项目的基础知识、基本技术、基本技能，能把这一体育项目作为终身锻炼的手段；增强体质健康和心理健康，增强社会适应能力 |
| GGJC－07 | 计算机应用基础 | 认识计算机系统的基本组成，能正确地连接计算机系统的各个部件和外部设备；了解计算机的工作原理和 Windows 系统的使用，能熟练地进行文件和文件夹的创建、保存、复制、移动、删除等操作；熟悉 MS Office 组件的基本操作，能熟练使用 Word、Excel、PowerPoint 等软件完成日常工作中文字处理、电子表格、幻灯片制作等任务；会使用 Internet 浏览信息、搜索资料、下载文件、收发电子邮件；能熟练使用即时通信工具进行交流与文件传输；能使用常用的工具软件解决实际问题 |

续表 1-26

| 课程编码 | 公共基础课 | 课程基本内容和要求 |
| --- | --- | --- |
| GGJC－08 | 创新创业指导 | 引导学生树立正确的择业标准，确立高尚的求职道德，帮助毕业生选择正确的成才道路。使面临就业选择的毕业生，有着充分的思想准备，具备求职技术，能够把握择业良机 |
| GGJC－09 | 企业文化 | 利用企业文化进校园活动，培养学生正确认识企业文化观念、企业价值观、企业精神、道德规范、行为准则、历史传统、企业制度、文化环境、企业产品等。企业文化即是企业灵魂，其核心是企业精神和企业价值观 |

表 1-27　专业基础课及其基本内容

| 课程编码 | 专业基础课 | 课程基本内容和要求 |
| --- | --- | --- |
| ZYJC－01 | 工程材料应用与检测 | 掌握常用工程材料，包括无机胶凝材料及其制品、有机胶凝材料及其制品、钢材等的基本知识，能合理选用市政施工材料及制品；掌握工程材料常规试验的基本方法，能进行主要材料的检测与试验检验 |
| ZYJC－02 | 市政工程制图与 CAD | 掌握正投影原理与作图方法，使学生能掌握绘图技能，能正确运用国家制图标准绘出路桥工程施工图和设计图、一般的市政（路桥、给排水）工程图，并能识读机械零件和简单的装配图。<br>掌握计算机辅助设计基本原理，掌握 CAD 基本命令的使用技能，学会绘制公路与桥梁基本图形的能力，以及学会应用有关软件进行公路和桥梁工程的简单设计 |
| ZYJC－03 | 市政工程测量 | 掌握测量基本原理、测量仪器的使用方法、地形图的测绘及其在工程中的应用等内容。要求学生能正确使用水准仪、经纬仪、平板仪等测量仪器，进行小面积大比例尺地形图测绘，以及施工放样、道路测量、桥梁测量、变形观测等应用测量，并进一步了解和初步掌握精密水准仪、红外测距仪、电子经纬仪、全站仪及铅垂仪的性能和操作 |
| ZYJC－04 | 工程力学 | 掌握工程力学的基本理论，刚体的静力平衡，杆件在静荷载作用下拉（压）、剪、弯等基本变形与组合变形的强度和刚度计算，压杆稳定计算，应力、应变测试的基本方法，静定结构和超静定结构的内力分析方法，影响线的绘制和结构动力计算方法等 |
| ZYJC－05 | 钢筋混凝土结构 | 掌握钢筋混凝土受弯构件的正截面与斜截面的承载力计算，钢筋混凝土受弯构件的裂缝宽度和挠度验算，钢筋混凝土梁板结构设计 |
| ZYJC－06 | 地基与基础 | 掌握土的物理力学性质，地基应力、土压力及挡土墙的稳定计算，土的渗透变形和沉降量的计算；能进行人工地基和天然地基上浅基础的一般计算，掌握常规试验基本技能 |

表 1-28 专业技术课及其基本内容

| 课程编码 | 专业技术课 | 课程基本内容和要求 |
| --- | --- | --- |
| ZYJS－01 | 路基路面施工技术 | 掌握路基和路面的设计和施工。要求了解并掌握路基土的分类、路基潮湿情况和干湿类型；了解路基的变形、破坏及其影响因素；了解公路自然区划的划分及路基临界高度的确定方法；了解路基典型横断面形式及其设计要点；掌握路基的基本构造和有关附属设施的功能和布置情况；了解路基排水要求及设计的一般原则；了解并掌握路基排水设备的构造与布置情况；了解并掌握路基稳定性的内容和方法；了解路基防护与加固的方法和步骤；掌握挡土墙的土压力计算方法和挡土墙稳定性验算的方法和程序；掌握柔性路面和刚性路面的设计方法和设计过程；了解各种类型的路基和路面的施工方法和施工工艺 |
| ZYJS－02 | 市政管道施工技术 | 掌握各类市政管道施工。要求掌握市政给水管道、排水管道、热力管道、燃气管道、电力管线和电信管线的构造；掌握市政管道开槽施工的工艺与方法、不开槽施工的工艺与方法、盾构施工的工艺与方法；掌握市政管道各类附属构筑物的施工方法 |
| ZYJS－03 | 园林绿化工程施工技术 | 掌握园林绿化施工技术。要求掌握园林植物、园林工程测量，新材料、新机具的应用情况等专业基础知识，园林工程中的基本概念、工程原理、工程设计、施工方法及施工管理等专业知识、现场组织协调能力等社会学知识 |
| ZYJS－04 | 桥梁施工技术 | 掌握桥梁工程的组成和设计。要求了解桥梁的组成和分类，桥梁总体规划原则和基本设计资料，桥梁纵、横断面设计和平面布置；掌握桥梁的设计荷载及其组合；了解并掌握桥面的基本构造，理解各细部构造的设置情况；了解装配式钢筋混凝土简支梁桥和装配式预应力混凝土简支梁桥的构造类型和设计要求；熟练掌握行车道板的计算方法和荷载的横向分布计算方法及主梁和次梁的内力计算方法，学会设计简支梁桥；掌握简单的平板支座的设计；了解重力式桥墩和桥台的设计和计算，具有较强的计算能力 |
| ZYJS－05 | 市政工程计量与计价 | 掌握生产过程中产品的数量和资源消耗量之间的关系。要求了解定额的基本概念、原理及分类；了解施工定额、预算定额及概算定额的作用及编制程序；了解现行公路与桥梁工程、管道工程预算定额及概算定额的格式及内容；能够按照定额规定的工程量计算规则正确地计算各分项工程的工程量，正确地套用定额及按照规定对定额进行换算；了解公路与桥梁、管道工程概预算的基本概念、费用组成、概预算文件组成及概预算编制方法，能够按照要求计算公路与桥梁、管道工程的直接工程费、间接费及其他费用，掌握各种概预算表格的填表方法；通过 1 周的课程设计，能够独立编制一般道路及桥梁、管道工程的概预算 |

续表 1-28

| 课程编码 | 专业技术课 | 课程基本内容和要求 |
|---|---|---|
| ZYJS－06 | 市政工程施工组织与项目管理 | 掌握施工组织与项目管理的基本概念、方法和基本原理。要求了解并掌握公路、桥梁、管道工程的施工过程，施工平面图设计的要点；掌握流水施工的概念、特点、类型及总工期计算；掌握横道图的绘制；掌握施工组织设计的编制原则、分类、组成、编制程序；了解并掌握网络图的基本概念、绘制方法和网络图的参数计算；了解施工现场技术、料具、机械、劳动、环境、内业资料的管理方法。熟悉工程项目管理各方的目标和任务，掌握成本、进度、质量控制的程序和措施。熟悉安全管理的方法，掌握安全事故的处理措施。熟练掌握招标投标的方式，编制招标投标文件，增强中标能力。熟练掌握合同的管理方法及合同索赔的相关问题。学习项目管理软件的使用方法 |
| ZYJS－07 | 地下工程施工技术 | 掌握各类地下工程的施工技术。要求掌握岩体隧道钻爆法施工技术、土质隧道施工技术、盾构法施工技术、隧道掘进机施工技术、井巷工程施工技术、基坑工程施工技术、地下连续墙施工技术、顶管法施工技术、沉管法施工技术、冻结法施工技术、注浆法施工技术和地下工程施工组织与施工监测等 |
| ZYJS－08 | 安全技术与管理 | 掌握市政工程安全生产管理的基本知识、市政工程施工危险源辨识与控制、市政施工安全技术、施工现场安全保证体系与保证计划、施工安全检查与安全评价，使“技术”与“管理”有机结合 |
| ZYJS－09 | 工程质量监测 | 掌握市政工程中路基路面现场质量检测方法和结构主要使用功能及构件性能的检测方法。要求掌握市政工程质量评定方法、路基路面现场质量检测、混凝土构件质量检测、基桩桩身完整性检测、桥梁荷载试验、给排水管渠质量检测等 |

表 1-29　专业拓展课及其基本内容

| 课程编码 | 专业拓展课 | 课程基本内容和要求 |
|---|---|---|
| ZYTZ－01 | 工程资料整编 | 掌握市政工程各类工程资料的整编。要求了解市政工程资料的组成，熟悉和掌握各类资料的填写，完成与施工进度同步的工程技术资料、安全资料，以及施工过程中完成相关的资料申报工作并配合上级部门的检查；了解市政工程施工质量验收规范及相关的质量检测制度 |
| ZYTZ－02 | 建设法规 | 掌握市场经济的法学原理、城市规划法、建筑法、合同法、房地产法、环境保护法的基本知识。了解建筑业的基本内容，掌握建筑工程法规所涉及的基本法理；熟悉建筑工程的基本法律、法规和规章，并能在实践中逐渐加深对其理解和运用；明确建筑工程法规中建筑活动的地位、作用和如何实施，并能及时掌握我国新颁布的相关法律、法规和规章；树立法制观念，形成依法从事建筑活动和依法管理的法制意识 |

续表 1-29

| 课程编码 | 专业拓展课 | 课程基本内容和要求 |
|---|---|---|
| ZYTZ－03 | 工程建模软件应用 | 掌握和运用工程软件进行市政工程建模，熟悉市政工程建模相关业务知识，具有工程软件建模和工程虚拟渲染的能力，提高学生解决实际问题的能力，具备履行工程建模岗位职责和业务活动所必备的专业知识和实际工作能力 |
| ZYTZ－04 | 信息化技术与 BIM 应用 | 掌握 BIM 基础知识，BIM 建模环境及应用软件体系，工程视图基础，项目 BIM 实施与应用及 BIM 标准与流程。通过学习能够对 BIM 技术有初步认识，能够结合企业 BIM 技术管理平台进行技术应用，为将来 BIM 技术的应用奠定基础 |
| ZYTZ－05 | 建筑施工技术 | 掌握建筑工程的施工技术、方法。要求掌握各分部分项工程施工的基本理论知识和施工方法、施工工艺、技术要求、质量验收、通病防治，以及常用施工机械的技术性能并能够在施工中合理经济地选用施工机械 |
| ZYTZ－06 | 工程招投标与合同管理 | 掌握工程招标投标与合同管理的相关知识。要求掌握建设工程招标投标基本知识与具体业务，建设工程施工、勘察设计、材料设备采购、监理等主要招标投标类型的特点、工作步骤及相关文件的内容和编制方法，建设工程合同的特点、内容及示范文本，建设工程索赔的主要分类及方法 |
| ZYTZ－07 | 工程经济 | 掌握工程经济学的基本理论和分析计算方法，内容包括工程经济分析的基本技术经济因素、资金的时间价值、工程经济分析基本方法、不确定性分析、工程建设项目经济评价等 |
| ZYTZ－08 | 企业管理 | 掌握企业管理的基本理论、方法及实务等内容。要求掌握市场经济基础、市场主体行为、企业与企业组织、管理与企业管理、企业环境、企业决策与计划、市场营销管理、生产运作管理、质量管理、企业资源管理及中小企业经营管理实务 |
| ZYTZ－09 | 英语口语 | 掌握常用对话语句，能够进行一般场景下的口语交流；同时，结合所学专业，进行专业英语口语学习，能够在国际工程项目环境下进行项目管理、工程招标投标、商务谈判，具备承揽海外项目或参与国外企业合作项目的管理英语口语交际能力 |

表 1-30　专业实践课程及其基本内容

| 课程编码 | 专业实践课程 | 基本内容和要求 |
|---|---|---|
| ZYSJ－01 | 入学教育 | 包括军训、适应性教育、专业思想教育、爱国爱校教育、文明修养与法纪安全教育、心理健康教育、成才教育 |
| ZYSJ－02 | 计算机应用实训 | 使学生全面掌握计算机的基础知识，具有初步的计算机操作技能，了解计算机在专业中的应用，为进一步学习计算机在专业中的应用打下基础 |

续表 1-30

| 课程编码 | 专业实践课程 | 基本内容和要求 |
| --- | --- | --- |
| ZYSJ－03 | 市政工程测量实训 | 主要进行局部地区大比例尺地形图的测绘。通过实习，学生的理论知识和实践技能紧密结合，能对普通测量有一个整体认识。并能进一步熟练掌握水准仪、经纬仪及其他仪器和工具的操作技能 |
| ZYSJ－04 | 实践教学实习（实训） | 安排学生到安徽水安建设集团股份有限公司项目阶段或综合实践教学实习（实训），对各类市政工程实体有个全面认识，熟悉构造组成、材料及其做法，为后续课程学习打下坚实基础 |
| ZYSJ－05 | 施工组织设计专项实训 | 通过对市政工程进行施工部署、选择施工方案、编制施工进度及计划表、绘制施工平面图，进一步理解和巩固所学基础知识 |
| ZYSJ－06 | 道路建筑材料与检测实训 | 学生可进一步了解常用建材的性能，掌握试验方法，规范操作程序，养成严谨务实的工作作风 |
| ZYSJ－07 | 市政工程计量与计价实训 | 通过某一段公路概预算的编制，学生可加深理解课程中的基本理论知识，培养独立思考、勤学好问、勇于创新的习惯，进一步提高查阅定额和手册、计算的能力 |
| ZYSJ－08 | 力学、土工检测实训 | 加深学生对力学、土力学基础知识的理解，初步具备中高级专门人才所必需的试验技能，培养学生形成综合职业能力，以及为适应职业变化继续学习打下基础 |
| ZYSJ－09 | 工程图识读与 CAD 实训 | 掌握施工图的识图技术，能够识读市政道路、桥梁及管道工程施工图，并通过 CAD 图形绘制进一步掌握识图技术，为将来应用 CAD 建模规划、计算机自动化制图和人工智能交互式绘图打下坚实的基础 |
| ZYSJ－10 | 资料管理专项实训 | 掌握施工准备阶段文件资料、施工资料、监理资料、竣工图资料、竣工验收备案资料的收集、编制方法，了解我国建设工程技术资料管理方面的相关法律法规 |
| ZYSJ－11 | 安徽水安集团项目工地实践教学实习（实训） | 通过参与安徽水安建设集团股份有限公司项目工地阶段（综合）实践教学实习（实训），对学生在市政工程施工、施工方案编制、工程计量计价等主要岗位职业能力进行系统全面的训练 |
| ZYSJ－12 | 毕业综合实践教学实训（产教融合） | 定岗实训，培养学生综合分析和解决问题的能力、组织管理和社交能力，培养学生独立工作的能力，以及严谨、扎实的工作作风和事业心、责任感，为学生毕业适应工作岗位、独立完成所承担的任务奠定基础 |
| ZYSJ－13 | 毕业教育及鉴定 | 对学生所学的专业知识进行最终全面、综合的检验 |

### 1.5.1.7 考核与评价标准

1. 课程考核与评价

(1)课程考核内容由理论部分和实践部分两项组成(按百分制考评,60 分为合格),理论部分考核采用机试或笔试,实践部分考核采用实操,原则上理论: 实操 = 1∶1。

(2)突出过程评价,课程考核结合课堂提问、小组讨论、实作测试、课后作业、任务考核等手段,加强实践性教学环节的考核,并注重平时考核(比例不得小于 30%)。

(3)强调目标评价和理实一体化综合评价,在进行综合评价时,结合实践活动,充分发挥学生的主动性和创造力,引导学生进行学习方式转变,注重考核学生的动手能力和在实践中分析问题、解决问题的能力。

2. 学生阶段(毕业综合)实践教学实习(实训)考核与评价

学生阶段(毕业综合)实践教学实习(实训)成绩由校企双方共同考核评价,以企业为主。根据其基础技术能力、岗位适应能力、工作态度、职业素养和工作实效,由企业和学校共同对学生进行双重考核,考核成绩作为评定企业奖学金和入岗的重要依据。

### 1.5.1.8 教学安排

1. 专业教学计划进程表

专业课程设置与教学计划见表 1-31。

**表 1-31 专业教学计划进程表**

| 课程类别 | 课程代码 | 课程名称 | 授课学时 | | | 学分 | 时间安排及每周授课学时分配 | | | | | |
|---|---|---|---|---|---|---|---|---|---|---|---|---|
| | | | 合计 | 其中 | | | 第 1 学年 | | 第 2 学年 | | 第 3 学年 | |
| | | | | 课程理论教学 | 课堂实践教学 | | 第 1 学期 | 第 2 学期 | 第 3 学期 | 第 4 学期 | 第 5 学期 | 第 6 学期 |
| | | | | | | | 19 周(16) | 19 周(15) | 19 周(15) | 19 周(14) | 19 周(12) | 15 周(6) |
| 公共基础课 | GGJC－01 | 思政基础课 | 48 | 32 | 16 | 3 | 4 | | | | | |
| | GGJC－02 | 思政概论课 | 64 | 48 | 16 | 4 | | 4 | | | | |
| | GGJC－03 | 通识教育 | 48 | 40 | 8 | 3 | 2 | 2 | | | | |
| | GGJC－04 | 形势与政策 | 32 | 32 | 0 | 1 | 8 | 8 | 8 | 8 | | |
| | GGJC－05 | 英语 | 128 | 100 | 28 | 7 | 4 | 4 | | | | |
| | GGJC－06 | 体育 | 64 | 56 | 8 | 7 | 2 | 2 | | | | |
| | GGJC－07 | 计算机应用基础 | 64 | 32 | 32 | 4 | | 4 | | | | |
| | GGJC－08 | 创新创业指导 | 26 | 20 | 6 | 2 | | | | | 2 | |
| | GGJC－09 | 企业文化 | 64 | 60 | 4 | 4 | 16 | 16 | 16 | 16 | | |

续表 1-31

| 课程类别 | 课程代码 | 课程名称 | 授课学时 | | | 学分 | 时间安排及每周授课学时分配 | | | | | |
|---|---|---|---|---|---|---|---|---|---|---|---|---|
| | | | 合计 | 其中 | | | 第 1 学年 | | 第 2 学年 | | 第 3 学年 | |
| | | | | 课程理论教学 | 课堂实践教学 | | 第 1 学期 | 第 2 学期 | 第 3 学期 | 第 4 学期 | 第 5 学期 | 第 6 学期 |
| | | | | | | | 19 周（16） | 19 周（15） | 19 周（15） | 19 周（14） | 19 周（12） | 15 周（6） |
| 专业基础课 | ZYJC－01 | 工程材料应用与检测 | 64 | 40 | 24 | 4 | 4 | | | | | |
| | ZYJC－02 | 市政工程制图与 CAD | 64 | 30 | 34 | 4 | | 4 | | | | |
| | ZYJC－03 | 市政工程测量 | 96 | 48 | 48 | 5 | 6 | | | | | |
| | ZYJC－04 | 工程力学 | 96 | 80 | 16 | 5 | 6 | | | | | |
| | ZYJC－05 | 钢筋混凝土结构 | 64 | 50 | 14 | 4 | | 4 | | | | |
| | ZYJC－06 | 地基与基础 | 64 | 48 | 16 | 4 | | 4 | | | | |
| 专业技术课 | ZYJS－01 | 路基路面施工技术* | 60 | 52 | 8 | 4 | | | 4 | | | |
| | ZYJS－02 | 市政管道施工技术* | 60 | 52 | 8 | 4 | | | 4 | | | |
| | ZYJS－03 | 园林绿化工程施工技术 | 60 | 52 | 8 | 4 | | | 4 | | | |
| | ZYJS－04 | 桥梁施工技术* | 56 | 48 | 8 | 4 | | | | 4 | | |
| | ZYJS－05 | 市政工程计量与计价* | 56 | 40 | 16 | 4 | | | | 4 | | |
| | ZYJS－06 | 市政工程施工组织与项目管理* | 56 | 48 | 8 | 4 | | | | 4 | | |
| | ZYJS－07 | 地下工程施工技术 | 60 | 52 | 8 | 4 | | | 4 | | | |
| | ZYJS－08 | 安全技术与管理 | 60 | 52 | 8 | 3 | | | 4 | | | |
| | ZYJS－09 | 工程质量监测 | 52 | 30 | 22 | 3 | | | | | 4 | |
| 专业拓展课 | ZYTZ－01 | 工程资料整编 | 52 | 32 | 20 | 3 | | | | | 4 | |
| | ZYTZ－02 | 建设法规 | 56 | 50 | 6 | 3 | | | | 4 | | |
| | ZYTZ－03 | 工程建模软件应用 | 90 | 40 | 50 | 5 | | | 6 | | | |
| | ZYTZ－04 | 信息化技术与 BIM 应用 | 84 | 42 | 42 | 5 | | | | 6 | | |
| | ZYTZ－05 | 建筑施工技术 | 52 | 40 | 12 | 3 | | | | | 4 | |
| | ZYTZ－06 | 工程招投标与合同管理 | 56 | 48 | 8 | 4 | | | | 4 | | |
| | ZYTZ－07 | 工程经济 | 52 | 44 | 8 | 4 | | | | | 4(选修) | |
| | ZYTZ－08 | 企业管理 | 26 | 20 | 6 | 2 | | | | | 2(选修) | |
| | ZYTZ－09 | 英语口语 | 26 | 20 | 6 | 3 | | | | | 2 | |

**续表 1-31**

| 课程类别 | 课程代码 | 课程名称 | 授课学时 | | | 学分 | 时间安排及每周授课学时分配 | | | | | |
|---|---|---|---|---|---|---|---|---|---|---|---|---|
| | | | 合计 | 其中 | | | 第 1 学年 | | 第 2 学年 | | 第 3 学年 | |
| | | | | 课程理论教学 | 课堂实践教学 | | 第 1 学期 | 第 2 学期 | 第 3 学期 | 第 4 学期 | 第 5 学期 | 第 6 学期 |
| | | | | | | | 19 周（16） | 19 周（15） | 19 周（15） | 19 周（14） | 19 周（12） | 15 周（6） |
| | 专题讲座16 学时 | | | | | | 工程材料 | 地基与基础 | 路基路面施工 | 桥梁工程施工 | | |
| | | | | | | | 工程测量 | 工程识图与 CAD | 园林绿化施工 | 安全技术与管理 | | |
| | | | | | | | | | 地下工程施工 | 招投标与合同管理 | | |

注：1. 表中每学期上课周数可能有所浮动，( )内为扣除实践教学后的教学周数；
2. 表中课程名称后带有"*"的为专业核心课程。

### 2. 专业实践教学进程安排

专业实践教学进程见表 1-32。

**表 1-32　专业实践教学进程**

| 实训环节类别 | 实训内容 | 时间安排与实践周数(周) | | | | | |
|---|---|---|---|---|---|---|---|
| | | 第 1 学年 | | 第 2 学年 | | 第 3 学年 | |
| | | 第 1 学期 | 第 2 学期 | 第 3 学期 | 第 4 学期 | 第 5 学期 | 第 6 学期 |
| 专业认知实训 | 入学教育 | 2 | | | | | |
| | 计算机应用实训 | | 1 | | | | |
| 专项能力实训 | 市政工程测量实训 | | 1 | | | | |
| | 市政工程认识实习 | | | 4 | | | |
| | 施工组织设计专项实训 | | | | 1 | | |
| | 工程材料应用与检测实训 | 1 | | | | | |
| | 市政工程计量与计价实训 | | | | | 1 | |
| | 力学、土工检测实训 | | | | | 1 | |
| | 工程图识读与 CAD 实训 | | 1 | | | 1 | |
| | 资料管理专项实训 | | | | | 1 | |
| | 工程质量检测专项实训 | | | | | 1 | |

续表 1-32

| 实训环节类别 | 实训内容 | 时间安排与实践周数(周) | | | | | |
|---|---|---|---|---|---|---|---|
| | | 第 1 学年 | | 第 2 学年 | | 第 3 学年 | |
| | | 第 1 学期 | 第 2 学期 | 第 3 学期 | 第 4 学期 | 第 5 学期 | 第 6 学期 |
| 实践教学实习(实训) | 安徽水安集团项目工地实践教学实习 | | | 4 | 6 | | |
| | 毕业综合实践教学实习 | | | | | 10 | 15 |
| | 毕业教育及鉴定 | | | | | 1 | |
| 职业资格证书考核 | 市政施工员等岗位证书考核 | | | | | | |
| | BIM 技能证书考核 | | | | | | |
| 合计 | | 3 | 3 | 8 | 7 | 16 | 15 |

注:1. 入学教育在正式开课前进行,学校统一安排;
2. 毕业综合实践教学实习(企业顶岗实习)与毕业教育及鉴定时间合在一起计算;
3. 表中职业资格证书考核是利用周末时间进行,不占用日常教学时间。

3. 素质拓展课程安排

素质拓展课程根据专业培养实际需要并结合学校具体情况而做出统一安排,详细计划安排见表 1-33。

表 1-33　素质拓展课程安排计划

| 课程类型 | 课程名称 | 学时要求 | 时间安排 | | | | | |
|---|---|---|---|---|---|---|---|---|
| | | | 第 1 学年 | | 第 2 学年 | | 第 3 学年 | |
| | | | 第 1 学期 | 第 2 学期 | 第 3 学期 | 第 4 学期 | 第 5 学期 | 第 6 学期 |
| 拓展类 | 高等数学 | 32 | | | | | √ | |
| | 力学(安徽省大学生力学竞赛) | 32 | | | | | √ | |
| | 英语 | 32 | | | √ | | | |
| | 文学名著赏析 | 32 | | | | √ | | |
| | 书法 | 32 | | | √ | | | |
| | 公共关系 | 32 | | | | | √ | |
| | 心理学概论 | 32 | | | | √ | | |
| | 环境与人类 | 32 | | | √ | | | |
| | 演讲与口才 | 32 | | | √ | | | |
| | 中国近代史(系列讲座) | 32 | | | | √ | | |
| | 社交礼仪 | 32 | | | | | √ | |
| | 摄影 | 32 | | | √ | | | |

续表 1-33

| 课程类型 | 课程名称 | 学时要求 | 时间安排 | | | | | |
| --- | --- | --- | --- | --- | --- | --- | --- | --- |
| | | | 第 1 学年 | | 第 2 学年 | | 第 3 学年 | |
| | | | 第 1 学期 | 第 2 学期 | 第 3 学期 | 第 4 学期 | 第 5 学期 | 第 6 学期 |
| 工具类 | 逻辑学基础 | 32 | | | √ | | | |
| | 专业规范及手册使用 | 32 | | | | | √ | |
| | 市场营销 | 32 | | | | √ | | |
| | 社会学概论 | 32 | | | | √ | | |
| | 管理经济学 | 32 | | | | | √ | |
| | 商务谈判 | 32 | | | | | √ | |
| | 法律实务 | 32 | | | | | √ | |
| | 国际政治与经济 | 32 | | | | √ | | |
| | 安全教育 | 32 | | | √ | | | |

**注**:1. 素质拓展课为学校统一安排课程,学员根据个人喜好、需要自由进行选择;
2. 素质拓展课开课时间与专业课及基础课错开。

4. 教学安排有关说明

(1)本专业教学总周数为 110 周,课堂教学为 74 周(包含校内实践教学),专业实践教学为 52 周(不含校内实践教学)。

(2)体育课第 1 ~3 学期为专项选修(限选),选修时间安排在课外时间进行。

(3)第 6 学期的毕业综合实践教学实习(实训),学生成绩由实习(实训)项目部和学校共同对其进行考核、评价和毕业答辩,以项目部考核、评价为主。

### 1.5.1.9 毕业要求

1. 学时要求

公共基础课、专业基础课、专业技术课、专业拓展课四类课程总学时为 2 000 学时(127 学分),专业实践教学 52 周,共计 1 620 学时(阶段实践教学实习、毕业综合实践教学实习每周按 30 学时 2 学分计算;由于市政专业性质,阶段或毕业综合实践教学每周远大于 30 学时,一般不实行双休日,实际实践教学远超过 52 周),五类课程合计总学时 3 080学时(折算为 193 学分,不含素质拓展课程学时)。

引导学生参加各种职业技能竞赛和专业考证,以赛促学,提高学生专业基本理论的学习和技术技能水平。

2. 职业资格证书要求

根据《国务院办公厅关于深化产教融合的若干意见》(国办发〔2017〕95 号)等一系列的国家和部门文件要求,引导和实施 1 + X 教育教学和毕业就业,学生在校学习期间除取得毕业证书外,根据本专业市场要求,应取得国家正规的相关职业资格证书(如 BIM 技术技能应用等级证书、施工员初级证书等)。

要求学生在校期间必须参加专业相关职业资格证书考核,逐步将职业资格证书纳入专业教育教学的全过程；配合国家政策，逐步将 1 + X 纳入学籍管理改革中，实施学生获取双证及以上的毕业审核制度。

## 1.5.2　支撑部分：专业人才培养实施条件与保障

### 1.5.2.1　专业人才培养实施条件

1. 校内外实习（实训）条件

实施人才培养方案应该建设必要的实习（实训）教学条件，满足学生技术技能训练和综合实践教学（顶岗实习）的要求，校内建立满足专业基本能力训练的实训室；校外利用安徽水安建设集团股份有限公司实践教学基地，保证专业的企业项目训练和阶段（毕业综合）实践教学实习（实训）等实践教学任务的实施。

1）校内实训条件

与课程设置顺序一样，基于道路桥梁施工的工作过程来设置“市政工程技术实训基地”。校内实训基地建筑面积 3 400 $m^2$，设置 5 个中心，下设 12 个实训室（场），主要教学功能和服务功能见表 1-34。

**表 1-34　市政工程技术专业校内实训基地**

| 基地名称 | | 功能 | |
|---|---|---|---|
| | | 教学功能 | 服务功能 |
| 道路桥梁工程实训中心 | 土工实训室 | 固结试验；直剪试验；颗粒分析试验；击实试验；土的渗透试验；土的膨胀试验；土的收缩试验；室内回弹模量检测；土的密度、含水率检测；土粒比重检测；液塑限检测 | 土工检测、质检员技能鉴定 |
| | 集料及混凝土实训室 | 钢筋拉伸试验；钢筋冷弯试验；密度检测；堆积密度检测；水泥细度检测；水泥胶砂强度检测；混凝土坍落度检测；混凝土立方体抗压、抗折强度检测；砂浆稠度检测；混凝土强度检测、混凝土探伤检测 | 水泥、混凝土等材料检测，结构强度检测，材料检验员技能鉴定 |
| | 沥青实训室 | 沥青混合料强度检测；沥青延伸度测定；沥青软化点测定；沥青针入度测定；沥青运动黏度测定；沥青含量抽提；沥青脆点测定；沥青闪点测定；沥青蜡含量测定；沥青布氏旋转黏度测定 | 沥青、沥青混合料材料检测 |
| | 测量一体化实训室 | 三等水准测量；全圆测回法测水平角；竖直角及天顶距测量；圆曲线放样；坐标测量；坐标放样；缓和曲线放样等实训 | 测量员技能鉴定 |
| | 路基路面检测实训室 | 压实度检测；路基路面弯沉检测；路面抗滑系数检测；车辙试验；表面振动压实试验；路面平整度测定；路基现场 CBR 检测；平板载荷仪测定地基承载力；灰剂量检测 | 路基路面质量检测、质检员技能鉴定 |

续表 1-34

| 基地名称 | | 功能 | |
|---|---|---|---|
| | | 教学功能 | 服务功能 |
| 工程造价电算实训中心 | CAD 实训室 | CAD 实训 | 城镇管理人员培训 |
| | 工程造价实训室 | 公路工程造价实训;建筑工程造价实训;市政工程造价实训 | 预算员培训鉴定 |
| 规划实训中心 | 规划设计室 | 规划设计实训 | 规划设计 |
| | 仿真模拟室 | 小城镇、新农村规划实训;规划教学演示 | 城镇管理人员培训 |
| | 专业资料室 | 学生、教师资料查阅 | 与兄弟院校资源共享 |
| 给排水施工实训中心 | | 室外排水管道施工实训 | |
| 建筑技术实训中心 | | 混凝土施工实训;钢筋施工实训;模板安装实训;脚手架搭拆实训;混凝土质量检测实训;砌筑实训;装饰操作实训;砌体工程施工、墙面抹灰和贴面、地面铺贴、天棚抹灰和质量检测实训 | 施工员技能鉴定 |

2)校外实习(实训)条件

利用与安徽水安建设集团股份有限公司深度合作平台,充分共享校企教育教学资源,根据实践教学的需要和安排,阶段性实践教学和毕业综合实践教学全部由安徽水安建设集团股份有限公司承担,实行双师指导,共同评价,满足“产教融合、工学结合”专业人才培养模式的要求。

2. 师资条件

1)专任教师

已形成结构合理的双师及数量稳定的专任教师队伍,完全能够满足教、学、研及服务培训需求。专任教师详见表 1-35。

表 1-35　专任教师一览表

| 序号 | 姓名 | 性别 | 职称 | 备注 |
|---|---|---|---|---|
| 1 | 张延 | 男 | 副教授 | 骨干教师、双师素质 |
| 2 | 张思梅 | 女 | 教授 | 专业带头人、双师素质 |
| 3 | 蒋红 | 男 | 副教授 | 骨干教师、双师素质 |
| 4 | 常小会 | 女 | 副教授 | 骨干教师、双师素质 |
| 5 | 王涛 | 女 | 副教授 | 骨干教师、双师素质 |
| 6 | 樊宗义 | 男 | 副教授 | 骨干教师、双师素质 |
| 7 | 闫超君 | 女 | 副教授 | 专业带头人、双师素质 |

续表 1-35

| 序号 | 姓名 | 性别 | 职称 | 备注 |
|---|---|---|---|---|
| 8 | 孔定娥 | 女 | 副教授 | 骨干教师、双师素质 |
| 9 | 费加仓 | 男 | 副教授 | 骨干教师、双师素质 |
| 10 | 李杨 | 男 | 副教授 | 专业带头人、双师素质 |
| 11 | 许景春 | 男 | 副教授 | 骨干教师、双师素质 |
| 12 | 赵慧敏 | 女 | 讲师 | 骨干教师、双师素质 |
| 13 | 张晓战 | 男 | 讲师 | 骨干教师、双师素质 |
| 14 | 刘天宝 | 男 | 讲师 | 骨干教师、双师素质 |
| 15 | 龙丽丽 | 女 | 助教 | 骨干教师、双师素质 |
| 16 | 高慧慧 | 女 | 助教 | 骨干教师、双师素质 |
| 17 | 王丽娟 | 女 | 讲师 | 骨干教师、双师素质 |
| 18 | 汪晓霞 | 女 | 讲师 | 骨干教师、双师素质 |
| 19 | 倪宝艳 | 女 | 讲师 | 骨干教师、双师素质 |
| 20 | 王慧萍 | 女 | 助教 | 双师素质 |
| 21 | 郑溪 | 男 | 助教 | 双师素质 |
| 22 | 杨梦乔 | 女 | 助教 | 双师素质 |
| 23 | 康晓燕 | 女 | 助教 | 双师素质 |
| 24 | 李静 | 女 | 助教 | 双师素质 |

2）企业实践教学指导教师（师傅）

已建设成一个相对稳定的实践教学指导教师（师傅）库。以安徽水安建设集团股份有限公司实践教学指导教师（师傅）为主体，拓展聘请了安徽省水利水电勘测设计院、安徽省建筑工程质量监督检测站、安徽卓楠建设工程有限公司等企事业单位的技术骨干，形成一个相对稳定的兼职教师库。参与了专业职业能力的分析、教学计划的制订，参与了课程教材改革、实训项目开发等工作；实践教学指导教师（师傅）根据实践教学安排，承担实践教学任务，建立了相应的实践教学指导教师（师傅）运行机制及管理办法。实践教学指导教师（师傅）同建筑工程技术专业，详见表 1-12。

3. 教学资源条件

1）专业培养模式成熟

市政工程技术专业在积极探索和发展“理实一体”特色专业建设模式的基础上，进一步实施“产教融合、工学结合”的专业人才培养模式。

“产教融合、工学结合”融理论教学于实践教学，理论教学服务于实践教学，理论教学以实践教学需要为度，强化实践教学，反作用于理论教学的改革。

专业建设过程大致包括以下几点：

(1)紧紧依托安徽水安建设集团股份有限公司校企合作平台,按照市政建设行业的产业特点进行专业课程设置,使所设置的专业课程符合市政建设行业区域发展的需要,符合市政建设行业劳动力市场的需要,符合建设行业高新技术应用和现代管理模式的需要,从而把专业课程建设融入企业发展中,明确企业技术技能型人才培养目标。

(2)在构建专业课程体系及确定教学内容时,将岗位能力、职业资格标准、从业者的任职要求和素养融入专业的能力体系、知识体系和素质体系,据此编制课程教学目标和内容,逐步集校、行、企等社会各方智慧合作开发课程与教材。

(3)在教学实施过程中,根据安徽水安建设集团股份有限公司岗位的生产特点,把“产教融合”融入教学活动中,大幅提高实践教学学时,提高学生实际操作和动手技能。

(4)在学业考核时,把行业岗位从业资格证书认证考试引入教学评价体系,作为相关课程的考核结果,用第三方评价替代校内评价,增强评价的客观性,从而把岗位认证体系融入学生能力考核,形成企业评价和学校评价相结合的教学评价体系。

2)创新人才培养方案

针对安徽水安建设集团股份有限公司人才需求和职业教育的特点,水安学院现代学徒制市政工程技术专业高职3年制专业人才培养试点实施方案:1+1(0.2+0.3+0.2+0.3)+1,教学安排的总体思路为多学期、分段式的非生产性与生产性岗位的实践教学。

通过校企合作平台实时掌握市政行业和企业对人才的需求情况,把握专业发展动态,创新人才培养模式。针对人才培养目标和职业特点,实施学生职业能力培养,以“产教融合—项目育人”的校企合作人才培养模式,充分体现高职办学基本定位和基本特征。

3)专业教学资源充足

具有优质的专业特色教材及配套教学课件、习题库等教学资源包,满足教学需求,建设过程中力争将专业课程教学资源包进一步优化和更新补充;利用校企合作平台有计划、有步骤地开发校企合作校本教材,探索“互联网+现代学徒制”推送供学生随时随地学习的资料。

课程一体化特色教材及配套资源见表1-36。

**表1-36 课程一体化特色教材及配套资源**

| 序号 | 教材 | 主编 | 出版社 | 教学资源包 |
|---|---|---|---|---|
| 1 | 城镇工程监理 | 慕欣 | 中国水利水电出版社 | √ |
| 2 | 市政工程计量与计价 | 倪宝艳 | 中国水利水电出版社 | √ |
| 3 | 城镇给排水技术 | 张思梅 | 中国水利水电出版社 | √ |
| 4 | 建筑工程计量与计价 | 何俊 | 中国水利水电出版社 | √ |
| 5 | 工程经济 | 张志 | 中国水利水电出版社 | √ |
| 6 | 安装工程计量与计价 | 高慧慧 | 中国水利水电出版社 | √ |
| 7 | 结构与平法钢筋算量 | 艾思平 | 中国水利水电出版社 | √ |
| 8 | 工程招投标 | 樊宗义 | 中国水利水电出版社 | √ |
| 9 | BIM 实训教材 | 艾思平 | 中国水利水电出版社 | √ |

续表 1-36

| 序号 | 教材 | 主编 | 出版社 | 教学资源包 |
| --- | --- | --- | --- | --- |
| 10 | 建筑设备 | 赵慧敏 | 中国水利水电出版社 | √ |
| 11 | 建筑工程施工技术 | 蒋红 | 中国水利水电出版社 | √ |
| 12 | 公路工程施工技术 | 张晓战 | 中国水利水电出版社 | √ |
| 13 | 桥梁工程施工技术 | 唐鹏、刘天宝 | 中国水利水电出版社 | √ |
| 14 | 路基路面检测技术 | 龙丽丽 | 中国水利水电出版社 | √ |
| 15 | 施工组织管理 | 闫超君 | 中国水利水电出版社 | √ |
| 16 | 给排水管道工程技术 | 王丽娟 | 中国水利水电出版社 | √ |
| 17 | 水处理工程技术 | 张思梅 | 中国水利水电出版社 | √ |

#### 1.5.2.2　专业人才培养实施保障

1. 校企合作体制机制保障

1）成立市政工程技术专业建设委员会

在校企合作平台上，成立市政工程技术专业建设委员会，集聚企业优势资源，发挥企业技术与人才优势，建立校企合作长效共赢机制，校企共同制订人才培养方案；整合共享企业资源，共同培养双师，共同开发教材，共同推进学生实践教学实习（实训）与就业衔接机制等，实现人才培养的共育、共管、共担的过程管理，实现人才培养成果的共享。

2）校企合作机制保障

建立校企合作相关制度，保障校企合作有效运行。安排安徽水安建设集团股份有限公司参与教学、教师互聘互派、实践教学实习（实训）基地建设和学生就业等关键问题，建立配套合作制度，保障产教融合的有效实施。

2. 教学质量监控与评价机制保障

1）全过程、全方位监控教学质量

成立由主管教学的学院领导、专业带头人、专业教研组组长、教学督导、企业人员及用人单位的理事会等组成的教学质量监控小组，及时处理跟踪调查与反馈信息。

加强学生实践教学环节的考核与评价，采用企业绩效考核制度与学校学分考核制度相结合的“双考核”评价办法，对学生履行本职工作的态度、能力、业绩进行考核与评价，从而充分发挥企业对学生的管理监督作用，确保合作人才培养质量。

2）人才培养质量评价

（1）形成学校、企业和学生三方评价机制。加强对学生实践教学实习（实训）的考核与评价，形成反馈机制。

（2）第三方评价及反馈。通过专业教学指导委员会、社会、企业和第三方的评价和监督，修订质量目标、进行质量策划，完善教学管理规章制度和管理流程。每年针对麦可思等第三方出具的人才培养质量报告召开人才培养质量的专题分析会议，以进一步优化人才培养模式和课程的设置。同时，结合企业反馈的信息，实时修订人才培养方案。

（3）通过对生产第一线毕业生的实际能力和工作表现的跟踪调查，以调查表的形式主动了解、收集用人单位对毕业生的评价及社会对人才培养模式和课程设置的评价及改进意见。将双证书获取率、专业对口率、公司满意率作为合作人才培养工作的考核指标，完善人才培养质量保障体系，切实保障教学质量的全面提高。

**附件：**

**现代学徒制试点专业第2轮人才培养方案修订及课程改革纪要**

根据2019年1月18日安徽水利水电职业技术学院与安徽水安建设集团股份有限公司校企合作座谈会工作安排，2019年1月29日由安徽水安建设集团股份有限公司牵头组织校企合作现代学徒制试点建筑工程技术、水利水电工程技术和市政工程技术3个专业人才培养方案修订及课程改革（第2轮），安徽水安建设集团股份有限公司副总经理胡先林、严成根，安全部部长吴建荣、人力资源部金承哲；安徽水利水电职业技术学院建筑工程学院（水安学院）院长满广生、教研室主任曲恒绪、宋文学，水利工程学院院长毕守一、教学秘书刘磊，市政工程学院教研室主任赵慧敏，水安学院副院长丁学所参与了第2轮专业人才培养方案修订及课程改革会议。

水安学院副院长丁学所主持了第2轮专业人才培养方案修订及课程改革会议，丁学所同志对水安学院一年半以来开展校企合作工作情况进行了简要报告，对第1轮专业人才培养方案修订实施以来取得的进展和存在的问题做了分析，对本次专业人才培养方案的修订及课程改革提出了一些意见和建议。

**一、企业代表意见和建议**

安徽水安建设集团股份有限公司副总经理胡先林就公司对一线施工和管理岗位的人才需求，提出指导性修订意见。

1. 明确专业岗位培养目的及方向

一般岗位围绕水利水电现场施工管理五大员（施工员、质检员、安全员、材料员和资料员）和建筑八大员或市政八大员（施工员、质检员、安全员、材料员、资料员、机械员、造价员、劳务员）培养；提升岗位以一般岗位中比较优秀并取得建造师执业资格的员工为培养对象，培养岗位为项目经理。

2. 三个专业六个学期的教学进程及课程调整

围绕专业岗位培养目的及方向，结合校企协调性和差异性，调整第1轮教学进程和课程安排。

（1）专业在必须满足国家规定思想政治教育等基本学时的基础上，调整专业基础知识和专业知识顺序和内容。

（2）前4个学期围绕水利五大员（建筑八大员等）职业资格内容，提炼通用基础知识、专业基础知识、专业知识及岗位知识；对优秀学生可适当增加团队建设、领导力培养及提升、成本、造价等方面的选修内容（项目经理）；加强实践教学学时及过程管理。第5、第6学期分岗位进行综合强化培训，配合国家政策探索落实双证资格和项目管理教育。

（3）明确阶段（毕业综合）实践教学实习（实训）操作内容（专业技能），加强学生的应用写作能力（文件、通知、论文、总结、计划等），校企双方加强过程管理与考核，考核成绩作为学生就业岗位的安排依据。

（4）将企业文化专题讲座纳入教学计划中，主要由安徽水安建设集团股份有限公司安排中层以上领导进课堂，与学生深入交流水安文化（安徽水安建设集团股份有限公司的历史、公司现状和发展，就业与职业规划等）。

（5）落实系列专业讲座，每门专业课完成后，由公司邀请省内专家及名师工匠进行提升总结性专业讲座。

（6）除常规WPS、CAD应用软件的学习外，将BIM等新应用软件纳入到教学计划中；注重海外施工人员对英语口语的选修。

（7）将工程建设的安全教育纳入教学计划中，强制实行安全教育考核不合格不允许参与阶段（毕业综合）实践教学实习（实训），由水安集团公司和水安学院共同安排培训考核。

3. 教材选用

（1）按照新修订的专业人才培养方案，尽可能优选现有的国家规划教材，内容调整与可选择教材相一致；积极探索校企合作，共同开发课程教材。

（2）落实水利五大员（建筑八大员等）教材。

（3）将规程规范及法律法规纳入选用教材范围。

4. 其他

（1）学期开课前由水安学院落实本学期教学交底，由校企共同召开教师座谈会，根据企业要求，明确本学期开设课程的教学内容，落实理论教学和实践教学并重。

（2）明确教师的电子教材、教案及课件。

副总经理严成根、安全部部长吴建荣分别提出很好的建设性意见。

**二、学校代表意见和建议**

建筑工程学院院长满广生、水利工程学院院长毕守一分别就建筑工程技术和水利水电工程技术专业人才培养方案修订及课程改革提出了意见和建议，赵慧敏主任就市政工程技术专业人才培养方案修订及课程改革提出了意见和建议。

与会其他专家分别就校企合作专业人才培养方案和课程改革落地问题、专业人才培养方案可操作性等做了充分的分析和建议。

**三、阶段性成果及要求**

（1）在统一大家意见和建议的基础上，各专业分组讨论和修改，完成审定、再审定的过程，最后大家集中审定各专业教学进程表和教学内容对应的课程开设，再次明确教学内容。

（2）对方案细节问题，因临近春节，不再集中审核，明确完成时间节点，利用QQ群交流完成，开学后要编印成册发给任课老师组织实施。

（3）重点审核和明确下学期教学内容，以便学校教学管理系统尽快调整，不耽误学期开学实施。

本次专业人才培养方案修订及课程改革采用集中封闭形式进行，参与人员广泛，讨论充分，在第1轮的基础上加上一年多来的实践，取得的阶段性成果应该是校企合作职业教育改革迈出的坚实步伐，这也是现阶段我国职业教育改革和发展的基本方向。

# 第 2 部分　招生(招工)

## 2.1　现代学徒制校企合作招生(招工)简章

为了充分整合和利用学校与安徽水安建设集团股份有限公司的教育教学资源，全面提升高校对公司发展的人力支撑和社会服务能力，推进校企深层次合作，提高人才培养质量，2017 年 5 月，安徽水利水电职业技术学院与安徽水安建设集团股份有限公司签署了共建“水安学院”协议书。

水安学院根据公司需求，实施专业人才培养方案和课程改革，校企双方共同制订教学计划，按照公司的岗位要求，设计知识结构、能力结构和素质要求，确定培养方案，加强实践教学，将施工现场一线岗位阶段性实践教学(毕业综合实践教学)纳入教学计划，以现代学徒制产教融合为原则安排教学，学生以准员工身份全程参与项目岗位工作，一线专业技术人员(指导老师)现场指导学生的实践教学。岗位实践教学过程中，培养的学生具有较强的职业岗位能力，既了解公司的实际，又熟悉公司的生产和经营过程，项目部综合评价学生各阶段的实践教学，实现从学校到公司无缝对接，学生入职角色转变迅速，既缩短了毕业生入职后的适应期，又减少了公司对毕业生的再培训环节，大大缩短了公司中、基层管理人员的成长过程。

### 2.1.1　安徽水安建设集团股份有限公司简介

安徽水安建设集团股份有限公司(简称安徽水安集团)由原安徽省水利建筑安装总公司改制设立，现已发展成为一家以工程施工总承包为主，集投资建设、项目运营、工程设计、房地产开发为一体，具备国际工程承包竞争实力的大型施工企业和国家高新技术企业。公司通过了质量管理体系、环境管理体系、职业健康安全管理体系认证，通过了安徽省省级技术中心的认定，被水利部评定为水利水电工程施工企业安全生产标准化一级达标单位，被中国建筑业协会、中国水利工程协会分别评定为 AAA 级信用企业。目前，公司注册资本金 5.6 亿元，银行机构综合授信和 PPP 项目专项授信额度 500 亿元，拥有各类专业技术及管理人员 2 000 余人，带动就业人口近 4 万人，年施工能力超百亿元。

公司具有水利水电施工总承包特级资质，建筑工程施工总承包特级资质，市政公用工程施工总承包一级资质，公路工程施工总承包二级资质，消防设施工程、机电设备安装工程、钢结构工程、地基与基础工程等专业承包一级资质，公路路基、园林绿化等多项专业承包二级资质，水库枢纽、引调水、灌溉排涝三项专业设计甲级资质，建筑行业甲级设计资质，以及国外工程承包经营资格。

公司先后在国内外承建了数千项水利水电建筑、河道整治、城市路网、供水设施、污水处理、公路交通、船闸航道、房屋建筑、水环境治理等工程项目,多项工程获得鲁班奖、詹天佑奖、大禹奖、黄山杯奖及科技进步奖,境外工程项目也受到了所在国政府(部门)的好评。公司多次荣获全国优秀施工企业、全国优秀水利企业、全国用户满意安装企业、中国建筑业成长性百强企业、安徽省优秀企业、安徽省守合同重信用企业等荣誉称号,取得了显著的经营业绩和良好的市场声誉。

"十三五"期间,公司坚持"夯基础、调结构、促转型、增效益"的发展方针,聚焦转型升级、创新发展,强化合作共赢经营理念,在巩固和提升现有市场业绩的基础上,持续在 PPP 项目、海外工程承包和房地产开发上发力,全面推进集团整体上市进程,努力完成"1341"发展目标,致力于把公司打造成社会认可、股东满意、员工幸福、国内知名、安徽一流的综合性企业集团。

### 2.1.2　招生专业计划

招生专业为以水利水电工程技术、建筑工程技术、市政工程技术为主的工程类相关专业;年度招生计划为 200 人左右;专业计划根据公司年度人才需求做适当调整,招生计划与就业岗位直接挂钩,确保合格毕业生对口定向就业。

### 2.1.3　培养模式

入学的学生实行统一编班,学生在校的基本管理由所在的学院统一管理,实行校企共同培养模式,理论教学以学校为主,实践教学以公司为主;各阶段的实践教学由水安学院与集团公司人力资源部负责协调管理。

第 1 学年:主要完成公共基础课和部分专业基础课任务,实践教学在学校内完成,以学校实训室为主,培养学生的专业基本认知。

第 2 学年:每学期安排不少于 50%左右学时到公司岗位一线从事"产教融合、工学结合"实践教学活动,教学岗位配合项目建设进度安排,参与非生产性和生产性学习,实行双导师制度,践行理论与实践的产教融合,实践教学结束后,现场指导教师对每位学生(准员工)给予综合评价。

第 3 学年:学生基本完成专业理论学习任务,完全以准员工身份参与到岗位一线,进行为期一年的毕业综合实践教学实习(实训),从当年 7 月至次年 6 月,完全参与生产性产教岗位的学习,实行双导师制度和共同考评,综合实践教学成绩纳入学生成绩档案,并作为评定企业奖学金和入职定岗的重要依据。

### 2.1.4　就业保障

(1)学生进入水安学院,学校、公司和学生签订三方协议,入学即入职,学生学习期满,获得专科毕业证书后,与公司签订正式劳动合同,按照集团公司薪酬文件标准发放工资,根据国家规定缴纳社会保险,缴纳省直住房公积金,享受公司提供的福利。

(2)毕业综合实践教学实习(实训)基本工资 1 300 元+施工补贴,合计约每月 3 500 元,包食宿,公司统一购买雇主险;转正第 1 年基本工资 2 000 元+施工补贴,合计每月 4 000~4 500 元,包食宿,缴纳五险一金;海外项目施工员每年 15 万起,包食宿,缴纳五险一金。

(3)公司每年原则上只招收水安学院毕业生。

### 2.1.5 其他福利

(1)公司每年为水安学院优秀学生提供企业奖学金。

(2)学生在校期间可以参加公司组织的运动会、联谊会、知识竞赛等文化娱乐活动，并可获得相应的奖励，参赛期间公司为学生免费提供服装。

(3)学生在取得大学专科毕业证书后，经个人申请，人力资源部直接办理入职手续，免除入职考试。

### 2.1.6 就业入职岗位

施工员、安全员、质检员、材料员、造价员、资料员等施工技术岗位。

### 2.1.7 发展前景

技术骨干→技术负责人、项目副经理→项目经理→中、高级管理岗位。

## 2.2 近3年现代学徒制招生(招工)情况

自2017年5月签订校企合作协议以来，已完成一期企业职工与毕业班学生专项培训工作；2019年7月现代学徒制合作育人首届毕业生入职情况详见表2-1。

表2-1 2017—2019年校企开展“现代学徒制”人才培养情况统计表

<table>
<tr><th>年份</th><th colspan="2">培养对象</th><th>培养对象地区</th><th>培养人数/其中贫困地区人数</th><th>具体时间</th><th>专业班级</th></tr>
<tr><td rowspan="8">2017年<br>(2016级)</td><td colspan="2" rowspan="6">学生</td><td>安徽水安集团</td><td>40/21</td><td>2019年6月毕业</td><td>水电1701</td></tr>
<tr><td>安徽水安集团</td><td>32/16</td><td>2019年6月毕业</td><td>水电1702</td></tr>
<tr><td>安徽水安集团</td><td>24/6</td><td>2019年6月毕业</td><td>建管1701</td></tr>
<tr><td>安徽水安集团</td><td>35/3</td><td>2019年6月毕业</td><td>建工1701</td></tr>
<tr><td>安徽水安集团</td><td>22/7</td><td>2019年6月毕业</td><td>造价1701</td></tr>
<tr><td>安徽水安集团</td><td>60/11</td><td>2020年6月毕业</td><td>水电1703</td></tr>
<tr><td colspan="2" rowspan="2">职工、学生培训</td><td>安徽水安集团</td><td>企业员工24</td><td>2017年5月入学</td><td>国际班</td></tr>
<tr><td>安徽水安集团</td><td>学生28</td><td>2017年5月入学</td><td>国际班</td></tr>
<tr><td rowspan="5">2018年</td><td rowspan="2">在职职工</td><td>学历教育</td><td></td><td></td><td></td><td></td></tr>
<tr><td>培训班</td><td>安徽水安集团</td><td>企业员工24</td><td>2018年5月结业</td><td>国际班</td></tr>
<tr><td colspan="2">后备人才培养</td><td>安徽水安集团</td><td>28/7</td><td>2018年5月结业</td><td>国际班</td></tr>
<tr><td colspan="2" rowspan="2">学　生</td><td>安徽水安集团</td><td>59/12</td><td>2018年9月入学</td><td>水电1817</td></tr>
<tr><td>安徽水安集团</td><td>25/9</td><td>2018年9月入学</td><td>建工18104</td></tr>
</table>

续表 2-1

| 年份 | 培养对象 | | 培养对象地区 | 培养人数/其中贫困地区人数 | 具体时间 | 专业班级 |
|---|---|---|---|---|---|---|
| 2019 年 | 在职职工 | 学历教育 | | | | |
| | | 培训班 | | | | |
| | 学生 | | 安徽水安集团 | 109/28 | 2019 年 9 月入学 | 水电 1922、1923 |
| | | | 安徽水安集团 | 69/21 | 2019 年 9 月入学 | 水管 1934 |
| | | | 安徽水安集团 | 21/6 | 2019 年 9 月入学 | 建工 19105 |

## 2.3　建筑工程技术等专业三方协议

甲方(学校):安徽水利水电职业技术学院

地址:合肥市东门合马路 18 号　邮编:231603

法定代表人:

项目联系人:

联系电话:

电子邮箱:

乙方(企业):安徽水安建设集团股份有限公司

地址:合肥经济技术开发区紫云路 1288 号(紫云路与合掌路交叉口)

法定代表人:

项目联系人:

联系电话:

电子邮箱:

丙方(学生/学生家长):

地址:

身份证号:

法定监护人:

联系电话:

电子邮箱:

根据教育部现代学徒制试点工作安排和安徽水利水电职业技术学院现代学徒制试点工作计划,甲、乙、丙三方本着合作共赢、职责共担的原则,充分发挥各自优势和潜能,创新合作机制,积极开展现代学徒制试点工作,形成校企分工合作、协同育人、共同发展的长效机制,不断提高人才培养的质量和针对性,促进职业教育主动服务当前经济社会进步,推动职业教育体系和劳动就业体系互动发展。

本着“友好合作,共同培养人才”的原则,确定建筑工程技术等专业开展现代学徒制试点项目。经甲乙丙三方协商一致,达成如下协议。

**一、合作内容**

甲乙双方以企业的用人招工需求为标准,制定现代学徒班招生考核标准,采用“招生即招工、入校即入企、校企联合培养”的现代学徒制培养模式,在“合作共赢、职责共担”的基础上,实施校企双主体育人、学校教师和企业师傅双导师教学。

甲方联合乙方共同组建现代学徒制培养“双师型”执行团队,明确团队结构及分工职责。甲方主导建立学徒信息档案,详细记录学徒在校学习、在企实践教学实习(实训)的经历和奖惩等,便于学徒管理、测评、就业等工作的开展。

在现代学徒班中,学生与企业、学校与企业达成明确的协议和契约,形成校企联合招生(招工)、联合培养、一体化育人的长效机制,可切实提高学生的综合素质和技术技能人才培养质量,促进就业,推进产教融合。

**二、三方的权利与义务**

1. 甲方的权利与义务

(1)采取有效措施促进行业协会、企业等单位参与现代学徒制人才培养全过程。

(2)负责现代学徒制试点专业管理机构的筹建、学校工作人员的组成、教师队伍与专门管理人员的配备。

(3)联系安徽水安集团共同做好现代学徒制试点专业的生源和招生计划数申报、生源资格审查、考核选拔与招录、转专业、学徒协议签订、中途丙方退出善后安排、补录等招生(招工)工作。

(4)配合学籍部门对现代学徒制试点专业学生(学徒)的学籍管理、毕业资格审核、毕业证书发放及校内学习日常管理工作。

(5)提供现代学徒制试点专业校内运行所需的教学场所、教学设备,包括多媒体教室、实训室、教学器材设备等。

(6)组织购买现代学徒制试点专业学生(学徒)的在校责任险、学生意外伤害险等保险。

(7)指派教师、学校行政人员到企业进行在岗工作,指派教师到企业全程参与学生教育教学管理工作,并和企业、师傅进行充分交流,进行专业调整与课程改革,改革实施学徒制专业的课程,使之更适合于学徒制教学。

(8)建立奖惩制度,对学徒、教师和企业带教师傅举行评优活动,对于优秀的教师、企业教师和学徒按相关奖惩制度进行表彰和奖励。

(9)提供现代学徒制试点专业办班及相关研究项目开展所需经费,并负责现代学徒制试点专业相关各类经费的发放及现代学徒制试点工作经验的总结与推广。

(10)向上级教育行政主管部门申请支持和项目申报。

2. 乙方的权利与义务

(1)采取有效措施积极配合参与现代学徒制人才培养全过程,包括教学、管理、评价等。

(2)乙方负责现代学徒制试点专业管理机构企业方工作人员的组成、带徒师傅与专门管理人员的配备。

(3)协助甲方共同制订专业人才培养方案、共同开发理论与技能课程体系及教材、共同做好教师(师傅)“双导师”教学团队的建设与管理、共同组织考核评价、共同进行项目研发与技术服务等。

(4)协助甲方制订人才培养标准、岗位技能考核评价标准,并加强对丙方的企业文化培训,职业素养、通用能力、心理素质培养,安全教育及职业生涯规划和就业创业指导。

(5)协助甲方共同做好现代学徒制试点专业的生源和招生计划数申报、生源资格审查、考核选拔与招录、中途丙方退出善后安排、补录等招生(招工)工作。

(6)与甲方联合制订招生(招工)选拔标准、学徒协议、劳动合同等。负责现代学徒制试点专业学生(学徒)在岗实践教学实习(实训)的日常管理。

(7)协助甲方建设校内外实训基地,用于专业课程实训,并根据专业教学特性和丙方专业学习需求,提供现代学徒制试点专业公司实践教学所需的工作场所、工作设备等。

(8)保证丙方在公司实践教学岗位培训、实习、工作的人身财产安全。

(9)负责现代学徒制试点专业技能培训的组织与运行,提供现代学徒制试点专业学生(学徒)技能培训所需的学习资源,保证第 2 学年每学期丙方在岗实践教学学习时间平均不少于 1 个月。

(10)引入第三方评价,对项目建设实施进行过程性评价,并为丙方提供涵盖 3 年的评价记录。

(11)合理安排教学非生产性和生产性产教岗位时间,试点采用“1+1(0.2+0.3+0.2+0.3)+1”的多学期、分段式实践教学校企合作育人模式。第 1 学年:主要完成公共基础课和部分专业基础课任务,实践教学在学校内完成,以学校实训室为主。第 2 学年:每学期前半期安排到企业一线从事"产教融合、工学结合"实践教学活动,实践教学活动学时按学期总学时50%左右安排,实行双导师制度;后半期回到学校,完成本学期理论教学任务。第3学年:学生基本完成专业理论学习任务,进行为期1年的毕业综合生产性产教岗位实践教学,一般从当年7月左右至次年6月,实行双导师制度和共同考评,评定综合实践教学成绩,纳入学生成绩档案,并作为评先评优重要依据。保证为丙方提供实践学习的实习(实训)和就业空间、相应的就业岗位等。

(12)负责现代学徒制试点专业参与人员的津贴、交通费等费用的发放;协助学校进行现代学徒制试点工作经验的总结与推广。

(13)协助学校向上级主管部门申请现代学徒制试点项目的支持及申报。

3. 丙方的权利与义务

(1)丙方应严格按照甲方和乙方制订的人才培养方案完成学习任务,掌握相关的技术技能;在实践教学实习(实训)期间认真做好岗位的本职工作,培养独立工作能力,刻苦锻炼和提高自己的业务技能,在毕业综合实践教学实习中完成专业技能的学习。

(2)丙方在学校学习期间,如因无法适应现代学徒制项目,提出转专业申请或退学申请,须经甲乙双方协商同意后方可转专业或退学。

(3)丙方在校学习期间应服从甲乙双方的共同教育和管理,自觉遵守甲方制定的各项校园管理规定及各项教学安排;丙方在乙方公司实践教学期间,须遵守乙方依法制定的各项管理规定,遵守安全规章制度,严格保守乙方的商业秘密。

(4)遵守毕业综合实践教学实习(实训)的相应管理规定和要求,与校内指导教师保持联系,按照毕业综合实践教学实习的教学要求做好实习日志的填写、实习报告的撰写等相关工作,并接受实习单位和学校的考核。

(5)根据甲乙双方制定的考核标准参加考核,考核成绩与甲方组织的理论考试拥有同等效力,并归档作为后期评优等的参考。

(6)丙方在规定年限内,修完人才培养方案规定内容,经学校审核,达到毕业要求,由学校发给丙方相应专业的毕业证书。

(7)在学习期间,丙方如有以下行为,甲乙双方协商达成共识后有权将丙方劝退,由此产生的后果由丙方自行承担:

①在实践期间违反国家法律等。

②丙方不服从甲乙双方共同制订的教学安排。

③严重违反甲方学生管理制度或乙方相关管理规定和劳动纪律。

(8)丙方在参与阶段实践教学实习(实训)期间,交通及食宿由甲乙双方共同承担;丙方在乙方毕业综合实践教学实习(实训)期间的待遇,纳入公司薪酬系统,统一管理。

(9)家长配合学校做好学生的思想工作,帮助他们消除顾虑,积极引导并支持孩子到公司进行产教融合的实践教学。

(10)在签订本协议时,丙方应该将此情况向家长汇报并征得家长同意,未满18周岁学生还需要提交监护人签字的知情同意书。

**三、协议有效期限**

本协议约定的有效期限为：____年____月____日至____年____月____日。

声明和保证：

(1)甲乙双方保证丙方在现代学徒3年学习期满，符合毕业条件，经个人申请，办理学徒转员工入职手续。

(2)甲乙双方保证实现校企技术力量、实践教学实习(实训)设备、实践教学实训场地等资源共享。

(3)校企双方根据国家规定提供岗位技能培训考核和职业资格证书的办理。

(4)校企合作共建校内实训基地，实践教学实习(实训)基地，实现“互联网+实时师徒互动”。

(5)甲乙双方在现代学徒试点期间，配合国家相关政策制定弹性学制和学分制实施方案，满足学生对弹性学制和学分制的需求。

**四、保密条款**

在甲乙丙三方合作关系存续期间，必须对有关的保密信息(包括但不限于在此期间接触或了解到的商业秘密及其他机密资料和信息)进行保密，尤其是要对甲方的经营管理和知识产权类信息进行保密；未经甲、乙方书面同意，任何一方不得向第四方泄露、给予或转让该保密信息。

(1)保密内容：本合同约定内容。

(2)涉密人员范围：建筑工程技术、水利水电工程技术、水利水电工程管理专业和市政工程技术现代学徒制试点相关人员。

(3)保密期限：3年。

(4)泄密责任：保密方有权向泄密方所在地方法院提出诉讼。

(5)保密条款具有独立性，不受本合同的终止或解除的影响。

**五、违约责任**

(1)任何一方没有充分、及时履行义务的，应当承担违约责任；给守约方造成经济和权利损失的，违约方应赔偿守约方由此所遭受的直接和间接经济损失。

(2)由于一方的过错，造成本协议及其附件不能履行或不能完全履行时，由过错的一方承担责任；如属三方的过失，根据实际情况，由三方分别承担各自应负的责任。

(3)如因不可抗力导致某一方无法履行协议义务时，该方不承担违约责任，亦不对另外两方因上述不履行而导致的任何损失或损坏承担责任。

(4)违反本协议约定，违约方应按照《中华人民共和国民法典》有关规定承担违约责任。

**六、争议处理**

(1)本协议受中华人民共和国相关法律法规的约束，当对本协议的解释、执行或终止产生任何异议时，由三方本着友好协商的原则解决。

(2)如果三方通过协商不能达成一致意见，三方任何一方有权提交仲裁委员会进行仲裁或依法向甲方所在地当地人民法院提请诉讼。

(3)除判决书另有规定外,仲裁、诉讼费用及律师代理费用由败诉方承担。

**七、协议变更与终止**

(1)本协议一经生效即受法律保护,任何一方不得擅自修改、变更和补充。本协议的任何修改、变更和补充均需经三方协商一致,达成书面协议。

(2)本协议在下列情形下终止:

①合作协议期满。

②甲乙丙三方通过书面协议解除本协议。

③因不可抗力致使协议目的不能实现的。

④在委托期限届满之前,当事人一方明确表示或以自己的行为表明不履行协议主要义务的。

⑤当事人一方迟延履行协议主要义务,经催告后在合理期限内仍未履行。

⑥当事人有其他违约或违法行为致使协议目的不能实现的。

(3)因协议期限届满以外的其他原因而造成协议提前终止时,甲乙丙三方均应提前1个月书面通知其他两方。

**八、补充与附件**

(1)本协议未尽事宜由三方另行及时协商解决,补充协议或条款作为本协议一部分,与本协议具有同等法律效力。

(2)如果本协议中的任何条款无论因何种原因完全或部分无效或不具有执行力,或违反任何适用的法律,则该条款被视为删除,但本协议的其余条款仍应有效并且具有约束力。

**九、其他**

(1)本协议一式三份,由甲乙丙三方各执一份,经三方合法授权代表签署后生效。

(2)本协议生效后,对甲、乙、丙三方都具有同等法律约束。

| | | |
|---|---|---|
| 甲方: | 乙方: | 丙方: |
| 委托代理人签字盖章(公章): | 委托代理人签字盖章(公章): | 学生/法定监护人签字: |
| 日期:____ 年__月__日 | 日期:____ 年__月__日 | 日期:____ 年__月__日 |

## 2.4 校企合作产教融合教育扶贫实践

教育扶贫也是实现精准脱贫、扶贫的途径之一,利用校企合作、产教融合,通过专业技术教育和就业保障方式达到精准脱贫、扶贫。校企合作约三分之一的学生来自家庭比较困难的群体,他们学习和工作都比较刻苦,参与产教融合实践教学,获得应有的劳动报酬,学习工作成本由公司全部承担,可减轻家庭经济负担;在合作育人过程中,公司对他们的评价很好,这正是施工企业重点关注培养的潜在入职群体。现代学徒制学生家庭经济困难情况调查表详见表2-2。

**表 2-2 现代学徒制学生家庭经济困难情况调查表**

| | | | | | | | | |
|---|---|---|---|---|---|---|---|---|
| 学生本人基本情况 | 学籍所在学院 | | | | 专业班级 | | | |
| | 姓名 | | 性别 | | 出生年月 | | 民族 | |
| | 身份证号 | | 政治面貌 | | 入学前户口 | □城镇 □农村 | | |
| | 毕业学校 | | 家庭人口数 | | 个人特长 | | | |
| | 孤残 | □是 □否 | 单 亲 | □是 □否 | 烈士子女 | □是 □否 | | |
| 家庭通信信息 | 详细通信地址 | | | | | | | |
| | 邮政编码 | | 联系电话(家里没电话必填一个能联系上的亲属电话) | | (区号)- | | | |
| 家庭成员情况 | 姓名 | 年龄 | 与学生关系 | 工作(学习)单位 | 职业 | 年收入(元) | 健康状况 | |
| | | | | | | | | |
| | | | | | | | | |
| | | | | | | | | |
| 影响家庭经济状况有关信息 | 家庭人均年收入________(元)。学生本学年已获资助情况________________________<br>家庭遭受自然灾害情况:________________<br>家庭遭受突发意外事件:________________<br>家庭成员因残疾、年迈而劳动能力弱情况:________________________<br>家庭成员失业情况:________________<br>家庭欠债情况:________________<br>其他情况:________________________________ | | | | | | | |
| 签字(章) | 学生本人 | | 学生家长或监护人 | | 学生家庭所在地乡(镇)或街道民政部门 | 经办人签字:<br>单位名称:<br>(加盖公章)<br>________年____月____日 | | |
| 民政部门信息 | 详细通信地址 | | | | | | | |
| | 邮政编码 | | 联系电话 | (区号)- | | | | |

**注:**1. 家庭经济困难的学生填写此表。

2. 此表仅作为家庭困难生认定的一个必要条件,还需经过辅导员组织认定小组评议,确定家庭经济困难学生资格。请学生如实认真填写此表,校企合作工作人员要进行核实,如发现弄虚作假现象,一经核实,取消相关资格,记入诚信档案并依据有关规定进行严肃处理。

# 第3部分　实践教学管理制度

## 3.1　安徽水利水电职业技术学院促进校企合作管理办法（暂行）

**第一章　总　则**

**第一条**　为深化产教融合、校企合作，发挥企业在实施职业教育中的重要办学主体作用，完善现代职业教育和培训体系，建设知识型、技能型、创新型劳动者大军，增强职业教育服务建设现代化“五大发展、美好安徽”能力，根据教育部等六部门制定的《职业学校校企合作促进办法》（教职成〔2018〕1号）、《安徽省人民政府办公厅关于深化产教融合的实施意见》（皖政办〔2018〕4号）和安徽省教育厅等六部门印发的《安徽省职业教育校企合作促进办法》（皖教职成〔2018〕7号），结合我校实际，特制定本办法。

**第二条**　本办法所称校企合作是指学校和企业通过共同育人、合作研究、共建机构、共享资源等方式实施的合作活动。主要形式有：

（一）根据就业市场需求，合作设置专业，研发专业标准，开发课程体系、教学标准及教材、教学辅助产品，开展专业建设；

（二）合作制订人才培养或职工培训方案，实现人员互相兼职，相互为学生实习实训、教师实践、学生就业创业、员工培训、企业技术和产品研发、成果转移转化等提供支持；

（三）根据企业工作岗位需求，开展订单式、学徒制合作，联合招收学员，按照工学结合模式，实行校企双主体育人；

（四）以多种形式合作办学，合作创建并共同管理教学和科研机构，建设实习（实训）基地、技术工艺和产品开发中心，以及学生创新创业、员工培训、技能鉴定等机构；

（五）合作研发岗位规范、质量标准等；

（六）组织开展技能竞赛、产教融合型企业建设试点、优秀企业文化传承和社会服务等活动。

**第三条**　校企合作实行校企主导、政府推动、行业指导、学校企业双主体实施的合作机制，遵循“平等自愿、资源共享、优势互补、过程共管、依法实施、互利共赢”的原则，实现育人、生产、科研相结合，促进人才培养供给侧和产业需求侧结构要素全方位融合。

**第二章　实施与管理**

**第四条**　学校制订校企合作规划，建立适应开展校企合作的教育教学组织方式和管理制度，设立校企合作管理机构，改革教学内容和方式方法，健全质量评价制度，为合作企业的人力资源开发和技术升级提供支持与服务，增强服务企业特别是中小微企业的技术和产品研发的能力。在设置专业，制订培养方案、课程标准等工作中，应当充分听取合作企业的意见。

校企合作机构负责对校企合作项目进行监管，并牵头负责组织对校企合作项目进行充分的调研、论证、评估，为学校领导班子科学决策提供依据。主要职责有：

（一）负责校企合作年度工作计划、通知、总结等日常工作；

（二）负责建立相关校企合作的管理制度；

（三）负责校企合作项目的合同管理等工作；

（四）负责组织对合作项目履约实施情况进行检查和评价；

（五）负责审查与指导各二级院（部）重大合作项目的运作，并实施监管；

（六）配合有关部门反馈合作企业对实习学生和学校建设的意见和建议；

（七）指导各二级院（部）开展校企合作工作。

**第五条**　学校与企业开展合作，应当通过平等协商依法签订合作协议。合作协议应当明确规定合作的目标任务、内容形式、权利义务等必要事项，并根据合作的内容，合理确定协议履行期限，其中企业接收实习生的，合作期限应当不低于3年。

**第六条**　与企业就学生参加跟岗实习、顶岗实习和学徒培养达成合作协议的，应当按照国家有关规定，依法签订学校、企业、学生三方协议，并明确学校与企业在保障学生合法权益方面的责任。

企业应当依法依规保障顶岗实习学生或者学徒的基本劳动权益，并按照有关规定及时足额支付报酬，任何单位和个人不得克扣。

实习单位应根据有关规定，为实习学生投保实习责任保险，健全学生权益保障和风险分担机制。

**第七条**　校企合作立项管理

（一）立项。承接校企合作项目的二级院（部）按《校企合作立项申请表》逐项填写，报校企合作办公室办理申请立项手续。

（二）审查。校企合作办公室对校企合作项目进行审查，评估合格可行的，提交学校决策会议，对项目建设内容、档次、内涵、目标、可行性等各方面进行审定。

（三）批准。根据审查结果，确定是否对该项目给予立项，并配套支持相关政策、经费等。

**第八条**　校企合作协议管理

凡批准立项的校企合作项目，应签订校企合作协议及项目方案，承担校企合作项目实施的二级院（部）应按协议规定加强日常管理工作。

（一）校企合作协议应具有以下基本内容：合作项目名称和合作范围；合作目的和合作目标；合作方式和合作具体内容；合作双方的权利和义务；合作企业投入方式和投入装备、技术的明细清单；合作项目占有学校资源（房屋、设备、动力、人力等）的明细清单；基本设施配套和运行成本承担方及承担责任；合作项目开放服务收入的分配方案和财务管理；合同终止条件、违约责任及合同期限。

（二）校企合作协议由校企合作办公室组织合法性审查，并提交学校决策会议审定，审定后的协议由学校法人和企业法人签字确认后生效。

**第九条** 经费及资产管理

各二级院(部)在项目方案中应详细说明项目预算,报校企合作办公室,经学校审核批准后,根据项目进展情况分期分批投入;校企合作项目实施过程中发生的费用支出,均应建立台账,单独收支和核算。未经批准,一次性的投入和运行成本(材料、低值易耗品、办公用品、能源费和其他管理、服务支出)不得占用其他专项资金,不得私设小金库。

校企合作项目实施期间,校企合作办公室和各实施部门应明确校企合作协议所涉及的固定资产的权属,并列明仪器设备清单。属合作企业承诺或书面约定赠予学校的仪器设备,应办理入账手续。合作项目自然终止或违约终止,学校固定资产(包括合作企业捐赠仪器设备)均应收回,不得以任何理由交由合作企业处置。事先约定属于合作企业的资产,应按明细清单清点后,予以放行。承办项目的部门不得擅自处理。

**第十条** 实行企业经营管理,技术人员与学校领导、骨干教师相互兼职制度。经学校或企业同意,教师和管理人员、企业经营管理和技术人员根据合作协议,分别到企业、学校兼职的,可根据有关规定和双方约定确定薪酬。企业要保障到学校兼职技术人员的授课时间,并给予其本企业在岗人员待遇;学校和企业协商给予企业来校兼职的技术人员相应的报酬和其他应有的待遇。

**第三章 促进与保障**

**第十一条** 学校应当将参与校企合作作为教师业绩考核的内容;具有相关企业或生产经营管理一线工作经历的专业教师在评聘和晋升职务(职称)、评优表彰等方面,同等条件下优先对待。鼓励教师定期到企业或生产服务一线进行实践、调研,促进“双师型”教师队伍建设。

学校及教师、学生拥有知识产权的技术开发、产品设计等成果,可依法依规在企业作价入股。学校和企业对合作开发的专利及产品,根据双方协议,享有使用、处置和收益管理的自主权。

**第四章 监督与评价**

**第十二条** 在校企合作过程中不得损害学生、教师、企业员工等的合法权益,不得以校企合作名义擅自提高收费标准,不得以校企合作名义向学生收取实习费、实训费、培训费、服装费等名目的费用;违反相关法律法规规定的,由相关主管部门责令整改,并依法追究相关单位和人员责任。

**第十三条** 年度效益评价和周期性评估工作

校企合作项目应坚持年度效益评价和周期性评估工作制度。

(一)校企合作项目的年度效益评价。校内合作部门应对合作项目的利弊大小、人才培养、服务收入、功能使用等情况进行年度效益评价,并按照方案以及协议规定检查方案及协议履行情况,于当年12月底前报校企合作办公室。

(二)校企合作项目的周期性评估。合同期限在3年(含3年)以上的合作项目,合作中期应由校内合作部门申请,校企合作办公室组织周期性评估工作,全面审查协议履行情况。

**第五章 附 则**

**第十四条** 本办法由校企合作办公室负责解释。

**第十五条** 本办法自发布之日起施行。

## 3.2 实践教学实习(实训)领导小组及职责

根据《安徽水利水电职业技术学院、安徽水安建设集团股份有限公司关于共建"水安学院"协议书》,全面落实合作专业人才培养方案,成立现代学徒制校企合作实践教学实习(实训)领导小组,领导和指导学生实践教学实习(实训)。

### 3.2.1 组织架构

组长:满广生、赵晓峰

副组长:章天意、丁学所

组员:赵琛、金承哲、刘婷、郑兰、相关二级学院辅导员、专业指导教师

### 3.2.2 领导小组职责

(1)指导落实宣传阶段(毕业综合)实践性教学实习(实训)政策。

(2)指导落实阶段(毕业综合)实践性教学实习(实训)岗位。

(3)落实阶段(毕业综合)实践性教学实习(实训)安全教育和教学任务布置。

(4)组织实施阶段(毕业综合)实践性教学实习(实训)具体工作,护送学生到实习(实训)岗位。

(5)负责落实阶段(毕业综合)实践性教学实习(实训)过程中信息联系、思想沟通、具体管理和考评工作。

(6)负责落实阶段(毕业综合)实践性教学实习(实训)返程接送工作。

(7)负责做好阶段(毕业综合)实践性教学实习(实训)总结表彰工作。

## 3.3 实践教学实习(实训)指导教师工作职责(试行)

(1)遵守教师职业道德规范,以身作则,为人师表,树立为教学服务、为学生服务的思想,把培养高素质、高技能、创新型的人才作为工作目标。

(2)努力学习基础理论知识和专业知识,拓宽知识面,不断提升自身的业务能力、技术水平和实习(实训)指导水平。

(3)配合安徽水安集团对学生进行阶段(毕业综合)实践教学实习(实训)目的意义、项目部适应性、文明礼貌、生产生活安全等实训前教育,教育学生实践教学期间遵守各项工作制度,培养学生养成文明安全生产的习惯。

(4)指导实践教学学生深化专业理论学习,学以致用,耐心及时解答学生提出的问题。

(5)协助项目部指导老师(师傅)做好学生技能训练的指导和各技术环节的示范,使学生尽快掌握实际操作动手技能。

(6)指导学生认真填写实践教学实习日志并经常检查,指导学生学会收集整理资料,完成实践教学实习报告的撰写。

(7)认真听取项目部指导老师(师傅)的意见,对实践教学中存在的问题及时向学校领导汇报,并研究解决问题的方案,采取措施及时解决,不断提高教学质量。

(8)会同安徽水安集团等第三方评价机构,负责对学生的实践性教学考核评价。

(9)认真完成学校交办的其他各项工作任务。

## 3.4 实践教学指导老师(师傅)工作职责(试行)

(1)认真做好对实践教学实习(实训)学生的日常考勤和管理,加强职业道德、劳动纪律和企业文化等教育,培养学生文明、守纪的良好习惯。

(2)负责指导实践教学实习(实训)学生熟悉实习工作环境和防护设施,提高学生的自我保护能力,采取有效措施杜绝学生在实训(实习)中受到伤害和发生安全事故。

(3)认真做好对实践教学实习(实训)学生技能训练和技术环节示范的指导,使学生尽快掌握实际施工工艺的操作技能,严格要求学生,并经常进行提问、讲解与指导。

(4)认真听取学校和实践教学实习(实训)学生的意见,采取措施及时解决实践教学实习(实训)指导中存在的问题,不断提高实习(实训)质量。

(5)督促学生及时完成实践教学实习(实训)阶段性任务书,检查学生实习日志和指导学生完成实习报告的资料收集整理,对学生的实习(实训)成果进行评定。

(6)实行学生实践教学实习(实训)信息通报制度,定期向学校和公司通报实践教学实习(实训)学生的学习和工作情况。

(7)配合学校和安徽水安集团(第三方评价机构)对实践教学实习(实训)学生进行综合考评。

(8)配合学校和安徽水安集团进一步完善校企合作实践教学的其他工作任务。

## 3.5 实践教学实习(实训)学生管理制度

### 3.5.1 上班制度

(1)学生必须严格遵守项目部的有关规章制度,上班不迟到、不早退,按时进入指定的工作岗位,下班须办好交接手续,经项目部指导老师(师傅)允许后,方可离开。

(2)学生进入工作场地前必须穿好工作制服,戴好劳保用品,做好一切准备工作,确保安全、文明生产。

(3)学生不准擅自离开项目部岗位,有事离岗需经组长或项目部指导老师(师傅)批准,返回岗位向班组或项目部指导老师(师傅)报告,同意后方可上岗。

(4)学生必须听从项目部指导老师(师傅)指导,严格遵守安全操作规程,爱护设备,不乱动设备,不得无故损坏设备。如发现故障或异常现象,立即报告值班领导和项目部指导老师(师傅),未经允许,不得任意拆卸或启动设备,确保人身、设备的安全。

(5)爱护工具、量具,节约原材料,认真做好所在岗位的设备保养,做好项目部场地和工位的清洁卫生工作。

(6)在工作场所内,不准嬉闹、奔跑和大声叫喊,上班不准串岗、打瞌睡、干私活、看小说等,严禁在工作场所玩手机,不准参加非企业组织的其他活动。

(7)尊重项目部领导、指导老师(师傅)和其他工作人员,听从安排、服从分配,安心本职工作,做到谦虚谨慎、勤学好问、刻苦钻研、学以致用、精益求精,提高操作技能,争取尽快达到岗位实习的合格要求。

(8)严格遵守实习单位的保密制度,不得将技术或商业情报向外泄露,维护项目部的利益。

### 3.5.2　考勤制度

(1)学生在阶段(毕业综合)实践性教学实习(实训)期间实行双重考勤,即所在项目部日常考勤和辅导员远程考勤。

(2)学生必须按时参加项目部规定的上班、培训或其他活动,因故不能参加者,必须履行请假手续,否则按旷工(旷课)处理。

(3)学生原则上不允许请假,如遇特殊情况,必须按照有关规定办理相关请假手续。

(4)学生请病、事假,应经项目部领导同意,请假3天以上者必须经辅导员审核。否则,按旷工(旷课)和学校规章制度处理。

### 3.5.3　其他规定

(1)学生必须遵纪守法,遵守社会公德,互帮互助,自尊自爱,自觉接受项目部、学校的双重教育和管理。

(2)阶段(毕业综合)实践教学实习(实训)前,学生必须按照学校规定,完成相关手续。

(3)学生必须遵守学校对阶段(毕业综合)实践教学实习(实训)学生的管理规定和安排,及时缴纳学费,按时参加学校组织的活动,认真记录实习日志,经常向辅导员、家长汇报阶段(毕业综合)实践教学实习(实训)情况。

(4)学生未经允许不能擅自离开项目部,确有特殊原因,必须事先办理离岗手续并征得项目部和辅导员的批准。

(5)学生对项目部的安排和处理确有意见,应及时与辅导员联系并报告,由学校依据事实与单位职能部门协商。学生不得直接与项目部发生冲突。

(6)学生必须参加阶段(毕业综合)实践教学实习(实训)考核和鉴定,完成实习报告。

(7)阶段(毕业综合)实践教学实习(实训)结束,学校组织优秀学生评比工作,对优秀学生进行表彰奖励。

(8)学生必须注意自身的学生形象,穿着朴素大方,举止文明,不得自行在外联系住宿,严禁吸毒、吸烟、喝酒、赌博、打架斗殴,不看不健康的书刊、音像,不进入“三室一厅”。

## 3.6 毕业综合实践教学实习(实训)准员工考核制度(试行)

根据《安徽水利水电职业技术学院、安徽水安建设集团股份有限公司关于共建"水安学院"协议书》,为了保障学生的权益,确保学生在毕业综合实践教学实习(实训)期间切实掌握工作岗位所需要的专业技能,特制定本制度。

### 3.6.1 实习模式

1. 身份转换

水安学院学生为双重身份,第5学期开始,学生按准员工身份落实到岗位一线。

2. 实践教学实习(实训)时间与任务

准员工实践教学实习(实训)时间为1年,第3学年完成本专业相应岗位的实习(实训)任务,并进行综合考核,考核合格、符合毕业条件,入职转为员工。

3. 实践教学实习(实训)方法

采用定岗实操的实习方法。根据安徽水安集团需求,结合专业性质安排对口的实习岗位。

4. 实践教学实习(实训)地点

根据校企合作协议,由安徽水安集团统筹安排到项目部相应的实习岗位。

### 3.6.2 考核模式

1. 考核时间

毕业综合实践教学实习(实训)结束前进行考核。

2. 考核部门

由安徽水安集团牵头组织的校企双方进行考核。

3. 考核内容

考核内容分为3部分。第1部分为准员工的自我鉴定;第2部分为项目部指导老师(师傅)对准员工实习表现的评价;第3部分为学校组织毕业答辩小组对准员工的综合评价。

4. 考核程序

在毕业综合实践教学实习(实训)结束前,填写《准员工毕业综合实践教学实习(实训)考核表》(见表3-1)。第一步,准员工撰写实习(实训)总结;第二步,项目部指导老师(师傅)根据考核细则进行打分;第三步,学校组织毕业答辩小组对学生进行综合评价。

5. 考核成绩评定

项目部考核占70%,学校考核占30%。

准员工的综合得分必须在60分及以上,实习(实训)成绩在及格及以上,方为考核合格。有下列情况之一者,顶岗实习成绩为不及格,不能取得相应学分:

(1)未经批准,擅自离岗的。

(2)在项目部实习期间表现差的。

(3)毕业综合实践教学实习(实训)在岗时间未达到规定学时的三分之二的。

(4)毕业综合实践教学实习(实训)单位鉴定为实习(实训)成绩不及格的。

6. 考核结果处理

(1)毕业综合实践教学实习(实训)不及格者,企业不再录用。

(2)考核最终分优秀、良好、中等、及格、不及格 5 个等级。90 分及以上为优秀,80~89 分为良好,70~79 分为中等,60~69 分为及格,60 分以下为不及格。

准员工毕业综合实践教学实习(实训)考核表见表 3-1。

**表 3-1　准员工毕业综合实践教学实习(实训)考核表**

| | | | |
|---|---|---|---|
| 专业班级 | | 姓名(准员工) | |
| 项目部 | | 实习岗位 | |
| 项目部指导老师(师傅) | | 学校指导教师 | |
| 实习(实训)时间 | ______年___月___日至______年___月___日 | | |
| 自我鉴定 | 实习(实训)总结: | | |

续表 3-1

| | 考核项目 | 满分 | 评分要求 | 得分 |
|---|---|---|---|---|
| 实习表现考核细则 | 1. 组织纪律 | 10 | 遵守国家法律法规,遵守学校和实习单位的有关规章制度,服从学校指导教师和项目指导老师(师傅)的安排 | |
| | 2. 工作责任心 | 8 | 工作热情,认真负责,有良好的职业道德,服务态度良好 | |
| | 3. 学习态度 | 5 | 接受学校指导教师和项目指导老师(师傅)的指导,虚心好学,勤奋踏实 | |
| | 4. 工作主动性 | 7 | 工作积极主动,踏实肯干,不怕脏活、重活,不怕苦、不怕累 | |
| | 5. 爱护公物 | 5 | 节省水电,不损坏、丢失仪器设备等公物 | |
| | 6. 独立工作能力 | 5 | 在项目指导老师(师傅)的允许下独立完成任务,有主见或创新精神 | |
| | 7. 完成实习任务情况 | 10 | 按实习任务书规定和要求完成任务,按时完成实习单位和项目指导老师(师傅)交办的任务 | |
| | 8. 安全操作 | 5 | 严格遵守技术操作规程,规范、安全操作,做到无事故发生 | |
| | 9. 技能操作 | 10 | 有较好的动手能力,做到“正规、准确、熟练” | |
| | 10. 出勤情况 | 5 | 全勤得满分,请假 1 天扣 1 分,扣完为止 | |
| | 总分 | 70 | | |
| | 项目指导老师(师傅)签名: 日期: | | | |
| 实习报告毕业答辩 | 实习报告(20) | | 毕业答辩(10) | |
| | 得分 | | | |
| | 学校指导教师签名: 日期: | | | |
| 综合评价 | 得分 | | | |
| | 实习等级 | □优 □良 □中等 □及格 □不及格 | | |
| | 学校指导教师签名: 日期: | | | |

## 3.7 实践教学实习(实训)学生召回制度(试行)

为进一步完善校企合作实践教学实习(实训)管理,主动应对人才培养模式改革,强化学生在实践教学实习(实训)期间的教育管理,根据《安徽水利水电职业技术学院、安徽水安建设集团股份有限公司关于共建“水安学院”协议书》,结合学生手册,特制定本制度。

## 3.7.1　指导思想

以邓小平理论和“三个代表”重要思想为指导，深入贯彻落实科学发展观和习近平新时代中国特色社会主义思想；坚持技能为本、能力为重，确保学生具备应有的职业素养，切实提高学生岗位技能，保障实践教学实习（实训）学生的权益。

## 3.7.2　实践教学实习（实训）期间召回及处理办法

### 3.7.2.1　出现下列情况之一者，学校将实施召回

（1）在实践教学实习（实训）期间，出现违法行为的。

（2）在实践教学实习（实训）期间，违反学校实习管理规定的。

（3）在实践教学实习（实训）期间，违反实习单位的规章制度，造成不良影响或给实习单位带来经济损失的。

（4）在实践教学实习（实训）期间，表现较差，不听从指导教师和项目指导老师（师傅）教育的。

（5）在实践教学实习（实训）期间，出现吸烟、酗酒、打架行为的。

（6）在实践教学实习（实训）期间，因学校的特殊工作安排需要的。

（7）在实践教学实习（实训）期间，因病或发生意外伤病，无法完成实习任务的。

### 3.7.2.2　处理办法

1. 在实践教学实习（实训）期间被召回的学生处理办法

（1）因违法被召回的，取消学生实践教学实习（实训）资格，学校按照有关规定处理。

（2）因实践教学实习（实训）表现较差，造成不良影响第 1 次被召回的，由学校会同家长、指导老师（师傅）加强学生在劳动纪律方面的教育，并书写检查和承诺书，重新进入某一岗位进行实践教学实习（实训）；第 2 次出现该情况，参加学校组织的强化教育班学习，经考核合格后，书写承诺书和申请书，返回原项目部继续完成实践教学实习（实训）。

（3）因违反有关操作规章制度，给实习单位带来经济损失被召回的，除加强教育外，学生负责赔偿经济损失。

（4）因学校特殊工作安排被召回的，由校企合作单位共同协商，待活动结束后，马上组织学生返回原项目部。

（5）因病或发生意外伤病被召回的，须有县级以上医疗部门诊断证明，待伤病痊愈后，根据具体情况，另行安排。

2. 在毕业综合实践教学实习（实训）期间被召回的准员工处理办法

（1）因违法被召回的，取消准员工实习资格，学校按照有关规定处理。

（2）因毕业综合实践教学实习（实训）表现较差造成不良影响被召回的，参加学校组织的强化教育班学习，经考核合格后，准员工书写承诺书和申请书，由校企合作单位共同协商返回项目部。

（3）因违反有关操作规章制度，给实习单位带来经济损失被召回的，除参加强化教育班培训外，准员工负责赔偿经济损失。

(4)因学校特殊工作安排被召回的,由学校和实习单位共同协商,待活动结束后,马上组织准员工返回原项目部。

(5)因病或发生意外伤病被召回的,须有县级以上医疗部门诊断证明,待伤病痊愈后,由校企合作单位共同协商另行安排。

### 3.7.3 实践教学实习(实训)期间召回程序

对于有召回情形的学生、准员工,水安学院向安徽水安建设集团股份有限公司通报,经安徽水安建设集团股份有限公司职能部门审核,报请校分管领导批准,在指定时间内返校。召回所产生费用由学生自理。

### 3.7.4 强化教育班教育内容

被召回的学生需撰写个人整改措施、规章制度学习、公共服务等情况说明。

### 3.7.5 组织实施

被召回学生的教育由辅导员负责,水安学院配合。

## 3.8 学生退出实践教学实习(实训)申请

安徽水安建设集团股份有限公司:

本人____________,身份证号____________________,系安徽水利水电职业技术学院_________学院__________专业________班在校学生,现因个人__________原因,现申请自______年______月______日起不再参加现代学徒制校企合作学生阶段(毕业综合)实践教学实习(实训),经征求家长和辅导员同意,退出与安徽水安建设集团股份有限公司之间的实践教学实习(实训)关系。

本人退出安徽水安建设集团股份有限公司统一安排的实践教学实习(实训),将自行与学籍所在原辅导员对接,本人自行承担由此影响本人毕业等所产生的一切后果。

安徽水安建设集团股份有限公司不再承担本人实践教学实习(实训)期间的任何责任和义务(包括安全管理),此间本人发生的任何事件与安徽水安建设集团股份有限公司无关。

特此申请。

申请人:

联系电话:

年　　月　　日

家长意见及家长手机号:

辅导员意见及辅导员手机号:

## 3.9　实践教学实习(实训)学生解除实习关系申请

安徽水安建设集团股份有限公司：

本人______________，身份证号______________________，系安徽水利水电职业技术学院___________学院__________专业___________班(原二级学院原专业原班级)在校学生，现因个人___________________________原因，现申请自____年____月____日起不再参加安徽水安建设集团股份有限公司第____分公司_____________项目部的实践教学实习(实训)，经征求家长和辅导员同意，解除与安徽水安建设集团股份有限公司之间的实习关系，由此影响本人毕业实习成绩等所产生的一切后果由本人自行承担，有关实习情况及解除实习关系由本人自行与学籍所在二级学院领导和辅导员对接，安徽水安建设集团股份有限公司不再承担《实习协议》中约定的对本人的任何义务(包括安全管理)。

特此申请。

申请人：

联系电话：

年　　月　　日

家长意见及家长手机号：

辅导员意见及辅导员手机号：

项目部意见：

## 3.10　毕业生(准员工)转为员工管理办法

为了切实提高高等职业学校的教育教学质量，确保毕业生真正达到校企合作基本要求，依照《安徽水利水电职业技术学院、安徽水安建设集团股份有限公司关于共建"水安学院"协议书》和职业教育现代学徒制试点工作项目建设，特制定本办法。

准员工结束毕业综合实践教学实习(实训)后，学校对准员工做全面鉴定，其内容包括德、智、体、美、劳方面。考核全部合格，符合毕业条件者，准予毕业，学校发给毕业证书，安徽水安建设集团股份有限公司按规定办理入职手续，由准员工转为员工。不符合毕业条件者，学校发给结业证书，安徽水安建设集团股份有限公司按规定不能办理入职手续。准员工转为员工条件如下。

### 3.10.1　学业成绩考核合格

第 1~4 学期，学生在学校学习文化基础课程、专业理论知识和技能操作。学生必须学完全部规定课程，考核成绩全部及格；实行学分制的专业，学生必须学完全部规定课程，修满规定学分。考核成绩未全部及格或未修满规定学分的，在学校规定的时间内进行补考或修满学分。补考及格或修满学分后，方可换发毕业证书，但时间必须在学校规定年限内。

### 3.10.2　毕业综合实践教学实习(实训)成绩考核合格

第3学年,准员工必须进行毕业综合实践教学实习(实训)。在实践教学实习(实训)期间,准员工必须完成本专业所有岗位的轮训任务;实习表现得分必须在60分及以上;准员工的综合评价必须在及格及以上。

### 3.10.3　其他

(1)对具备学籍、未完成教学计划规定的课程而中途退学的学生,安徽水安建设集团股份有限公司不再录用。

(2)本管理办法规定如与上级文件相冲突,则以上级文件为准。

## 3.11　校企合作学生评先评优办法(试行)

为了进一步贯彻《中共中央 国务院关于深化教育改革,全面推进素质教育的决定》及《国家中长期教育改革发展规划纲要》、《教育部等六部门关于印发〈职业学校校企合作促进办法〉的通知书》(教职成〔2018〕1号)和国务院印发的《国家职业教育改革实施方案》精神,全面落实校企合作协议,结合校企合作实际情况,充分发挥多主体参与的育人方案和评价机制,客观公正利用好企业设立的奖学金,激励校企合作的学生刻苦学习,达到符合安徽水安建设集团股份有限公司发展要求的高素质适用型人才标准,根据普通高等学校学生管理规定和校企合作协议,特制定本办法。

(1)评先评优工作以班级为单位,每学年测评一次,由水安学院组织实施,辅导员(班主任)配合。

(2)一年级按第1学年班级综合成绩排序。

(3)二年级按第2学年班级综合成绩40%和2次阶段性实践教学实习(实训)成绩60%排序。

(4)三年级(毕业班)学生成绩按学生在校班级总综合成绩40%和全部实践教学实习(实训)总成绩60%排序。

计算式:评先评优总成绩=在校班级综合总成绩×40%+全部实践教学实习(实训)总成绩×60%。

(5)评先评优比例按班级人数的30%评定,其中一等奖5%、二等奖10%、三等奖15%。

(6)奖学金额度。一等奖800元、二等奖600元、三等奖500元。

(7)获得评先评优资格的学生,经安徽水安建设集团股份有限公司审核,奖励费用由公司转入学校,统一由水安学院负责造表发放。

本办法自2017年10月开始试行,2019年7月修订,由水安学院负责解释。

## 3.12　校企合作辅导员评先评优办法(试行)

为了进一步贯彻《中共中央 国务院关于深化教育改革,全面推进素质教育的决定》、《国家中长期教育改革发展规划纲要》、《教育部等六部门关于印发〈职业学校校企合作促进办法〉的通知》(教职成〔2018〕1 号)和国务院印发的《国家职业教育改革实施方案》精神,全面落实校企合作协议,结合校企合作实际情况,充分发挥多主体参与的育人方案和评价机制,根据普通高等学校有关教师管理规定和校企合作协议,特制定本办法。

(1)评先评优工作以学年为单位,每学年测评一次,由水安学院、安徽水安建设集团股份有限公司人力资源部共同参与组织实施。

(2)结合辅导员班级人数。

(3)结合辅导员日常管理绩效。

(4)参考辅导员所带班学生学习成绩[含实践教学实习(实训)成绩]。

(5)获得评先评优荣誉的辅导员,由学校发放荣誉证书等奖励。

本办法自 2017 年 6 月开始试行,2019 年修订,由水安学院负责解释。

# 第4部分　实践教学文件

## 4.1　实践教学实习(实训)实施事项请示报告

根据《安徽水利水电职业技术学院、安徽水安建设集团股份有限公司关于共建“水安学院”协议书》和职业教育现代学徒制试点工作项目建设,按照学校重大事项报告制度,全面落实学生实践教学实习(实训)各环节,保障每个阶段实践教学实习(实训)质量,履行实践教学实习(实训)实施事项请示报告,详见表4-1。

表4-1　实践教学实习(实训)实施事项请示报告

| 实践教学专业班级 | | 备注 |
|---|---|---|
| 报告内容 | 主要内容:<br>实习时间:<br>实习地点: | 依据校企合作协议和校企合作专业人才培养方案 |
| 学院审核意见 | | |
| 教务处审核意见 | | |
| 学生处审核意见 | | |
| 实训中心审核意见 | | |
| 分管领导审核意见 | | |

注:报:校领导;送:学校、公司相关部门。

## 4.2　土木类专业实践教学实习(实训)指导书

### 4.2.1　实践教学目的及任务

学生实践教学实习(实训)秉承了校企合作及高职教育的特点,围绕第2轮校企合作修订的专业人才培养方案,坚持理论与实践教学并重。实践教学集中在专业指导老师和工程技术人员(师傅)的指导下,通过对施工过程中的建筑工程、水利工程、市政工程等岗位职业技能的认知,同时结合理论学习和参与现场阶段集中教学,使学生能有效地融合理论与实践，参与技术和日常管理；在多学期、分段式实施的非生产性与生产性产教岗位实践教学中，培养学生的专业感知和企业文化认知，为后续的专业学习和各阶段（毕业综合）实践教学生产性产教岗位实习（实训）打下良好基础。

#### 4.2.1.1　实践教学任务

结合各分公司项目进度要求，主要完成岗位职业技能的认知、感知和行知，实时参与相关技术与管理的辅助工作和学习。

#### 4.2.1.2　具体任务

（1）通过有关水利工程、市政工程、建筑工程及其他基础建设工程认知，了解水利工程、市政工程、建筑工程及其他基础建设工程等的布置、作用，培养学生基本的识图能力。

（2）通过对水利工程、市政工程、建筑工程及其他基础建设工程综合性的实习，熟悉建筑物的组成、结构、基本工作原理，了解各类建筑物施工组织管理的基本程序和方法。

（3）通过实践教学，基本掌握工程建设程序和一般规律，了解工程技术人员的工作、学习和生活情况，培养学生对土木类专业的学习兴趣。

（4）通过实践教学过程，融合企业文化，提高学生对职业道德的认识、对工作认真负责的态度及吃苦耐劳的精神；培养学生对公司的认同感和归属感。

#### 4.2.1.3　实践教学实习（实训）

土木类不同专业班级学生，结合学校教学进度和项目建设进度，实践教学实习（实训）适时配合项目完成工程测量综合实习及建筑材料、工程机械、计量计价、施工技术、建设法规、地基与基础、材料检测试验和安全教育等部分课程的现场学习。

项目部指导老师（师傅）将根据学生的实习（课程）任务完成情况予以成绩评定。

### 4.2.2　实践教学实习（实训）内容及成果

#### 4.2.2.1　实践教学实习（实训）内容

实践教学原则上以安徽水安建设集团股份有限公司所属的13个分公司为单位，具体由公司人力资源部统一分配安排。在实践教学过程中，每天必须做好实习日志记录，实习完毕后，每个学生必须完成实习报告；实习日志以施工技术为基础记录当日的技术与管理工作情况，实习报告必须详细阐述个人在实践教学过程中所参与的岗位工种基本程序、功能作用和工程建设规律等，附有必要的图表和照片。

根据学生的实习态度、报告内容质量、在实习中的表现，现场指导老师按规定进行考核，评定成绩，成绩作为评定企业奖学金和毕业入职安排的重要依据。

#### 4.2.2.2　实践教学实习（实训）成果

（1）根据项目进度实时参与并完成实践教学实习日志及实习报告，实习日志及实习报告作为学生实践教学实习（实训）成果，可能涉及项目建设下一项或几项施工或管理内容。

①水利工程新建、改（扩）建和重建项目工程。熟悉各种坝、防浪墙、各类型护坡与堆石排水、挡土墙、溢洪道、闸门、启闭机、翼墙、胸墙、涵闸、消能设施、渡槽、止水、涵洞等类型，了解他们的结构组成和作用、水下工程施工特点、隐蔽工程施工程序与质量控制、工程进度管理、工程资料的收集与管理等。

②建筑和市政工程中房屋、构筑物的定位、放线和控制标高；校核施工图和进行钢筋翻样；施工质量的检查与验收；根据施工图开列材料和构件加工单、限额领料单、工程任务单等，编制施工预算、某项具体施工技术的总结报告；新技术、新材料和新结构的学习和研究；建筑材料、建筑机械、建筑结构构造；建筑施工与管理方面的知识；模板的定位方法；轴线和标高的控制等。

③现浇钢筋混凝土框架结构柱、梁、板、楼梯的模板构造；模板(定型组合小钢模)的配板方法(绘制配板图)；模板支撑方式、钢筋制备方法；钢筋绑扎方式；钢筋的连接及钢筋代换等；混凝土的施工配合比；混凝土运输(水平与垂直运输)机械及运输组织方式；混凝土浇筑顺序；混凝土捣实机械及捣实方式等；混凝土浇筑后的养护、拆模时间和拆模方式；混凝土构件的质量和验收；工程的流水段划分和流水施工方法；现浇多层钢筋混凝土框架的施工方案或单位工程施工组织设计的编制、劳动力的调配和提高劳动生产率的方法等。

④砖混结构每层墙身轴线的引测、平面弹线和标高控制，所用砖、灰浆材料特性，材料运输机械和运输方式；脚手架的构造和搭设方法，安全网的设置；砖基础、砖墙等的砌筑方法；纵、横墙的连接方式，过梁的施工等；楼板吊运方式和铺设顺序及方法；现浇楼面的配筋、钢筋绑扎方法和混凝土浇筑方法等；砌砖质量检查与验收。

⑤单层工业厂房结构型式与结构特点、建筑物的定位与轴线的测定方法、柱子现场预制方法(包括预制位置布置、模板构造、配筋特点、预埋件固定、混凝土配合比、混凝土浇筑和捣实方法、叠浇时的隔离措施、质量要求等)、屋架现场预制方法(包括预制位置布置、模板构造、配筋特点、预埋件固定、混凝土配合比、混凝土浇筑和捣实方法、预应力留孔和张拉方式、叠浇时的隔离措施、质量要求等)；吊车梁、屋面板、天窗架等的运输方法和现场布置；现场吊装构件布置图与起重机开行路线的设计和绘制；结构构件的吊装过程及质量要求；单层工业厂房的吊装施工方案或单位工程施工组织设计的编制。

⑥高层结构型式及结构布置；深基坑的支护方案及降水措施；剪力墙的模板体系(大模、滑模、爬模等)；垂直运输机械布置及楼面水平运输的安排；外墙脚手架的形式及布置；混凝土供应及浇捣方式；现场总平面布置(生产、生活设施、材料堆放及道路布置)。

⑦其他基础工程新建、改(扩)建和重建项目建设。

(2)完成实习日志及实习报告电子稿(含反映实践教学若干张照片)，实习结束前整理打印装订，回校后以班级为单位交水安学院(含电子稿)。

(3)完成实践教学鉴定表。

### 4.2.3　实践教学实习(实训)安全要求

(1)实践教学前必须参加公司与学校组织的安全教育。

(2)牢记指导老师的联系电话，遇到紧急情况及时和指导老师联系。

(3)加强组织纪律性，遵守实践教学过程的纪律及所在分公司的各项规章制度；严格遵守保密保安规定；服从学校指导老师及现场师傅的指挥。

(4)着装：适宜长裤、长衫和运动鞋等，不宜着短裤、裙子和高跟鞋。

(5)尊重项目所在地的风俗习惯，与当地居民发生纠纷时应忍让，并及时联系指导老师。

(6)乘车必须按规定时间到达指定地点,发生误车事件,及时联系指导老师。严禁翻栏杆、爬窗口、抢座位等。

(7)实践教学过程中不准随便摸动仪器、设备,以免发生人身伤亡或损坏事故。

(8)注意人身安全,不准游泳和单独外出,禁止酗酒闹事,有事必须请假。

(9)注意保管随身携带的物品,贵重物品随身携带,以免丢失。

(10)严禁在施工现场玩手机,确需使用手机,必须到安全地方。

### 4.2.4　实践教学组织管理

(1)服从项目部日常管理,参与公司信息化考勤等管理制度。

(2)服从现场指导老师(师傅)的技术指导和生活等管理。

(3)建立小组管理制度,充分发挥组长的作用,建立学习型团队(小组),成员配合组长完成实践教学阶段任务。

(4)实践教学现场指导教师(师傅)详见表 1-12。

## 4.3　实践教学实习(实训)学生安全承诺书

水安学院:

本人于______年____月____日至____月____日参与现代学徒制校企合作专业教学计划实施的实践教学实习(实训),现就实践教学实习(实训)过程中的个人安全方面承诺如下。

1. 在实践教学实习(实训)期间,严格遵守《中华人民共和国安全生产法》和安徽水安建设集团股份有限公司及各分公司各项安全规定,强化安全意识,严格安全操作规程,遵纪守法,不做任何影响安全生产和生命财产的事情。

2. 主动接受安徽水安建设集团股份有限公司及各分公司技术人员(师傅)的安全教育和指导,按照技术规范和流程,结合专业基本理论参与生产和工程施工的专业岗位认知学习。

3. 实践教学实习(实训)期间,不擅离岗位,不迟到、不早退,善始善终,谦虚做人,勤奋工作;工作期间穿着打扮符合项目部对员工仪表仪容的要求,维护学校和安徽水安建设集团股份有限公司形象;有事外出,需向项目部指导老师(师傅)和领导书面请假,并按规定时间返回,否则,将按学院相关纪律予以处分,实践教学实习(实训)成绩按不合格处理。

严禁擅自外出,凡擅自外出导致发生任何事故由本人或者依法应当承担责任的人员或单位承担,与学校和安徽水安建设集团股份有限公司及各分公司无关。

遇到国家法定节假日外出或探亲,必须履行请假手续,个人负责路途生命财产的安全;非法定节假日请假外出或探亲路途中发生意外伤害由本人负全责,与学校和安徽水安建设集团股份有限公司及各分公司无关。

4. 认真完成实践教学实习(实训)任务要求。明确实践教学实习(实训)目的,端正实践教学实习(实训)态度,做到多学、多干、多思考,积极主动地配合组长完成实践教学实习(实训)任务,诚恳接受安徽水安建设集团股份有限公司及各分公司技术人员(指导老师或师傅)的管理与评议。

5. 主动与辅导员、指导老师(师傅)、班级同学保持经常性联系。如联系方式有变动,做到及时反馈,确保日常教学、管理等活动正常进行。根据工作需要调换实践教学实习(实训)项目部或岗位,并按项目规定履行交接手续,及时报告辅导员。若擅自离岗缺乏诚信,将按不诚信记录记入本人档案。

6. 在实践教学实习(实训)前,参加学校办理的大学生基本医疗保险和人身意外伤害商业保险。

7. 注意交通及人身、财物安全,严禁下河、湖、塘等危险水域游泳,预防和杜绝各种事故;加强锻炼,提高身体素质,注意饮食卫生,注重预防各种传染疾病的发生与流行。

8. 遵守国家法律法规,明辨是非。如遇不明确事项,及时请示各分公司项目部技术人员(指导老师)、领导或辅导员。如违纪违规,自愿接受学校和有关规定处分,并自行承担全部责任。

9. 未尽事宜,如发生可及时与辅导员、实践教学实习(实训)指导老师联系,不得擅自做出决定;因擅自决定导致的安全问题,本人负全责。

10. 安全承诺书一式二份,原件交水安学院存档,学生本人自留一份复印件。

| | |
|---|---|
| 承诺人(学生): | 家长: |
| 身份证: | 身份证: |
| 联系电话: | 联系电话: |
| 年　　月　　日 | 家庭地址: |
| | 年　　月　　日 |

## 4.4 学生实践教学实习(实训)日志(样稿)

**现代学徒制产教融合学生实践教学实习(实训)日志**

专业班级____________________

学号__________姓名__________

实践教学时间____________________

实践教学地点____________________

学校指导教师____________________

项目指导师傅____________________

## 说　明

1. 填写产教融合实践教学日志是为了使学生更好地记载实践教学的全程情况，方便指导教师（师傅）较全面地了解、指导和检查学生实践教学情况，及时总结经验、改进工作，提高实践教学质量。

2. 学生填写实践教学日志时，可用黑色钢笔填写，字迹要工整清楚；也可使用电子稿填写，完成后再打印装订（严禁网上抄袭）。

3. 内容适当加入学生参加实践教学照片（附文字注释）和技术资料图表等。

4. 实践教学日志是考核学生实践教学成绩的主要依据之一，学生需按实践教学日志中各栏内容认真记载。

5. 实践教学结束，实践教学实习（实训）日志原件自行装订，按学号整理后交辅导员，由指导老师评定成绩，水安学院归档保存（不得交复印件）。

6. 毕业综合实践教学日志和报告作为学生毕业答辩依据。

<table>
<tr><td colspan="3">实践教学实习（实训）安排</td></tr>
<tr><td>序号</td><td>时间<br>（按周安排）</td><td>任务（简要说明每个阶段的任务）</td></tr>
<tr><td>1</td><td></td><td></td></tr>
<tr><td>2</td><td></td><td></td></tr>
<tr><td>3</td><td></td><td></td></tr>
<tr><td colspan="2">实践教学时间：</td><td>实践教学地点：</td></tr>
<tr><td colspan="3">实践教学内容<br>文字：<br><br>附图表：<br><br>记录人：</td></tr>
</table>

## 4.5 学生实践教学实习(实训)报告(样稿)

### 现代学徒制产教融合实践教学实习(实训)报告

学　　院________________________

专业班级________________________

姓　　名________________________

项目师傅________________________

学校老师________________________

安徽水安建设集团股份有限公司

安徽水利水电职业技术学院

**说　明**

1. 实践教学实习(实训)报告是对学生现场“产教融合、工学结合”实践教学工作的记录及总结,应如实记录现场实践教学过程,详尽地反映现场实践教学内容,运用所学专业知识,分析实际工作中遇到的问题,总结工作经验,缩短准员工转为正式员工的适应期,为入职工作岗位奠定良好基础。实习报告要结合自己近一年来现场实践教学具体情况撰写,严禁抄袭(同类报告若出现40%以上内容相同则视为相互抄袭)或代做。

2. 实习报告字数要求 3 000~5 000,附有必要的图表和照片;格式严格按照给定格式套用。

3. 要求在实践教学实习(实训)结束后 10 日内完成,电子稿完成后通过 QQ 等发给水安学院指导老师安排批阅和指导,并根据老师批阅意见修改和完善。

4. 排版要求。

(1)一级标题:三号字,黑体,行距 1.5 倍。

(2)二级标题:小三号字,黑体,行距 1.5 倍。

(3)三级标题:四号字,黑体,行距 1.5 倍。

(4)正文:汉字小四号字,宋体,行距 1.5 倍;非汉字均为 Times New Roman 字体。

(5)图表应有序号和标题。

5. 用 A4 纸打印,打印后“现代学徒制产教融合实践教学实习(实训)报告”的装订顺序如下。

(1)封面。

(2)目录(第一部分前言;第二部分实践教学实习(实训)内容;第三部分实践教学实习(实训)心得体会;第四部分总结与致谢)。

(3)现代学徒制实践教学实习(实训)报告正文按目录顺序对应完成。

注:毕业答辩成绩以完成日志和实践教学报告为准。

## 4.6　学生实践教学实习(实训)成绩评定表

实践教育基地________________分公司________________项目部

项目经理及电话________________________________

实践教学实习(实训)时间:_____年___月___日至_____年___月___日

| 序号 | 姓名 | 性别 | 成绩 | 现场指导老师签字 | 备注 |
|---|---|---|---|---|---|
| | | | | | |
| | | | | | |

分公司(项目部)盖章

_____年___月___日

**附件：**

## 安徽水利水电职业技术学院、安徽水安建设集团股份有限公司<br>产教融合学生阶段(毕业综合)实践性教学实习(实训)成绩评分标准

| 评分标准 | 对应成绩 | 备注 |
|---|---|---|
| 能够在规定时间内很好地按标准、要求,准确、熟练地完成项目部任务,实训报告能对实训内容进行全面、系统的总结,并能运用理论知识对某些问题加以分析 | 90~100 | |
| 能够掌握基本操作技能和基础知识,较好地完成该项任务,实训报告能对实训内容进行全面、系统的总结 | 80~89 | |
| 能够掌握绝大部分的基本操作技能和基础知识,能完成大部分的实训任务,达到大纲中规定的主要要求,实训报告能对实训内容进行比较全面的总结 | 70~79 | |
| 能够掌握大部分的基本操作技能和基础知识,完成了实训的主要任务,达到大纲中规定的基本要求,能够完成实训报告,内容基本正确 | 60~69 | |
| 凡具备下列条件者,均以不及格论。<br>1. 未达到大纲中规定的基本要求,实训报告抄袭别人、马虎潦草,内容明显错误者。<br>2. 未参加实训时间超过全部实训时间的三分之一以上者。<br>3. 实训中态度不端正,有违纪行为,教育不改者 | 0~59 | |

**注**:1. 根据《安徽水利水电职业技术学院、安徽水安建设集团股份有限公司关于共建"水安学院"协议书》,此成绩作为校企合作评定企业奖学金和入职安排的重要依据;

2. 成绩表由安徽水安建设集团股份有限公司人力资源部汇总。

# 4.7　毕业综合实践教学实习(实训)小组活动记录表

__________~__________学年第______次(按月)

| | | | |
|---|---|---|---|
| 成员名单 | | | |
| 组长 | | 联系电话 | |
| 项目部<br>指导老师 | | 联系电话 | |
| 实践教学地点 | | | |
| 实训小组结合<br>项目部开展<br>活动记录<br>(含项目部独立<br>建立的<br>常规试验项目) | 参与项目名称及具体学习事项:<br><br>组长:<br>年　　月　　日 | | |
| 本阶段<br>活动收获和<br>不足 | 收获:<br><br>存在问题和不足:<br><br>组长:<br>年　　月　　日 | | |
| 项目部<br>老师评定<br>意见 | 项目部老师:<br>年　　月　　日 | | |
| 备注 | 实践教学学生小组阶段性活动记录时间每 4 周为一个阶段,组长每月 15 号填报一次,完成后拍照做成 Word 文档发给学校指导老师(原件由组长保存,返校后统一交给水安学院指导老师),完成质量作为小组成员毕业答辩成绩的一部分。<br>Word 文档文件命名为:×××项目×××小组活动记录表(第×次) | | |

**注**:附小组学习或现场指导老师(师傅)指导照片。

# 4.8 项目组毕业综合实践教学实习(实训)报告

## 4.8.1 题目:产教融合×××项目组毕业综合实践教学实习(实训)报告

说明:以小组为单位,具体由组长牵头负责集体完成,组成员结合实践教学过程日常任务和进度计划,对照各自参与和完成任务执行情况,利用平时现场积累的资料,配合组长形成完整报告。

报告应在4月底前完成,打印装订交学校,由学校和公司共同对学生进行毕业答辩,评定答辩成绩。

## 4.8.2 内插适合图片

应附学生在项目部共同学习和师傅指导教学的照片,每张图片下面必须配上文字说明(组长留存成员活动照片,在施工现场拍摄照片一定要确保安全)。

## 4.8.3 毕业答辩PPT

根据已完成的《产教融合×××项目组毕业综合实践教学实习(实训)报告》,制作20页左右PPT,供成员答辩用。

## 4.8.4 报告结构形式

**产教融合×××项目组毕业综合实践教学实习(实训)报告**

**第一部分:**毕业综合实践教学安排时间、地点和指导老师的基本情况。

**第二部分:**工程项目基本概况。

**第三部分:**项目部指导老师如何指导大家做具体技术与管理工作,图文并茂(内插适合图片)。

**第四部分:**本次活动对自己职业规划和专业学习的指导作用。

**第五部分:**收获和不足、建议和意见(对学校安排或项目安排给予建议和意见,以便后期改进)。

**第六部分:**致谢项目部全体人员和指导老师,标注小组全体组员姓名。

## 4.9　课程思政与三全育人学习手册

### 校企合作×××课程学习手册

（课程思政、三全育人试行本）

学年______________班级______________

姓名______________学号______________

学生手机______________________________

总成绩评定________教师签名__________

#### 说　明

《课程思政与三全育人学习手册》（简称《学习手册》）针对高职学生学习基本情况设定，是探索课程教学与评价的一个重要环节，是学生完成理论课教学内容并真实记录、反映学生学习状况和实践情况的主要载体，也是体现理论课教学过程及教学效果、落实校企合作课程思政及三全育人过程管理的重要手段。其使用及要求说明如下：

1. 本手册作为学生理论课平时成绩及实践教学考核的主要依据，任课教师须于开学第一周下发给学生，并进行必要的说明。

2. 本手册每生一册，用于一学期学习时使用。学期课程结束后，本手册将统一收回。遗失本册造成无法完成实践教学考核的后果，由学生自行承担，请各位同学务必保管好本手册。

3. 本手册实践考核部分共由六个项目组成，每个学生根据老师安排在本学期完成相应项。由任课老师根据完成情况打分，并由任课老师给予实践考核定性评价（优秀、合格、不合格）。

4. 本手册在上课期间须作为课堂笔记本携带使用，学生应按要求及时、真实地进行课堂笔记、完成作业、实践教学考核等相关内容。

5. 各同学须认真填写、妥善保管，不得随意涂画、损坏。否则，扣除平时成绩。

## 一、平时成绩及实践教学考核办法

以立德树人为宗旨的专业基础及专业课理论教学，融三全育人为一体，实行过程评价与终结评价相结合的弹性考核制，在坚持期末考试的同时，更加注重对学习过程的要求和考查。为进一步规范学生平时成绩及实践教学的考核，特制定以下考核试点办法。

第 1 条　学生课程成绩实行百分制，一般由平时成绩（40%）和期终考试成绩（60%）构成。期终考试成绩于学期末通过考试获得，考核内容主要依据教材及教学知识点；平时成绩主要依据学生在参与教学过程的具体表现，包括到课、听课、笔记、互动、讨论及实践教学考核情况等，并以附加分形式体现。

第 2 条　学生学习手册每生一册，是全程记录并真实反映学生参与教学过程的主要载体，也是考核学生平时表现及实践教学的主要依据。学生出勤及互动次数，由教师或学习课代表另行记录，期末汇总于本手册，计算最后得分。

第 3 条　平时成绩的构成。

1. 上课状态 10 分：按时上下课、小组集中就座、认真学习。迟到早退、说闲话、玩手机、看闲书、睡觉等不听课者，按规定减分；无故旷课 1 课时减 1 分；旷课达到或超过三分之一，取消考试资格；事假 1 课时减 3 分，病假不减分。

2. 课堂笔记 10 分：随堂携带并认真记录，内容丰富、有分析、有条理。无教材、无手册、无笔记者，可酌情减分。

3. 教学互动 10 分：包括要闻点评、小组讨论、代表汇报、口头问答等。不参加互动讨论者不得分。

4. 实践考核分 5 分：实践考核项目至少完成 3 项，每项 2 分，同时根据每项完成情况酌情给分。

5. 文明礼仪等其他项目 5 分：教师可根据本班教学实际，对学生参加竞赛等集体活动，以及文明礼仪等具体表现进行加、减分。

第 4 条　平时成绩考核结果应呈正态分布（两头小、中间大），不得“满堂红”。80 分以上的一般应控制在 70%左右（其中 90 分以上应控制在 30%以内），79 分以下应控制在 30%左右）。学生平时成绩须按要求认真统计和填写，确需纠正时，任课教师须在修改处签名。

第 5 条　本手册原则上按学期使用；如用于两个学期，第 1 学期使用完毕后由任课老师评定平时成绩 1 并签名后交由学生自行保管，第 2 学期使用完毕后由任课老师评定平时成绩 2 并签名。第 2 学期任课老师完成学生实践考核等级评定，并在第 2 学期结束时负责将学习手册收齐，统一交主任课老师验收并归档管理。

第 6 条　实践教学考核成绩定性为优秀、合格、不合格。根据学生对于实践教学考核的 6 个项目的得分（每个项目 10 分，总分 60 分）评定等级。优秀：54～60 分；合格：53～36 分；不合格：35 分及以下。

第 7 条　本办法中第 3 条（平时成绩的构成）也可由任课教师根据实际教学方法和情况自行做出相应调整。

## 二、×××课程平时成绩统计表

此表由教师、学习课代表或团队组长于学期末完成。

<table>
<tr><th>项目</th><th colspan="2">实际表现(优秀标准或减分项目)</th><th>得分</th></tr>
<tr><td rowspan="2">上课状态<br>(　　分)</td><td colspan="2">按时上下课;认真听课并做笔记;积极参与教学互动及集体活动;无影响课堂教学等违纪现象</td><td rowspan="2"></td></tr>
<tr><td>违纪现象</td><td>1. 无故旷课______节,减分:____<br>2. 迟到早退______次,减分:____<br>3. 请事假________节,减分:____<br>4. 请病假________节,减分:____<br>5. 其他违纪:________,减分:____</td></tr>
<tr><td>课堂笔记<br>(　　分)</td><td colspan="3">《学习手册》能随带随记,不抄袭;《学习手册》及作业完成率高,质量较高</td></tr>
<tr><td>教学互动<br>(　　分)</td><td colspan="3">积极完成课程主题演讲等作业,并参与课堂主题发言、时政评论、课堂问答、小组讨论等</td></tr>
<tr><td>实践考核<br>(　　分)</td><td colspan="3">根据教学及实践考核要求,完成实践考核项目并符合相关要求,每学期至少 3 项</td></tr>
<tr><td>其他项目<br>(　　分)</td><td colspan="3">积极参加校内外各种比赛活动并获得优异成绩,注重文明礼仪及个人修养,团结友爱,积极向上</td></tr>
<tr><td colspan="4">最后得分:________</td></tr>
</table>

**三、课堂学习笔记**

课程名称:　×××　　任课老师:______

<table>
<tr><td colspan="2">学习内容:</td></tr>
<tr><td>课<br>堂<br>笔<br>记</td><td></td></tr>
<tr><td>心得</td><td></td></tr>
</table>

## 四、实践考核部分(六选三)

(一)读一本与课程相关的参考书

| | | | |
|---|---|---|---|
| 书(篇)目 | | 原著作者 | |
| 完成时间 | | 教师评价 | 得分____(10分制) |

读书笔记及撰写要求:

1. 选择课程相关书目或经老师推荐。
2. 可直接撰写读后感,也可对著作经典段落进行摘抄后写出自己的感想及观点。
3. 须层次清楚,观点明确,有理有据。
4. 字数要求为300字左右。
5. 手写,不加页

(二)看一部与课程相关的视频

| | | | |
|---|---|---|---|
| 视频片名 | | 观影时间 | |
| 观影地点 | | 教师评价 | 得分____(10分制) |

观后感及撰写要求:

1. 本项目由任课老师根据课程需要安排观看。
2. 观影后每位同学完成简短的观后感写作,可以是对影片中心思想的理解,也可以是对影片中人物的看法。
3. 观后感须体现积极向上的正能量。
4. 字数要求为不少于150字。
5. 手写,不加页

(三)参加一场校园专题讲座

| | | | |
|---|---|---|---|
| 讲座主题 | | 讲座专家 | |
| 讲座地点 | | 讲座时间 | |
| 教师评价 | 得分______(10分制) | | |

讲座笔记及完成要求:

1. 听讲座时可携带本手册并同步完成笔记。
2. 对讲座内容关键要点或精彩观点进行记录。
3. 简单总结本次讲座的学习收获。
4. 手写,不加页。
5. 字数不限

（四）参与一项校内（外）实践学习

| | | | |
|---|---|---|---|
| 参观调研地点 | | 参观调研时间 | |
| 指导老师（签名） | | 教师评价 | 得分______（10 分制） |

参观活动记录及要求：
1. 打印一张本人参观的照片贴于本页空白处。
2. 简述参观或调研活动过程及个人参观调研的感受或结论。
3. 照片黑白打印即可。
4. 文字部分手写，不加页。
5. 字数不限

（五）参与一项校内活动

| | | | |
|---|---|---|---|
| 参赛项目 | | 参赛时间 | |
| 获奖情况 | | 教师评价 | 得分____（10 分制） |

参赛作品原件或复印件：请将你所参赛的思政系列活动时提交的作品原件或复印件粘贴在空白处，如果是书画作品，请拍照后打印再粘贴在空白处

（六）写一篇实践报告

| | | | |
|---|---|---|---|
| 写作时间 | | 教师评价 | 得分____（10 分制） |

撰写要求：
1. 实践报告主要对本学期参加的各项活动加以总结。
2. 重点报告实践的主要内容、体会收获及启示。
3. 须层次清楚，观点明确，有理有据。
4. 字数掌握在 300 字左右。
5. 手写，不加页

**五、推荐阅读书目**

引导学生培养正确的三观，提升学生的道德修养、人文素养和法制意识。

(1)《中国共产党简史》，本书编写组，人民出版社、中共党史出版社，2021。

(2)《读大学读什么，闯社会闯什么大全集》，文章编著，中国华侨出版社，2012。

(3)《习近平谈治国理政》，国务院新闻办公室会同中央文献研究室、中国外文局，外文出版社，2014。

(4)《中华人民共和国民法典》(含司法解释)，中国法制出版社，2021。

(5)《老子通释》，余秋雨著，北京联合出版公司，2021。

(6)《道德是否可以虚拟：大学生网络行为的道德研究》，王贤卿著，复旦大学出版社，2011。

(7)《中国梦》(创业家们的激荡三十九年)，周文强著，华夏出版社，2017。

(8)《中国触动》《中国震撼》《中国超越》，张维为著，上海人民出版社，2016。

(9)《照亮年轻的路——李开复给年轻人的人生课》，郑光辉著，中国画报出版社，2010。

(10)《少有人走的路：心智成熟的旅程》，M. 斯科特·派克著，于海生、严冬冬译，北京联合出版公司，2020。

**六、课程参考资料**

由任课老师按学期学习的课程内容指定，或让学生自己学会检索选择，任课老师指导。

**七、学期×××课程学习心得体会**

要求学生结合学期×××课程学习，回顾总结学习心得，培养其文书写作能力。

## 4.10 实践教学实习(实训)证明书

________班______同学于____年____月____日至____月____日参加安徽水安建设集团股份有限公司第____分公司__________________________项目部实践教学实习(实训)，经现场指导教师(师傅)综合评定，实践教学实习(实训)综合成绩__________。

特此证明。

________年____月____日

注：实践教学实习(实训)证明书为学生就业与择业提供重要参考，也是对职业学生学分银行或单科合格证做必要的探索。

# 第 5 部分　校企合作典型案例

## 5.1　校企深度合作联合培训案例:企业“一带一路”发展培训计划
### ——首届国际班校企合作培训项目

为落实安徽水利水电职业技术学院与安徽水安建设集团股份有限公司共同签订的校企合作共建“水安学院”协议书及校企领导有关会议精神,配合安徽水安建设集团股份有限公司走出去和积极融入“一带一路”倡议,进一步探索校企深度合作的育人机制,实现校企合作共赢,启动水安学院国际班联合培训项目。

### 5.1.1　水安学院国际班基本背景

根据安徽水利水电职业技术学院和安徽水安建设集团股份有限公司校企合作及共建“水安学院”的协议,2017 年 5 月成立水安学院;为了适应新时期安徽水安建设集团股份有限公司海外发展需求,配合“一带一路”倡议,安徽水安建设集团股份有限公司与安徽水利水电职业技术学院共同谋划,开设水安学院国际班(简称国际班),这既是校企合作联合培养适应国际建筑市场人才的实践创新,也是安徽水安建设集团股份有限公司主动承接国家“一带一路”倡议的具体表现,为安徽水安建设集团股份有限公司海外业务发展提供了人才储备和保障。

### 5.1.2　水安学院国际班招生与管理

#### 5.1.2.1　招生(招工)

首届水安学院国际班由安徽水利水电职业技术学院和安徽水安建设集团股份有限公司共同招生(招工),生源对象为企业在职职工和在校三年级学生,招生方式为面试,共招收学员 53 人,其中安徽水利水电职业技术学院学生 27 人、安徽职业技术学院 2 人、安徽水安建设集团股份有限公司员工 24 人,国际班名单见表 5-1。

表 5-1　国际班学生名单

| 序号 | 姓名 | 专业班级 | 联系电话 | 生源单位 |
|---|---|---|---|---|
| 1 | 牛晗 | 建工系钢构 1515 | 150××××5201 | 安徽水利水电职业技术学院 |
| 2 | 王梓 | 市政系造价 1637 | 138××××2630 | 安徽水利水电职业技术学院 |
| 3 | 曾金龙 | 市政系港航 1505 | 151××××5433 | 安徽水利水电职业技术学院 |
| 4 | 尤俊杰 | 市政系造价 1535 | 188××××8529 | 中途退学 |
| 5 | 经宇 | 市政系市政 1519 | 138××××5255 | 安徽水利水电职业技术学院 |
| 6 | 陈亮 | 市政系市政工程技术 | 150××××1749 | 安徽水利水电职业技术学院 |
| 7 | 赵迎港 | 市政系路桥 1526 | 177××××9533 | 安徽水利水电职业技术学院 |

续表 5-1

| 序号 | 姓名 | 专业班级 | 联系电话 | 生源单位 |
|---|---|---|---|---|
| 8 | 张玉成 | 水利系水利工程 1528 | 158××××2630 | 安徽水利水电职业技术学院 |
| 9 | 董奇奇 | 水利系水利水电 1571 | 173××××7263 | 安徽水利水电职业技术学院 |
| 10 | 郑志鹏 | 水利系水利施工 1507 | 152××××2319 | 安徽水利水电职业技术学院 |
| 11 | 魏尊成 | 水利系水利施工 1508 | 158××××7221 | 安徽水利水电职业技术学院 |
| 12 | 马佳佳 | 水利系水利施工 1508 | 177××××0763 | 安徽水利水电职业技术学院 |
| 13 | 汪辰 | 水利系水利施工 1505 | 159××××1123 | 安徽水利水电职业技术学院 |
| 14 | 李海 | 水利系水利施工 1505 | 158××××2797 | 安徽水利水电职业技术学院 |
| 15 | 周旭跃 | 水利系水利工程 1527 | 158××××3262 | 安徽水利水电职业技术学院 |
| 16 | 郑瑞 | 水利系水利施工 1507 | 158××××3069 | 安徽水利水电职业技术学院 |
| 17 | 张文强 | 水利系水利工程 1527 | 136××××2091 | 安徽水利水电职业技术学院 |
| 18 | 戴振宇 | 水利系水利工程 1527 | 177××××9524 | 安徽水利水电职业技术学院 |
| 19 | 高力 | 水利系水利施工 1507 | 180××××6243 | 安徽水利水电职业技术学院 |
| 20 | 郑帅 | 水利系水利施工 1505 | 151××××2015 | 安徽水利水电职业技术学院 |
| 21 | 刘振振 | 水利系水利施工 1508 | 187××××9379 | 安徽水利水电职业技术学院 |
| 22 | 张鹏 | 水利系水利施工 1507 | 158××××7060 | 安徽水利水电职业技术学院 |
| 23 | 张世应 | 水利系水利施工 1507 | 187××××6490 | 安徽水利水电职业技术学院 |
| 24 | 张泽龙 | 水利系基础 1512 | 150××××7112 | 安徽水利水电职业技术学院 |
| 25 | 夏侑 | 水利系水利施工 1505 | 156××××7696 | 安徽水利水电职业技术学院 |
| 26 | 余陈章 | 资源系水文 1515 | 180××××8125 | 安徽水利水电职业技术学院 |
| 27 | 吴颜欢 | 资源系水管 1522 | 152××××3447 | 安徽水利水电职业技术学院 |
| 28 | 王郑全 | 建筑装饰工程 | 181××××5822 | 安徽职业技术学院 |
| 29 | 王塞 | 建筑装饰工程 | 158××××0043 | 安徽职业技术学院 |
| 30 | 余航 | 集团公司在职员工 | 152××××2266 | 安徽水安建设集团股份有限公司在职员工 |
| 31 | 洪阳 | 集团公司在职员工 | 151××××4393 | 安徽水安建设集团股份有限公司在职员工 |
| 32 | 柯翱宇 | 集团公司在职员工 | 155××××8146 | 安徽水安建设集团股份有限公司在职员工 |
| 33 | 何先涛 | 集团公司在职员工 | 130××××5100 | 安徽水安建设集团股份有限公司在职员工 |
| 34 | 陈威 | 集团公司在职员工 | 155××××2022 | 安徽水安建设集团股份有限公司在职员工 |
| 35 | 田峰 | 集团公司在职员工 | 152××××6280 | 安徽水安建设集团股份有限公司在职员工 |
| 36 | 王新 | 集团公司在职员工 | 132××××5375 | 安徽水安建设集团股份有限公司在职员工 |
| 37 | 马振宇 | 集团公司在职员工 | 139××××8879 | 安徽水安建设集团股份有限公司在职员工 |
| 38 | 陈礼 | 集团公司在职员工 | 152××××9247 | 安徽水安建设集团股份有限公司在职员工 |
| 39 | 陈明川 | 集团公司在职员工 | 181××××3527 | 安徽水安建设集团股份有限公司在职员工 |
| 40 | 邓雄 | 集团公司在职员工 | 152××××0106 | 安徽水安建设集团股份有限公司在职员工 |
| 41 | 杨帆 | 集团公司在职员工 | 182××××7220 | 安徽水安建设集团股份有限公司在职员工 |
| 42 | 吴建华 | 集团公司在职员工 | 183××××6790 | 安徽水安建设集团股份有限公司在职员工 |
| 43 | 陈卉勤 | 集团公司在职员工 | 187××××6872 | 安徽水安建设集团股份有限公司在职员工 |

续表 5-1

| 序号 | 姓名 | 专业班级 | 联系电话 | 生源单位 |
|---|---|---|---|---|
| 44 | 夏从政 | 集团公司在职员工 | 153××××5056 | 安徽水安建设集团股份有限公司在职员工 |
| 45 | 常昊 | 集团公司在职员工 | 135××××2903 | 安徽水安建设集团股份有限公司在职员工 |
| 46 | 孙亚亚 | 集团公司在职员工 | 182××××9525 | 安徽水安建设集团股份有限公司在职员工 |
| 47 | 葛晓辉 | 集团公司在职员工 | 183××××6760 | 安徽水安建设集团股份有限公司在职员工 |
| 48 | 王强 | 集团公司在职员工 | 188××××3922 | 安徽水安建设集团股份有限公司在职员工 |
| 49 | 刘佳振 | 集团公司在职员工 | 187××××5265 | 安徽水安建设集团股份有限公司在职员工 |
| 50 | 胡明明 | 集团公司在职员工 | 186××××1240 | 安徽水安建设集团股份有限公司在职员工 |
| 51 | 牛万民 | 集团公司在职员工 | 159××××7261 | 安徽水安建设集团股份有限公司在职员工 |
| 52 | 王煜梁 | 集团公司在职员工 | 138××××9204 | 安徽水安建设集团股份有限公司在职员工 |
| 53 | 陈仁旺 | 集团公司在职员工 | 152××××2407 | 安徽水安建设集团股份有限公司在职员工 |

2017 年 7 月 1 日上午举行开班仪式(见图 5-1),时任安徽省住建厅副厅长曹剑(见图 5-2)、时任安徽省水利厅副厅长徐业平(见图 5-3)到会并向水安学院的开班表示祝贺;安徽水安建设集团股份有限公司党委书记、董事长薛松(见图 5-4)、安徽水利水电职业技术学院党委书记周银平(见图 5-5)等领导共同参加开班仪式。

图 5-1　开班仪式

图 5-2　时任安徽省住建厅副厅长曹剑

图 5-3　时任安徽省水利厅副厅长徐业平

图 5-4　安徽水安建设集团股份有限公司党委书记、董事长薛松

图 5-5　安徽水利水电职业技术学院党委书记周银平

培训项目期限为 1 年，自 2017 年 9 月至 2018 年 5 月，教学地点设在安徽水利水电职业技术学院校园内，由安徽水利水电职业技术学院水安学院和安徽水安建设集团股份有限公司共同组织管理，国际班具体由水安学院丁学所、安徽水安建设集团股份有限公司培训部主任赵琛牵头负责，安徽水安建设集团股份有限公司人力资源部金承哲和水安学院顾颖、傅燕君、刘婷等同志承担日常管理工作。

水安学院制定《安徽水安建设集团股份有限公司国际班培训实施方案》《水安国际班管理办法》《水安国际班优秀学员评定方案》等管理制度，三年级学生配合毕业综合实践教学，在职职工配合集团日常考勤管理；培训目标具有一定的专业技术基础，重点强化海外业务管理和交流，国际班的教学安排以强化英语交流和国际合同管理为主，因此国际班的培训目标比较清晰，针对性强。

#### 5.1.2.2　课程安排

由于国际班的教学安排以强化英语交流和涉外合同管理为重点，开设商务英语和工程英语，采用分段教学。商务英语开设阶段为 2017 年 9 月至 2018 年 1 月（见表 5-2）；工程英语开设阶段为 2018 年 3 月 5 日至 2018 年 5 月 4 日（见表 5-3）。课程培训以集中高效的方式组织实施。

表 5-2　水安国际班商务英语培训课程表（2017 年 9 月至 2018 年 1 月）

| 时段<br>（时:分~时:分） | 周一 | 周二 | 周三 | 周四 | 周五 |
|---|---|---|---|---|---|
| 09:00~11:00 | 口语初级 | 写作初级 | 口语初级 | 阅读初级 | 口语初级 |
| 11:10~12:10 | 复习+词汇学习 | 复习+词汇学习 | 复习+词汇学习 | 复习+词汇学习 | 复习+词汇学习 |
| 14:00~17:00 | 视频+练习+答疑 | 视频+练习+答疑 | 视频+练习+答疑 | 视频+练习+答疑 | 视频+练习+答疑 |
| | | | | | |
| 09:00~11:00 | 写作初级 | 口语初级 | 阅读初级 | 口语初级 | 写作初级 |
| 11:10~12:10 | 复习+词汇学习 | 复习+词汇学习 | 复习+词汇学习 | 复习+词汇学习 | 复习+词汇学习 |
| 14:00~17:00 | 视频+练习+答疑 | 视频+练习+答疑 | 视频+练习+答疑 | 视频+练习+答疑 | 视频+练习+答疑 |

**续表 5-2**

| 时段<br>(时:分~时:分) | 周一 | 周二 | 周三 | 周四 | 周五 |
|---|---|---|---|---|---|
| 09:00~11:00 | 口语初级 | 写作初级 | 口语初级 | 写作初级 | 口语初级 |
| 11:10~12:10 | 复习+词汇学习 | 复习+词汇学习 | 复习+词汇学习 | 复习+词汇学习 | 复习+词汇学习 |
| 14:00~17:00 | 视频+练习+答疑 | 视频+练习+答疑 | 视频+练习+答疑 | 视频+练习+答疑 | 视频+练习+答疑 |
| | | | | | |
| 09:00~11:00 | 口语初级 | 阅读初级 | 口语初级 | 口语初级 | 写作初级 |
| 11:10~12:10 | 复习+词汇学习 | 复习+词汇学习 | 复习+词汇学习 | 复习+词汇学习 | 复习+词汇学习 |
| 14:00~17:00 | 视频+练习+答疑 | 视频+练习+答疑 | 视频+练习+答疑 | 视频+练习+答疑 | 视频+练习+答疑 |
| | | | | | |
| 09:00~11:00 | 口语初级 | 写作初级 | 口语初级 | 写作初级 | 口语初级 |
| 11:10~12:10 | 复习+词汇学习 | 复习+词汇学习 | 复习+词汇学习 | 复习+词汇学习 | 复习+词汇学习 |
| 14:00~17:00 | 视频+练习+答疑 | 视频+练习+答疑 | 视频+练习+答疑 | 视频+练习+答疑 | 视频+练习+答疑 |
| | | | | | |
| 14:00~15:00 | 口语初级 | 写作初级 | 口语初级 | 写作初级 | 口语初级 |
| 15:15~16:15 | 复习+词汇学习 | 复习+词汇学习 | 复习+词汇学习 | 复习+词汇学习 | 复习+词汇学习 |
| 16:30~17:20 | 视频+练习+答疑 | 视频+练习+答疑 | 视频+练习+答疑 | 视频+练习+答疑 | 视频+练习+答疑 |
| | | | | | |
| 14:00~15:00 | 口语初级 | 写作初级 | 口语初级 | 写作初级 | 口语初级 |
| 15:15~16:15 | 复习+词汇学习 | 复习+词汇学习 | 复习+词汇学习 | 复习+词汇学习 | 复习+词汇学习 |
| 16:30~17:20 | 视频+练习+答疑 | 视频+练习+答疑 | 视频+练习+答疑 | 视频+练习+答疑 | 视频+练习+答疑 |
| | | | | | |
| 14:00~15:00 | 口语初级 | 写作初级 | 口语初级 | 写作初级 | 口语初级 |
| 15:15~16:15 | 复习+词汇学习 | 复习+词汇学习 | 复习+词汇学习 | 复习+词汇学习 | 复习+词汇学习 |
| 16:30~17:20 | 视频+练习+答疑 | 视频+练习+答疑 | 视频+练习+答疑 | 视频+练习+答疑 | 视频+练习+答疑 |
| | | | | | |
| 14:00~15:00 | 口语初级 | 写作初级 | 口语初级 | 口语初级 | 口语初级 |
| 15:15~16:15 | 复习+词汇学习 | 复习+词汇学习 | 复习+词汇学习 | 复习+词汇学习 | 复习+词汇学习 |
| 16:30~17:20 | 视频+练习+答疑 | 视频+练习+答疑 | 视频+练习+答疑 | 视频+练习+答疑 | 视频+练习+答疑 |

注:任课教师:徐倩、余珊珊、外教 2 人、敬东童。

表 5-3 水安国际班工程英语培训课程表(2018 年 3 月 5 日至 2018 年 5 月 4 日)

| | 时段(时:分~时:分) | 3月5日(周一) | 3月6日(周二) | 3月7日(周三) | 3月8日(周四) | 3月9日(周五) | 3月12日(周一) | 3月13日(周二) | 3月14日(周三) | 3月15日(周四) | 3月16日(周五) | 3月19日(周一) | 3月20日(周二) | 3月21日(周三) | 3月22日(周四) | 3月23日(周五) |
|---|---|---|---|---|---|---|---|---|---|---|---|---|---|---|---|---|
| 上午 | 08:40~09:30 | 早读 | 早读 | 早读 | 早读 | 早读 | 早读 | 早读 | 早读 | 早读 | 早读 | 早读 | 早读 | 早读 | 早读 | 早读 |
| | 09:45~10:45 | 工程英语A | 工程英语A | 工程英语A | 工程英语B | 工程英语B | 工程英语A | 工程英语A | 工程英语A | 工程英语B | 工程英语B | 工程英语A | 工程英语A | 工程英语A | 工程英语B | 工程英语B |
| | 11:00~12:00 | 工程英语A | 工程英语A | 工程英语B | 工程英语B | 工程英语B | 工程英语A | 工程英语A | 工程英语B | 工程英语B | 工程英语B | 工程英语A | 工程英语A | 工程英语B | 工程英语B | 工程英语B |
| 下午 | 14:00~15:00 | 工程英语B | 工程英语B | 自习 | 工程英语A | 工程英语A | 工程英语B | 工程英语B | 自习 | 工程英语A | 工程英语A | 工程英语B | 工程英语B | 自习 | 工程英语A | 工程英语A |
| | 15:15~16:15 | 工程英语B | 工程英语B | 自习 | 工程英语A | 工程英语A | 工程英语B | 工程英语B | 自习 | 工程英语A | 工程英语A | 工程英语B | 工程英语B | 自习 | 工程英语A | 工程英语A |
| | 16:30~17:20 | 自习 | 自习 | 体育课 | 自习 | 自习 | 自习 | 自习 | 体育课 | 自习 | 自习 | 自习 | 自习 | 体育课 | 自习 | 自习 |

续表 5-3

| 时段（时:分~时:分） | | 3月26日（周一） | 3月27日（周二） | 3月28日（周三） | 3月29日（周四） | 3月30日（周五） | 4月2日（周一） | 4月3日（周二） | 4月4日（周三） | 4月5日~4月7日 | 4月8日周日 | 4月9日（周一） | 4月10日（周二） | 4月11日（周三） | 4月12日（周四） | 4月13日（周五） |
|---|---|---|---|---|---|---|---|---|---|---|---|---|---|---|---|---|
| 上午 | 08:40~09:30 | 早读 | 早读 | 早读 | 早读 | 早读 | 早读 | 早读 | 早读 | 清明节 | 早读 | 早读 | 早读 | 早读 | 早读 | 早读 |
| | 09:45~10:45 | 工程英语A | 工程英语A | 工程英语A | 工程英语B | 工程英语B | 工程英语A | 工程英语A | 工程英语A | | 工程英语B | 工程英语A | 工程英语A | 工程英语A | 工程英语B | 工程英语B |
| | 11:00~12:00 | 工程英语A | 工程英语A | 工程英语B | 工程英语B | 工程英语B | 工程英语A | 工程英语A | 工程英语B | | 工程英语B | 工程英语A | 工程英语A | 工程英语B | 工程英语B | 工程英语B |
| 下午 | 14:00~15:00 | 工程英语B | 工程英语B | 自习 | 工程英语A | 工程英语A | 工程英语B | 工程英语B | 自习 | | 工程英语A | 工程英语B | 工程英语B | 自习 | 工程英语A | 工程英语A |
| | 15:15~16:15 | 工程英语B | 工程英语B | 自习 | 工程英语A | 工程英语A | 工程英语B | 工程英语B | 自习 | | 工程英语A | 工程英语B | 工程英语B | 自习 | 工程英语A | 工程英语A |
| | 16:30~17:20 | 自习 | 自习 | 体育课 | 自习 | 自习 | 自习 | 自习 | 体育课 | | 自习 | 自习 | 自习 | 体育课 | 自习 | 自习 |

**续表 5-3**

| 时段（时:分~时:分） | | 4月16日（周一） | 4月17日（周二） | 4月18日（周三） | 4月19日（周四） | 4月20日（周五） | 4月23日（周一） | 4月24日（周二） | 4月25日（周三） | 4月26日（周四） | 4月27日（周五） | 4月28日（周六） | 4月29日~5月1日 | 5月2日（周三） | 5月3日（周四） | 5月4日（周五） |
|---|---|---|---|---|---|---|---|---|---|---|---|---|---|---|---|---|
| 上午 | 08:40~09:30 | 早读 | 早读 | 早读 | 早读 | 早读 | 早读 | 早读 | 早读 | 早读 | 早读 | 早读 | 五一劳动节 | 早读 | 早读 | 早读 |
| | 09:45~10:45 | 工程英语A | 工程英语A | 工程英语A | 工程英语B | 工程英语B | 工程英语A | 工程英语A | 工程英语A | 工程英语B | 工程英语B | 工程英语A | | 工程英语A | 工程英语B | 工程英语B |
| | 11:00~12:00 | 工程英语A | 工程英语A | 工程英语B | 工程英语B | 工程英语B | 工程英语A | 工程英语A | 工程英语B | 工程英语B | 工程英语B | 工程英语A | | 工程英语B | 工程英语B | 工程英语B |
| 下午 | 14:00~15:00 | 工程英语B | 工程英语B | 自习 | 工程英语A | 工程英语A | 工程英语B | 工程英语B | 自习 | 工程英语A | 工程英语A | 工程英语B | | 自习 | 工程英语A | 工程英语A |
| | 15:15~16:15 | 工程英语B | 工程英语B | 自习 | 工程英语A | 工程英语A | 工程英语B | 工程英语B | 自习 | 工程英语A | 工程英语A | 工程英语B | | 自习 | 工程英语A | 工程英语A |
| | 16:30~17:20 | 自习 | 自习 | 体育课 | 自习 | 自习 | 自习 | 自习 | 体育课 | 自习 | 自习 | 自习 | | 体育课 | 自习 | 自习 |

#### 5.1.2.3　教师聘用

为了营造语言环境，经校企双方商定，聘请以新东方教育团队教师为主、学校优秀英语教师为辅的教学团队，其中新东方教育团队教师均为海归优秀教师。考虑学员实际情况和自身的特点，确保能在有效的时间取得良好的效果，充分营造语言环境，单独聘请了外籍英语教师专门强化学员的口语训练，学员们也很快适应了培训氛围和教学要求，教学效果明显（见图 5-6）。

图 5-6　外籍教师教学现场

#### 5.1.2.4　教学安排

为了掌握学员入班时的英语水平，以便更好制订教学日程，同时也让学员能正确认识到自己的英语水平，招生名单确定后，举行了一次入班英语测试；接下来的教学就采用阶段测试的方式来检测学员的学习情况，及时跟踪、查漏补缺，根据学员的阶段测试成绩相应地调整教学进程。

阶段测试频率为一月一次，不仅仅是对上一阶段学习情况的总结检测，更是为了更好地开始下一阶段学习所做的必要工作。在教学过程中，教师不断地更新自己的教学内容，课上与学生交流互动，课后安排助教锻炼学生读、听、写的能力，不仅提高了学员们的英语水平，更重要的是为其培养了良好的学习习惯，如图 5-7、图 5-8 所示。

#### 5.1.2.5　校企文化融合系列活动

由于英语课程安排比较紧凑，教学时间紧张，为了缓解学员们的学习压力，在上课的同时，学员们为自己安排了很多趣味英语活动，例如课上的英语小短剧、全英文演讲比赛等。国际班的学员们还利用课余时间参与了由水安学院主办的“团结协作，展示水院风采；携手共进，深化校企合作”迎新年趣味活动，国际班学员包括水安学院近 200 多名同学用自身特有的方式展现了自己的青春魅力，如图 5-9～图 5-13 所示。

#### 5.1.2.6　结业与入职

按照培训计划，2018 年 5 月底，完成国际班的所有课程培训任务，经审定水安学院首届国际班所有学员考核课程全部合格，准予结业。2018 年 5 月 11 日水安学院在图书馆报告厅隆重举行首届“水安学院国际班”结业典礼，如图 5-14 所示。安徽水利水电职业技术学院和安徽水安建设集团股份有限公司党政主要领导出席并为国际班学员颁发结业证书，为校企合作水安学院优秀学生颁发荣誉证书（优秀学生：国际班赵迎港、戴振宇、王郑

观摩外教课堂教学，水安学院党政领导参与观摩；学员们积极参与老师组织的英语小活动，课堂气氛活跃；两个小时观摩活动结束后，大家合影留念

图 5-7　商务英语课堂教学观摩

图 5-8　菲迪克条款、国际招标投标教学现场

图 5-9　英语话剧系列活动剪影

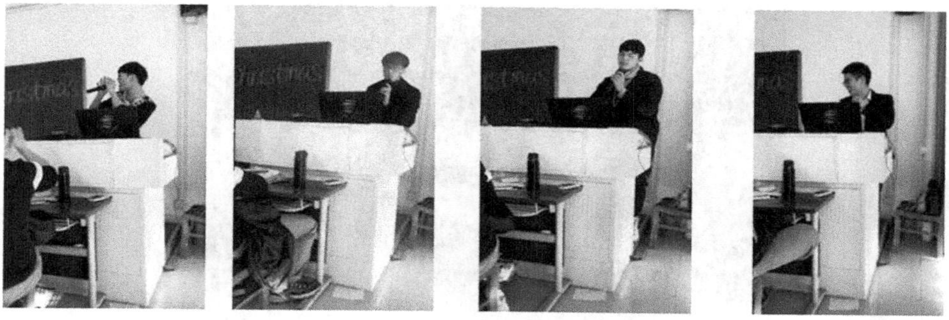

图 5-10　圣诞英语歌咏比赛

(a) 国际班参赛学生和市政与交通工程学院参赛学生合影留念

(b) 国际班和水电学院市政与交通工程学院学生举办篮球友谊赛

图 5-11　校内学生交流活动

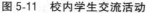

图 5-12　学生迎新年活动

全(安徽职业技术学院)、吴建华(第七工程分公司)、洪阳(第一工程分公司),水安学院建筑工程技术 1701 班房兴家,工程造价 1701 班崔雨竹,水利水电工程技术 1701 班朱猛、曹玉航,水利水电工程技术 1702 班桂栋梁、鲍时伟,如图 5-15 所示。最后,校企领导与国际班学员合影留念,如图 5-16 所示。

2018 年 5 月 12 日,由安徽水安建设集团股份有限公司海外公司主持,水安学院参与,全部学员根据培训成绩排名高低来有序选择分公司就业(见表 5-4),保证了就业公平性,现场所有学员均感到满意,如图 5-17 所示。

图 5-13　校园文化和企业文化融合活动现场

图 5-14　校企主要领导出席结业典礼

图 5-15　校企领导为优秀学员颁发荣誉证书

图 5-16　校企领导与国际班学员合影

表 5-4　首届水安国际班学生培训名单

| 排名 | 姓名 | 单位 |
|---|---|---|
| 1 | 吴建华 | 第七工程分公司职工 |
| 2 | 洪阳 | 第一工程分公司职工 |
| 3 | 赵迎港 | 水安学院学生 |
| 4 | 田峰 | 第三工程分公司职工 |
| 5 | 杨帆 | 第六工程分公司职工 |
| 6 | 孙亚亚 | 第九工程分公司职工 |
| 7 | 余航 | 第一工程分公司职工 |
| 8 | 戴振宇 | 水安学院学生 |
| 9 | 胡明明 | 第十一工程分公司职工 |
| 10 | 王郑全 | 安徽职业技术学院学生 |
| 11 | 葛晓辉 | 第九工程分公司职工 |
| 12 | 常昊 | 第八工程分公司职工 |
| 13 | 王强 | 第十工程分公司职工 |
| 14 | 夏从政 | 第八工程分公司职工 |
| 15 | 何先涛 | 第二工程分公司职工 |
| 16 | 刘佳振 | 第十工程分公司职工 |
| 17 | 刘振振 | 水安学院学生 |
| 18 | 董奇奇 | 水安学院学生 |
| 19 | 柯翱宇 | 第二工程分公司职工 |
| 20 | 汪辰 | 水安学院学生 |
| 21 | 郑志鹏 | 水安学院学生 |

续表 5-4

| 排名 | 姓名 | 单位 |
|---|---|---|
| 22 | 陈亮 | 水安学院学生 |
| 23 | 周旭跃 | 水安学院学生 |
| 24 | 张鹏 | 水安学院学生 |
| 25 | 马佳佳 | 水安学院学生 |
| 26 | 陈威 | 第三工程分公司职工 |
| 27 | 王塞 | 安徽职业技术学院学生 |
| 28 | 李海 | 水院学生职工 |
| 29 | 张文强 | 水安学院学生 |
| 30 | 郑瑞 | 水安学院学生 |
| 31 | 曾金龙 | 水安学院学生 |
| 32 | 魏尊成 | 水安学院学生 |
| 33 | 张玉成 | 水安学院学生 |
| 34 | 张世应 | 水安学院学生 |
| 35 | 吴颜欢 | 水安学院学生 |
| 36 | 高力 | 水安学院学生 |
| 37 | 夏侑 | 水安学院学生 |
| 38 | 牛晗 | 水安学院学生 |
| 39 | 郑帅 | 水安学院学生 |
| 40 | 王新 | 第四工程分公司职工 |
| 41 | 余陈章 | 水安学院学生 |
| 42 | 马振宇 | 第四工程分公司职工 |
| 43 | 陈礼 | 第五工程分公司职工 |
| 44 | 牛万民 | 第十一工程分公司职工 |
| 45 | 王梓 | 水安学院学生 |
| 46 | 张泽龙 | 水安学院学生 |

**注**:中途 6 位学员因其他原因退出。

### 5.1.3 国际班总结

水安学院首届国际班成功举办,是校企深度合作培训项目的成功案例,培训时间长,学员来源复杂,既有集团正式员工,又有两个职业院校的在校生,由于生源背景不一样,管理难度比较大,在多方的共同努力下,培训工作取得了圆满成功。

图 5-17　学员分配入职对接

#### 5.1.3.1　经验总结

(1)校企领导的高度重视,行业与主管厅局的支持,保障了培训过程中的人、财、物及时到位。

(2)制定《安徽水安建设集团股份有限公司国际班培训实施方案》《水安国际班管理办法》《水安国际班优秀学员评定方案》等管理制度,针对生源背景对接日常管理,在校毕业班学生培训任务与毕业综合实践教学相衔接;在职职工按集团绩效考核进行考勤管理。

(3)根据《安徽水利水电职业技术学院、安徽水安建设集团股份有限公司关于共建"水安学院"协议书》,水安学院作为专门管理机构,全程负责培训工作;班级成立班委配合水安学院进行日常的学员管理。

(4)培训目标明确,集团强化海外业务管理和人才交流,补充"一带一路"项目建设人才不足的现状;培训内容具体,以商务英语与工程英语为主,重点掌握英语交流和国际合同管理。

(5)教学形式多样化,针对语言教学的特点,日常教学中班委组织了多种形式活动配合语言学习,如演讲比赛、情景剧、歌咏比赛和节目联欢等。由班委组织的生动有趣活动,受到学员欢迎,在轻松活动中,提升英语交流水平。

#### 5.1.3.2　存在的不足

水安学院首届国际班培训工作虽然取得了圆满成功,结业的学员陆续奔赴集团海外项目建设中,学员普遍认为1年的专项培训对他们帮助很大,首先是心理承受能力的提高,其次是能够很快进入角色,但在专项培训过程中也暴露了一些不足。

(1)培训内容不确定性因素比较多。首届国际班的专项培训课程以英语培训为主,目的是为学员能够适应海外的工作奠定基础。培训内容不确定性因素比较多,时间安排比较紧,导致了个别学员因无法坚持而中途退学的现象。无论是学校或是企业,配合国家"一带一路"倡议,如何将日常人才培训与人才储备相结合,是经济转型与产业升级的一项重大课题。

(2)培训团队专业能力欠缺。由于教学具体目标具有模糊性,缺乏培训的系统性,且教学内容选取具有随意性,脱离不了"本本主义",教师与学员们互动沟通不够充分。另外,助教队伍存在不稳定性,导致学员们需要较长时间适应新助教的教学方式,这无疑增加了学习负担。专项培训并不是一个常规培训项目,很难建立一个稳定的培训团队,容易导致培训团队专业能力不足的情况,对培训团队考核难度也比较大。

(3)时间紧任务重。由于学员英语基础差异大,少数学员英语基础很薄弱,加之教学高速运转,学员普遍感觉学习压力大。教师团队虽然不断地更新教学内容和教学方式,却难以在教学方面考虑学员们的学习心理变化,外聘教师也对本次培训项目给出了反馈意见。尽管班委组织开展了一些趣味学习活动,通过自娱自乐的形式帮助学员缓解压力,但仍有学员由于压力等因素退出。

(4)培训信息反馈。据不完全统计,绝大部分学员对本次校企合作的专项培训和岗位安排表示满意,也有个别学员因多种因素不满意双向选择和岗位安排,向集团人力资源部提出要更换分公司。因此专项培训计划中,很有必要增加就业指导与职业规划,穿插以企业文化为主题的专题讲座,引导学员懂得参与专项培训的目的,主动将个人的职业规划与专项培训结合起来,让学员以积极的心态迎接新的工作环境,专心投入未来的工作中。

## 5.1.4 外聘教师反馈意见

### 5.1.4.1 写作课

1. 总结反馈

BEC 初级和中级阶段的写作学习全部完成;总体来说大家的学习状态、任务完成、配合老师方面都非常好;老师们很欣慰在这段时间中各位同学有所得、不断进步。在 BEC 初级阶段,我们主要学习了商务 Memo 和 Letter,另外补充了水安的英文介绍,并且也学习了基础语法,为大家后期的学习奠定了坚实基础。各位同学在这一阶段无论对于 Memo 还是 Letter、格式还是内容的把握都是比较熟练的。到中级阶段我们加大了学习的难度,学习了 E-mail 和 Report 的写法。在这一阶段中,我们更多安排大家主动练习和相互改正的机会,大家在分组竞争的范围下不断减少自己的语法错误,获得了更大进步。从这次考试的情况来看,大家对整体格式记得还是比较清楚的,但不否认还是有部分同学对格式这块记得不太清楚,所以希望大家课下还是要加强复习和巩固。另外,大家的语法错误相比于之前有所改善,但是部分问题仍然存在,平时还要不断巩固自己的语法知识,不断总结自己容易犯的语法错误。

2. 后期写作提升建议

(1)复习整理笔记,在整个学习中绝大部分的要点我们都要求大家记录在笔记上,所以在后面还要多多复习。

(2)看 BEC 真题的写作范文。多从范文中汲取营养,从范文中摘取好词好句。

(3)平时可以多看看英文报刊,例如 The Economist 和 China Daily;养成英文阅读习惯,形成潜移默化的写作思想。

(4)平时练习的作文一定要不断反思,多思考如何提升,减少自己的语法错误。

### 5.1.4.2 阅读课

1. 反馈

目前 BEC 的课程全部结束了。在整个阅读过程中,我们首先讲解了最开始的基础部分。所以最开始的时候没有涉及很多题型方面的内容,我们在讲完基本词汇之后,重点会讲一些段落句子,中间还会涉及一些对语法知识的讲解、词汇的背诵方法,以及在文章中如何去猜词、如何去理解句子的一些阅读小技巧。在讲完具体的基础课程之后，便进入了中级课程的学习。中级课程除关注字、词、句的基础外，更多的是关注中级的考试题型，因为BEC阅读的题量较大，题型变化比较多，对有考试打算的同学来说，这一部分内容非常有用。在整个过程中，根据布置作业的检查情况，发现很多同学进步非常大。比如说之前，有些同学对很多单词的发音不准，但是通过句子文章的背诵，能够掌握非常多的单词及其正确的发音。当然，每个同学的步调并不是特别的一致，就需要大家多花一些工夫去补充这方面的不足。

2. 复习建议

针对没有BEC考试需求的同学，建议大家把书中所遇到的一些生词，通过自己查字典的方式，全部去背诵一下，特别是要在背完单词之后，通过看阅读文章的方式来审视一下自己对词汇是不是真的掌握。另外，如果想补充课外的阅读词汇，建议下载China Daily里的一个软件，养成一个平时看英文新闻的习惯。

建议要参加考试的同学，把BEC真题的中级全部都买一套，在考试前保证至少做两套。先出的一、二可以在前面做，最新出来的真题可以放在最后做。

#### 5.1.4.3　口语课反馈

在过去的几个月我们和同学们一起进行了各个领域的开口练习，包括BEC上面关于工作领域、广告、公司及工作各方面的对话练习。侧重于更有逻辑的表达，添加各种各样的连接词和连接句。我们根据学生们的反馈，更多地注重实际操作能力，也添加了实用口语的话题，比如天气、旅游、饮食、健康、运动等各个方面，从学生到领导，大家的参与度还是较高的。课堂的特色是尽量以99.9%的英文鼓励同学们自己去通过语感和关键词去猜测老师讲的内容，以小组的形式进行讨论，加强同学们之间的交流，也可以让词汇量较多的同学帮助听不懂的同学。同学们反馈口语课让大家比以前更加地敢说，最初不敢说太多的同学也觉得比以前要更加的自信，也愿意去参与小组讨论。但是口语的提升需要长期的积累和练习，所以希望课程结束以后同学们还可以继续进行开口训练，甚至去了非洲以后，还能够积极主动地使用英语，享受语言的乐趣。单讲口语实用性的话，语法和词汇量可能并没有写作那么重要，为了能够清晰流畅地表达自己，也可用简单的表达替换难词。

#### 5.1.4.4　听力课反馈

在过去的四个月时间，很高兴和同学们在一起分享了初级和中级的商务英语及基本的场景，在这四个月中，我们的21次课分别讲解了基础语音、句子表达、商务句型使用、场景词汇及填空题和选择题的考点。在填空题中我们强调对场景词汇重点的把握，在选择题中我们强调看题定点定位及同义词替换，虽然商务英语的听力语速特别的快，对很多学生来说都是非常大的挑战，但是非常高兴地看到我们的同学一直在坚持跟听、跟读、翻译，带着非常饱满的精神去攻克这个难关。虽然有的同学的英语已经达到了非常好的水平，有的同学的英语并不是特别理想，但我还是要说每个同学都在进步，都有非常大的提升，并且最重要的是大家的学习习惯已经养成，我们一定要保持一颗积极学习、努力向上的心态进入到我们的工作中。很高兴看到同一个班的同学在不断的练习和合作中建立了很好的友情，所以希望在未来的学习中，同学们还可以在一起互相监督、互相鼓励。语言的学习是终身的，那么希望大家无论在国内或是国外都攻克语言这个难关，从而使英语成为我们的一个工具，为我们的将来添砖加瓦，在此祝各位同学前程似锦。

## 5.2 产教融合实践教学实习(实训)案例
### ——实践教学实习(实训)校企双主体合作育人

“产教融合、合作育人”的实践教学是落实校企深度合作的重要载体，按照校企深度合作专业人才培养方案(第2轮)融多主体参与的育人过程管理，将“三全育人”与“课程思政”融入教育教学实践中，切实提高高等职业教育人才培养水平和质量，建立适合安徽水利水电职业技术学院校企深度合作的实施方案，为土木类专业现代学徒制试点实践教学工作提供可借鉴的成功案例。

现代学徒制的实施不在于理论研究多么成熟，重点是实现路径各环节是否落到实处，水安学院自2017年5月成立以来，跟进校企的深度合作，结合职业教育从数量扩张向内涵发展转变，坚持突显职业教育办学指导思想和特色，以服务社会和安徽水安建设集团股份有限公司为抓手，坚持“学用结合、重在应用”的原则，提升人才培养质量；校企合作的初衷是为企业培养适应型专门人才，解决企业在发展过程中人才流动频繁给企业经营带来的管理问题。

利用实践教学平台，将“三全育人”与“课程思政”融入现代学徒制试点工作，通过校企双师参与，特别是企业能工巧匠和技术专家参与教学，营造工匠传承氛围。

实践教学实现理论与实践并重，由于土木类实践教学在项目施工一线，每天实习时间比较长，如折算成标准学时，实践教学学时远超过总学时的50%。

利用“互联网+产教融合”的管理方式，在校企深度合作育人过程管理中，以项目为单位，建立学习小组，实行小组互助制度，重点利用企业场所，融安徽水安建设集团股份有限公司企业文化于实践教学过程中，培养学生的团队意识，弘扬“锐意进取、不断创新、知行合一、勇攀高峰”的水安精神；将“互联网+产教融合” 成功应用于管理中，不仅能降低运行成本，还能保障实践教学各环节的顺利实施。

三年多来，我们在校企深度合作过程中，多次完成了阶段(毕业综合)实践教学活动，特别是土木类专业产教融合实践教学岗位，学生实习时间长，分散管理难度大，危险源多，存在安全风险高，吃、住、行费用高等问题，经过多方合作与协调，很好地解决了上述问题，在工学交替实践教学各环节均获得突破，取得了一定的成绩，产生了一定的社会影响。

### 5.2.1 实践教学准备

(1)实践教学实习(实训)实施事项请示报告。

(2)土木类专业实践教学实习(实训)指导书。

(3)现代学徒制学生实践教学(实习)保险(公司统一为学生购买雇主险)。

(4)实践教学学生安全教育培训及安全承诺书。

#### 5.2.1.1 安全教育培训

水安学院与安徽水安建设集团股份有限公司人力资源部会同集团安全部开展实践教学实习(实训)学生安全专项培训和任务分配，如图5-18、图5-19所示；所有学生必须参与安全教育培训，签订实践教学实习（实训）安全承诺书，不参加安全教育培训的学生不得参与实践教学实习（实训）。除此之外，学生到达项目部的第一项任务是集中进行现场安全教育。

图 5-18　安徽水安建设集团股份有限公司安全部李俊经理做安全教育培训

图 5-19　水安学院副院长丁学所做安全警示教育

### 5.2.1.2　学生实践教学安全承诺书

学生实践教学安全承诺书见图 5-20。

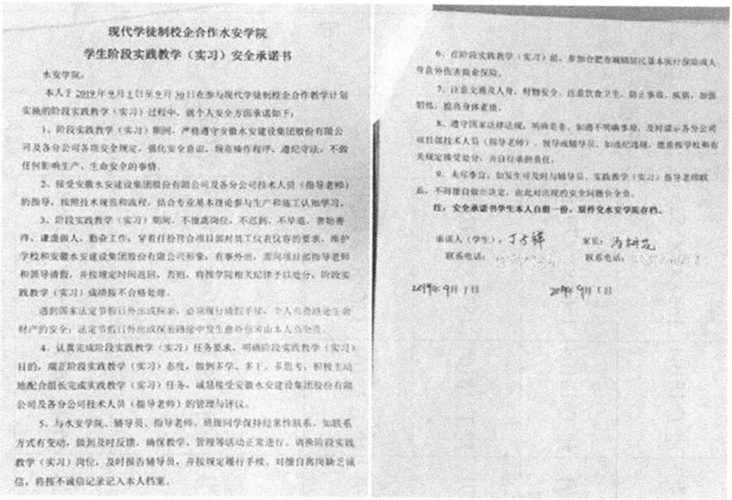
现代学徒制校企合作水安学院

学生阶段实践教学（实习）安全承诺书

水安学院：

图 5-20　学生实践教学安全承诺书

## 5.2.2　现代学徒制实践教学学生分组及校企指导老师安排

现代学徒制“产教融合、工学结合”实践教学任务安排见表 5-5。

表 5-5　现代学徒制“产教融合、工学结合”实践教学任务安排表（2019 年 9 月 1 日至 9 月 30 日）

| 序号 | 姓名 | 性别 | 专业班级 | 联系电话 | 实习组长 | 实习公司 | 分配项目 | 项目负责人 | 项目部实训指导教师 | 项目部实训指导教师联系方式 | 实训内容 | 学校指导教师 | 学校指导教师联系方式 |
|---|---|---|---|---|---|---|---|---|---|---|---|---|---|
| 1 | 黄爽 | 女 | 建工 18104 | 188××××5525 | 马继超 | 一公司 | 阜阳城南 PPP 项目一工区 | 李龙 | 付玉 | 151××××6632 | 质量、安全、资料员助理 | 丁学所 | 136××××8916 |
| 2 | 马继超 | 男 | 建工 18104 | 156××××7958 | | | | 汪子淇 | 蒋亮 | 151××××8090 | 现场管理助理 | | |
| 3 | 许禄 | 男 | 建工 18104 | 183××××9364 | 许禄 | | 临泉县海绵城市建设（含黑臭水体整治）PPP 项目二工区 | 刘维 | 张俭 | 182××××7293 | 施工现场测量放线 | | |
| 4 | 罗金斗 | 男 | 建工 18104 | 136××××4424 | | | | | | | | | |
| 5 | 徐俊尚 | 男 | 水利 1817 | 150××××5315 | 徐俊尚 | | 临泉县海绵城市建设（含黑臭水体整治）PPP 项目四工区 | 周强 | 夏威 | 180××××1057 | 施工现场管理 | | |
| 6 | 魏涛 | 男 | 水利 1817 | 186××××7598 | 魏涛 | | 临泉县海绵城市建设（含黑臭水体整治）PPP 项目三工区 | 李龙 | 张威 | 151××××7382 | 测量、放线 | | |
| 7 | 武建东 | 男 | 水利 1817 | 152××××8228 | | | | | | | | | |

续表 5-5

| 序号 | 姓名 | 性别 | 专业班级 | 联系电话 | 实习组长 | 实习公司 | 分配项目 | 项目负责人 | 项目部实训指导教师 | 项目部实训指导教师联系方式 | 实训内容 | 学校指导教师 | 学校指导教师联系方式 |
|---|---|---|---|---|---|---|---|---|---|---|---|---|---|
| 8 | 朱荣荣 | 女 | 建工 18104 | 182××××6159 | 邓如愿 | 二公司 | 引江济淮 C001 标二工区 | 韩伟 | 霍伟鑫 | 153××××6312 | 综合办 | 毕守一 | 139××××6840 |
| 9 | 邓如愿 | 男 | 建工 18104 | 132××××5090 | | | | | | | 安全、资料、施工员助理 | | |
| 10 | 陶余宝 | 男 | 建工 18104 | 173××××4159 | | | | | | | | | |
| 11 | 杨莲康 | 男 | 水利 1817 | 153××××0440 | | | | | | | | | |
| 12 | 张振 | 男 | 水利 1817 | 188××××7692 | 张振 | | | | | | | | |
| 13 | 彭海峰 | 男 | 水利 1817 | 150××××0204 | | | | | | | | | |
| 14 | 尹小锁 | 男 | 水利 1817 | 153××××0378 | | | | | | | | | |
| 15 | 赵伟 | 男 | 水利 1817 | 139××××5807 | | | | | | | | | |
| 16 | 金润 | 男 | 水利 1817 | 132××××2280 | | | | | | | | | |
| 17 | 金跃东 | 男 | 建工 18104 | 152××××4221 | 金跃东 | 三公司 | 来安 3、4 号地下室外附属项目 | 张泽中 | 张泽中 | 182××××8580 | 工程测量、工程资料管理等相关工作 | 刘磊 | 159××××6743 |
| 18 | 徐浩宇 | 男 | 建工 18104 | 155××××8632 | | | | | | | | | |
| 19 | 邱霞 | 女 | 水利 1817 | 183××××6054 | 杨文杰 | | 引江济淮 J010-1 项目 | 温运帷 | 温运帷 | 152××××8260 | 工程测量、工程资料管理等相关工作 | | |
| 20 | 杨文杰 | 男 | 水利 1817 | 147××××9228 | | | | | | | | | |
| 21 | 穆浩翔 | 男 | 水利 1817 | 150××××2995 | | | | | | | | | |
| 22 | 王凡 | 男 | 水利 1817 | 173××××8312 | | | | | | | | | |
| 23 | 张波 | 男 | 水利 1817 | 138××××1104 | | | | | | | | | |

续表 5-5

| 序号 | 姓名 | 性别 | 专业班级 | 联系电话 | 实习组长 | 实习公司 | 分配项目 | 项目负责人 | 项目部实训指导教师 | 项目部实训指导教师联系方式 | 实训内容 | 学校指导教师 | 学校指导教师联系方式 |
|---|---|---|---|---|---|---|---|---|---|---|---|---|---|
| 24 | 王年庆 | 男 | 建工 18104 | 183××××4419 | 王年庆 | 四公司 | 巢湖琥珀云台 | 姜家四 | 张星星 | 187××××8785 | 房建项目基础施工 | 郑兰<br>刘婷 | 180××××4695<br>138××××7253 |
| 25 | 王科程 | 男 | 建工 18104 | 137××××7617 | 王科程 | | 青龙潭路厂房工程 | 郭长红 | 宋好 | 178××××3381 | 工业厂房基础施工 | | |
| 26 | 樊亚楠 | 女 | 水利 1817 | 178××××2614 | 樊亚楠 | | 引江济淮派河口泵站 | 李传方 | 张伟 | 188××××6181 | 泵站工程施工资料整理 | | |
| 27 | 李宏涛 | 男 | 水利 1817 | 188××××9539 | 李宏涛 | | 肥西综合管廊 | 马建丰 | 殷先树 | 150××××8795 | 管廊项目主体验收工作 | | |
| 28 | 崔沛然 | 男 | 水利 1817 | 176××××3683 | 崔沛然 | | 滨湖方兴大道高架项目 | 陶述平 | 张林 | 187××××8820 | 高架桥梁施工现场助理 | | |
| 29 | 施越洋 | 男 | 水利 1817 | 182××××0823 | | | | | | | | | |
| 30 | 王新文 | 男 | 水利 1817 | 183××××7929 | 王新文 | | 合肥采石路道路项目 | 孙高峰 | 吴晓 | 183××××3510 | 道路基层施工 | | |

续表 5-5

| 序号 | 姓名 | 性别 | 专业班级 | 联系电话 | 实习组长 | 实习公司 | 分配项目 | 项目负责人 | 项目部实训指导教师 | 项目部实训指导教师联系方式 | 实训内容 | 学校指导教师 | 学校指导教师联系方式 |
|---|---|---|---|---|---|---|---|---|---|---|---|---|---|
| 31 | 石家豪 | 男 | 建工 18104 | 153××××2650 | 王文博 | 五公司 | 宁国中医院项目 | 刘育林 | 刘育林 | 139××××2063 | 测量、质检、安全员助理 | 丁学所 | 136××××8916 |
| 32 | 王文博 | 男 | 建工 18104 | 136××××8819 | | | | | | | | | |
| 33 | 张钟慧 | 女 | 水利 1817 | 130××××6970 | 丁志昊 | | 引江济淮 C005 标 | 于欧 | 于欧 | 189××××5922 | 资料员助理 | | |
| 34 | 丁志昊 | 男 | 水利 1817 | 156××××0926 | | | | | | | 测量、质检、安全员助理 | | |
| 35 | 孙骐璇 | 男 | 水利 1817 | 139××××1977 | 孙骐璇 | | 长丰瓦东干渠项目 | 赵可生 | 赵可生 | 138××××0122 | 测量、质检、安全员助理 | | |
| 36 | 陈强 | 男 | 水利 1817 | 152××××2593 | | | | | | | | | |
| 37 | 程卫 | 男 | 水利 1817 | 157××××8590 | 程卫 | | 港口湾水库项目 | 郁述飞 | 郁述飞 | 153××××6263 | 测量、质检、安全员助理 | | |
| 38 | 刘思秒 | 男 | 水利 1817 | 181××××0495 | 刘思秒 | | 港口生态园项目 | 赵华伟 | 赵华伟 | 138××××9830 | 测量、质检、安全员助理 | | |
| 39 | 尹磊 | 男 | 水利 1817 | 157××××7723 | | | | | | | | | |

续表 5-5

| 序号 | 姓名 | 性别 | 专业班级 | 联系电话 | 实习组长 | 实习公司 | 分配项目 | 项目负责人 | 项目部实训指导教师 | 项目部实训指导教师联系方式 | 实训内容 | 学校指导教师 | 学校指导教师联系方式 |
|---|---|---|---|---|---|---|---|---|---|---|---|---|---|
| 40 | 刘伟峰 | 男 | 建工 18104 | 187××××7581 | 刘伟峰 | 六公司 | 安徽省六安市舒城县杭埠镇防洪工程 PPP 项目 | 黄开伟 | 李忠全 | 152××××8282 | 测量放样、安全资料汇编 | 毕守一 | 139××××6840 |
| 41 | 李天赐 | 男 | 建工 18104 | 182××××9125 | | | | | 徐少奇 | 155××××2902 | 测量放样、质量资料汇编 | | |
| 42 | 陈丽芳 | 女 | 水利 1817 | 184××××5687 | | | | | 龙跃 | 186××××0374 | 测量放样、材料送检 | | |
| 43 | 周华键 | 男 | 水利 1817 | 177××××7885 | | | | | | | 测量放样、安全资料汇编 | | |
| 44 | 于庆庆 | 男 | 水利 1817 | 152××××5954 | 于庆庆 | | 涡阳县黑臭水体整治及污水处理 PPP 河道安装工程 | 李盛才 | 魏飞 | 134××××1146 | 测量放样、质量资料汇编 | | |
| 45 | 马永奇 | 男 | 水利 1817 | 183××××4675 | | | | | 洪光辉 | 130××××5899 | 测量放样、材料送检 | | |
| 46 | 孟旭 | 男 | 水利 1817 | 178××××3652 | | | | | 刘涛 | 187××××1656 | 测量放样、材料送检 | | |

续表 5-5

| 序号 | 姓名 | 性别 | 专业班级 | 联系电话 | 实习组长 | 实习公司 | 分配项目 | 项目负责人 | 项目部实训指导教师 | 项目部实训指导教师联系方式 | 实训内容 | 学校指导教师 | 学校指导教师联系方式 |
|---|---|---|---|---|---|---|---|---|---|---|---|---|---|
| 47 | 周洁 | 女 | 水利 1817 | 180××××9768 | 刘立扬 | 七公司 | 涡阳 PPP 项目 | 胡榕 | 欧群燕 | 152××××7881 | 工程资料管理 | 毕守一 | 139××××6840 |
| 48 | 刘立扬 | 男 | 水利 1817 | 180××××0249 | | | | | 顾云鹏 | 183××××5532 | 施工现场管理助理 | | |
| 49 | 刘亚辉 | 男 | 水利 1817 | 188××××6846 | | | | | | | | | |
| 50 | 温祖豪 | 男 | 水利 1817 | 157××××1765 | 温祖豪 | | 涡阳 PPP 柳沟项目 | 周俊 | 赵俊 | 182××××7260 | 施工现场管理助理 | | |
| 51 | 汪年志成 | 男 | 水利 1817 | 153××××7542 | | | | | | | | | |
| 52 | 金子刚 | 男 | 建工 18104 | 185××××4012 | 金子刚 | | 涡阳环保型建材厂项目 | 张书生 | 夏军 | 187××××6513 | 施工现场管理助理 | 刘磊 | 159××××6743 |
| 53 | 朱俊龙 | 男 | 建工 18104 | 176××××1426 | | | | | | | | | |
| 54 | 刘晨旭 | 男 | 建工 18104 | 150××××7269 | 刘晨旭 | 八公司 | 泗县 2019 年“四好农村路”道路提升改造工程(北片区) | 苏敏 | 欧继任 | 152××××8406 | 施工现场管理和施工技术助理 | 丁学所 | 136××××8916 |
| 55 | 李磊 | 男 | 建工 18104 | 134××××3418 | | | | | 方飞凡 | 187××××1911 | | | |
| 56 | 张阿郎 | 男 | 水利 1817 | 151××××3220 | | | | | 孙钱 | 130××××0831 | | | |

**续表 5-5**

| 序号 | 姓名 | 性别 | 专业班级 | 联系电话 | 实习组长 | 实习公司 | 分配项目 | 项目负责人 | 项目部实训指导教师 | 项目部实训指导教师联系方式 | 实训内容 | 学校指导教师 | 学校指导教师联系方式 |
|---|---|---|---|---|---|---|---|---|---|---|---|---|---|
| 57 | 左国 | 男 | 水利 1817 | 157××××0677 | 左国 | 八公司 | 引江济淮 J010-1 标(寿县段)项目一工区 | 杜广林 | 陈恩才 | 187××××9018 | 施工现场管理和施工技术助理 | 丁学所 | 136××××8916 |
| 58 | 张旭冉 | 男 | 水利 1817 | 188××××3070 | | | | | | | | | |
| 59 | 李永 | 男 | 水利 1817 | 199××××8579 | | | | | | | | | |
| 60 | 汪锋 | 男 | 水利 1817 | 185××××7257 | | | | | | | | | |
| 61 | 王奔 | 男 | 水利 1817 | 159××××4509 | 王奔 | | 安徽省港口湾水库灌区工程施工一标段(佟李干渠 1[#]隧洞) | 李全力 | 宋盼 | 183××××0823 | 施工现场管理和施工技术助理 | | |
| 62 | 葛可 | 男 | 水利 1817 | 176××××8026 | | | | | | | | | |
| 63 | 周大贤 | 男 | 水利 1817 | 184××××6329 | | | | | | | | | |
| 64 | 陈阳 | 男 | 建工 18104 | 178××××7869 | 陈阳 | 九公司 | 引江济淮 C001 标五工区 | 朱明生 | 苏祥祥 | 159××××5042 | 施工员助理 | 毕守一 | 139××××6840 |
| 65 | 孙鹏博 | 男 | 水利 1817 | 130××××4195 | | | | | | | | | |
| 66 | 万淑婷 | 女 | 建工 18104 | 150××××4368 | | | | | 蔡睿 | 138××××3611 | 资料员助理 | | |
| 67 | 许婷婷 | 女 | 水利 1817 | 136××××6029 | | | | | | | | | |
| 68 | 钟伟 | 男 | 水利 1817 | 153××××2524 | | | | | 张旭 | 177××××3819 | 施工员助理 | | |
| 69 | 许天琪 | 男 | 水利 1817 | 151××××8852 | | | | | 凌远钊 | 138××××5625 | 施工员助理 | | |
| 70 | 赵威 | 男 | 水利 1817 | 181××××8315 | | | | | | | | | |

**续表 5-5**

| 序号 | 姓名 | 性别 | 专业班级 | 联系电话 | 实习组长 | 实习公司 | 分配项目 | 项目负责人 | 项目部实训指导教师 | 项目部实训指导教师联系方式 | 实训内容 | 学校指导教师 | 学校指导教师联系方式 |
|---|---|---|---|---|---|---|---|---|---|---|---|---|---|
| 71 | 陈均鸿 | 男 | 建工 18104 | 152××××6323 | 陈均鸿 | 十公司 | 青龙潭路标准厂房工程 | 王玉珏 | 丰泰平 | 132××××0660 | 施工现场管理助理 | 刘磊 | 159××××6743 |
| 72 | 王数数 | 男 | 建工 18104 | 183××××4484 | | | | | | | | | |
| 73 | 付胜利 | 男 | 水利 1817 | 186××××0053 | | | | | 孙建民 | 187××××6365 | 施工现场管理助理 | | |
| 74 | 魏家豪 | 男 | 水利 1817 | 152××××9550 | 王子健 | | | | | | | | |
| 75 | 王子健 | 男 | 水利 1817 | 131××××4328 | | | 新站综合管廊项目 | | 唐彬彬 | 152××××9853 | 施工现场管理助理 | | |
| 76 | 陈登香 | 女 | 水利 1817 | 183××××8726 | | | | | | | | | |
| 77 | 张瑞 | 男 | 水利 1817 | 153××××7790 | | | | | | | | | |

续表 5-5

| 序号 | 姓名 | 性别 | 专业班级 | 联系电话 | 实习组长 | 实习公司 | 分配项目 | 项目负责人 | 项目部实训指导教师 | 项目部实训指导教师联系方式 | 实训内容 | 学校指导教师 | 学校指导教师联系方式 |
|---|---|---|---|---|---|---|---|---|---|---|---|---|---|
| 78 | 吴建国 | 男 | 建工 18104 | 158××××1156 | 吴建国 | 十一公司 | 合肥市滨湖新区云谷路小学、云谷路幼儿园工程 | 许海洋 | 王智雷 | 187××××3703 | 测量、放样、材料送检 | 丁学所 | 136××××8916 |
| 79 | 陈胜军 | 男 | 建工 18104 | 183××××8483 | | | | | | | | | |
| 80 | 唐秀燕 | 女 | 水利 1817 | 173××××5436 | 王浩名 | | 安徽省滁州市天长市金牛湖新区生态路网提升基础设施建设（一期）PPP 项目（金牛湖大道跨横三沟桥工程） | 倪志斌 | 胡蝶 | 157××××2940 | 测量、放样、材料送检 | | |
| 81 | 王浩名 | 男 | 水利 1817 | 182××××0903 | | | | | | | | | |
| 82 | 牟永奇 | 男 | 水利 1817 | 138××××2382 | | | | | 李瑞 | 157××××2071 | 测量、放样、材料送检 | | |
| 83 | 丁子祥 | 男 | 水利 1817 | 130××××0271 | 王浩名 | 十一公司 | 安徽省滁州市天长市金牛湖新区生态路网提升基础设施建设（一期）PPP 项目（长兴大道、长乐大道） | 倪志斌 | 宋志胜 | 136××××6974 | 测量、放样、材料送检 | 丁学所 | 136××××8916 |
| 84 | 高岗 | 男 | 水利 1817 | 198××××8583 | | | | | 杨浩 | 135××××1502 | 测量、放样、材料送检 | | |

注：水利 1817 班辅导员为刘磊（159××××6743）；建工 18104 班辅导员为庄婵君（139××××5290）。

### 5.2.3　校企联合现场指导检查学生实践教学之一

以下是“引江济淮(引江济巢段 C001 标二工区)‘产教融合、工学结合’指导检查会议纪要”。

**一、会议时间**

2019 年 9 月 19 日 15:30~17:30。

**二、会议地点**

项目部会议室。

**三、参会人员**

1. 集团公司及项目部领导、指导老师

章天意、王煜梁、章希仁、王昌志、梁剑、刘亮、樊炫杉。

2. 学校指导教师

毕守一院长、丁学所副院长、刘磊主任、沈刚。

3. 实践教学学生成员

组长:邓如愿、张振。组员:陶余宝、朱荣荣、杨莲康、彭海峰、尹小锁、赵伟、金润。

**四、主持人**

会议主持人:丁学所。

**五、会议主题**

会议主题:现代学徒制校企合作联合现场指导检查学生实践教学。

(1)听取两位组长对本组自 2019 年 9 月 1 日以来在枞阳引江济淮—引江济巢段 C001 标二工区项目部现场实践教学基本情况,组成员就工作、学习和生活取得的成绩、存在的一些困惑发表意见。

学生:邓如愿、陶余宝(指导老师:王昌志)在指导老师的指导下主要进行民工宿舍基础、排水沟、化粪池的土方开挖、抄平、施工放样;朱荣荣(指导老师:樊炫杉)在指导老师的指导下进行各单体工程的资料报验,隐蔽工程验收资料送检、材料报验,测量资料及施工日报和月报整理;尹小锁、彭海峰、赵伟(指导老师:章希仁)在指导老师指导下进行上游渠道的多线放样;张振(指导老师:刘亮)在指导老师的指导下进行现场安全检查、现场安全资料整理;金润(指导老师:梁剑)在指导老师的指导下进行料场道路开挖、抄平、施工放样。

(2)毕守一院长、刘磊主任、沈刚就校企合作现场实践教学分别从专业任务完成、安全和日常管理等方面给予指导,对实习生提出宝贵意见及要求:

①定位自己,把在学校学习到的知识合理地利用起来。

②按阶段实践教学指导书要求完成相关任务,实践学习要有目标,不耻下问。

③识读图纸,多阅读技术规范,按照图纸和技术规范完成各项任务。

④平时注意记录自己学习到的东西和遇到的问题,不要不懂装懂,要虚心求教,特别是项目部为每位同学准备了一个记录本,要充分发挥作用。

⑤在空余时间多看书,充实自己的生活,明确规划自己的未来,利用实践教学机会,学会职业规划。

⑥安全第一，确保自身安全、他人安全和工程安全。发现安全隐患问题要及时向上级提出。不要以身犯险，避免不必要的伤害。

⑦淡化自己的专业名称的概念，通过实践教学拓展自己的专业基础。

⑧做事要严谨、细心、认真，要善于总结。

⑨要积极主动地工作与学习，不懂就要问，多积累宝贵的经验。

⑩充分发挥学习小组的作用，共同学习，按时完成（提交）阶段实践教学实习任务。

（3）校企合作安徽水安建设集团股份有限公司人力资源部章经理、王经理就日常管理提出要求。

（4）第二分公司领导雷经理和项目部霍经理（师傅）欢迎学院和集团领导来现场指导工作，简要介绍引江济淮工程中引江济巢段C001标二工区项目概况及施工情况；着重介绍9位“产教融合、工学结合”实践教学实习生的工作与学习情况，高度评价9位同学近20天来的表现，特别是在今年初秋持续高温的情况下，同学们能团结一致、服从统一管理，在师傅的指导下，能克服许多困难，很快适应项目建设环境，各方面工作有条不紊地推进；建议学校和集团人力资源部下次在安排毕业综合实践教学时，仍将这9位同学安排到这个项目来。

**六、丁学所就水安学院现代学徒制校企合作实践教学工作计划等做了说明**

（1）代表水安学院感谢项目部领导和现场指导老师的辛勤付出，同时也感谢集团人力资源部给予的大力支持，目前校企合作共同育人的各项工作开展顺利。

（2）要求组长充分发挥学习型小组的作用，共同学习，按照阶段实践教学指导书要求，根据工程建设进度，按时提交阶段实践教学各阶段的学习任务。

（3）平时做好资料收集与整理，每位同学建一个电子文件夹，将实习期间参与的或现场学习收集来的资料加以整理，统一存放在文件夹中，一方面为后期完成阶段实践教学各项任务积累素材，另一方面也锻炼同学们的计算机应用能力和应用文写作能力。

（4）注重现场各项检测试验的参与，充分利用现场资源学习，弥补学校验证性试验、实训资源的不足。

（5）建立安全第一的意识。介绍参与学生在实践教学过程中死亡事故处理的一些感受，要求全体学生认识到自己的双重身份，必须服从学校、项目部领导和指导老师（师傅）的管理，安全警钟长鸣，做到不伤害自己、不伤害他人、不被他人伤害、保护他人不受伤害的四不伤害。

（6）近一个月来实践教学出现许多亮点，也存在一些不足。如上届水安学院毕业同学主动参与现场指导，这种传帮带实际上就是他们在实践教学过程中培养起来的一种精神。利用互联网等有利条件，同学们积极主动将取得的收获及时发给学校老师，与学校老师共同分享，这些只有参与实践教学才能体会。但也有极个别的学生出现一些思想与行为上的怠工，给日常管理带来极大困难。同学们在这里得到这么高的评价，说明本组的同学都能积极配合学校和项目部的管理，希望同学们以后无论在什么单位，从事何种岗位的工作，都要一如既往，不断取得新成绩。

（7）希望同学们在日常工作和学习中注重总结、加强沟通，平时遇到困惑或问题及时向项目部领导和指导老师（师傅）反映，也可以向学校辅导员和水安学院老师反映，我们都会第一时间给予解答和帮助,切不可遇到问题自己硬撑。

**七、李靖(集团公司副总、水安学院常务副院长)**

(1)要求公司全力支持水安学院校企合作现代学徒制实践教学工作。

(2)注重平时与学生的情感交流,多了解和掌握学生的思想动态。

(3)必须确保每一位学生和员工的安全,将安全教育落到实处。

(4)注重企业文化教育,引导和鼓励校企合作学生积极参与企业组织的各项活动,建议在校企合作学生中组建羽毛球队、乒乓球队和篮球队,将球队交流纳入集团活动中。

集团人力资源部、水利学院、水安学院联合在枞阳引江济淮 C001 标段项目部检查指导学生实践教学见图 5-21。

**图 5-21　集团人力资源部、水利学院、水安学院联合在枞阳引江济淮 C001 标段项目部检查指导学生实践教学**

### 5.2.4　实践教学小组总结之一

以下是“引江济淮工程项目左国组实践教学总结”。

根据校企合作协议及现代学徒制试点工作要求,经校企双方领导决定,本学期进行为期 30 天的实践教学,具体时间:2019 年 9 月 1 日至 2019 年 9 月 30 日。

**一、实践教学准备**

1. 安全教育

我们在前往引江济淮工程项目部实践教学之前,集团公司和学校共同安排了实践教学动员及系列专项安全教育,详细布置了实践教学任务,重点强调建设工地上的各种危险源识别,通过施工现场各种危险事故的典型案例介绍和分析,对我们提出了具体要求和建议。得益于集团公司、学校和老师的悉心关照,9 月 30 日,本组 4 位同学全部安全返校,在此感谢学校与安徽水安建设集团股份有限公司的精心安排与指导。

2. 实践教学动员

在前往工地前,学校领导、老师认真仔细地介绍了本次实践教学的计划安排与内容,让我们对本次的实践教学充满了期待。

**二、车辆安排与食宿**

1. 车辆安排

本次实践教学往返皆为学校方面负责包租大巴接送,学校与安徽水安建设集团股份有限公司老师全程负责管理。

2. 食宿

项目部负责我们的食宿，费用全部由项目部承担；一日三餐与公司员工同吃，每天中午都有一份肉类与两份蔬菜、排骨汤或西红柿蛋汤。饭菜美味可口、分量足。住房与公司员工安排在一起，实习学生8人一间，配有空调与插座，空间宽敞，采光、通风良好，并配套一个全自动洗衣机与洗澡用的热水器，生活条件尚可。

**三、本组成员**

组长：左国；组员：汪锋、李咏、张旭冉。

**四、实践教学实习生工作安排和基本评价**

1. 工作安排

学生汪锋、李咏、张旭冉在指导老师的指导下主要进行道路工程高程测量与放线、大型机械辅助管理。

学生左国在指导老师的指导下进行资料员的工作，平时整理资料、票据签字盖章与账目管理，学习工程识图。

2. 基本评价

这是我们二年级第2次集中实践教学实习，较第1次实习思想上有了很大进步，目的性比较明确，特别是与现场指导老师交流更加顺畅。但由于我们基本上是以学习书本知识为主，学习和生活不够认真扎实，平时生活太过懒散，主动性不强，如果不参与这样的教学活动，我们自身存在的一些不足将会延迟显现，在此，很感谢学校和安徽水安建设集团股份有限公司为我们搭建了实践教学实习（实训）平台。通过2次实践教学，我们不仅学到了很多专业知识，还通过劳动体验，学到了很多在学校学不到的技能与知识，以及做人做事方面的道理，明白了无论做任何事都要用心去对待，知识和技能的积累都是在平时的认真工作中完成的。

**五、项目基本概况**

引江济淮工程沟通长江、淮河两大水系，是跨流域、跨省重大战略性水资源配置和综合利用工程。工程任务以城乡供水和发展江淮航运为主，结合灌溉补水和改善巢湖及淮河水生态环境，是国务院确定的全国172项节水供水重大水利工程的标志性工程，也是润泽安徽、惠及河南、造福淮河、辐射中原、功在当代、利在千秋的重大基础设施和重要民生工程。

工程供水范围涉及皖、豫两省15市55县（市、区），总面积7.06万$km^2$，输水线路总长723 km。安徽省供水范围为13市46县（市、区），总面积5.85万$km^2$。工程等级为Ⅰ等，自南向北分为引江济巢、江淮沟通、江水北送三大段，主要建设内容为引江济巢、江淮沟通两段输水航运线路和江水北送段的西淝河输水线路，以及相关枢纽建筑物、跨河建筑物、交叉建筑物、影响处理工程及水质保护工程等。皖境输水线路总长587.4 km，其中利用现有河湖255.9 km，疏浚扩挖204.9 km，新开明渠88.7 km，压力管道37.9 km。工程开发航道354.9 km，其中Ⅱ级航道185.9 km，Ⅲ级航道169 km。工程永久征地8.2万亩，临时用地15.5万亩，搬迁人口7.2万人，拆迁房屋274万$m^2$。工程规划2030年引江水量34.27亿$m^3$，淮河以北（出瓦埠湖）水量20.06亿$m^3$；2040年引江水量43.00亿$m^3$，淮河以北（出瓦埠湖）水量26.37亿$m^3$。按2017年第2季度价格水平，核定工程概算总投资

875.37 亿元。总工期 5 年，引江济淮工程被称为安徽的"南水北调"工程。

引江济淮工程是跨流域、跨区域重大战略性水资源配置和综合利用工程，是安徽省基础设施"一号工程"。安徽省委省政府非常重视，2018 年 12 月 15 日至 16 日，时任安徽省长李国英赴枞阳县、合肥市庐江县和蜀山区，调研引江济淮工程建设情况，推动相关工作开展。他强调，要增强责任感和紧迫感，坚持质量第一，强化项目调度，加快推进引江济淮工程建设，把引江济淮工程建设成为经得起历史和实践检验的重大基础骨干工程。省政府秘书长白金明参加调研。

枞阳枢纽是引江济淮工程两大引江口之一。李国英高度重视工程建设情况，经常到现场调研了解枢纽规划和建设情况，要求统筹推进供水、航运、生态和防洪排涝等工程建设。在庐江县，李国英先后来到庐铜铁路交叉河渠、菜巢分水岭南段和小合分线、派河口泵站等工程现场，要求参建单位对照工期安排，细化施工方案，优化施工流程，全力保证建设进度。在蜀山区江淮分水岭段及试验工程等现场，李国英重点了解工程质量安全等情况，要求积极运用数字化手段，强化技术创新，攻克施工难题，确保工程建设优质高效。

调研中，李国英主持召开座谈会，听取省引江济淮集团公司和省有关部门的汇报。他指出，引江济淮工程建设开局良好，为今后工作奠定了坚实基础，要针对工程建设中遇到的困难和问题，及时采取解决措施。要严格落实业主负责制、招标投标制、施工监理制、合同管理制，依法依规、公开公平公正地推进工程建设。要建立严密质量控制体系，强化施工、监理、引江济淮集团公司和政府质量监督等单位质量安全责任，健全管控措施，切实保障工程质量安全。要坚持急用先行，优化施工组织，优先安排事关群众生命安全的项目开工。要及早研究谋划引江济淮工程调度系统，以先进的理念抓好设计，确保调度有序。要建设数字引江济淮工程，提前布局数据采集分析系统，建立质量安全追溯系统，切实把引江济淮工程建设好、管理好、运营好，实现经济效益、社会效益和生态效益相统一。

**六、实践教学内容**

我们来到项目部工地后，项目部集中进行现场安全教育，施工员师傅安排任务，首先带我们熟悉工地，大致了解施工环境。由于今年夏天比往年的温度都要高，给施工带来了很大的不便，项目部调整作息时间，我们只能通过早上和傍晚来弥补。我们实习生的任务基本都是帮着施工员放线、抄平、测平线等，听起来简单，但要真正把这些任务做好是不容易的。做施工员首先要不怕苦、不怕脏、不怕累，在这个炎热的夏天更要耐得住热。这方面我们从工地的施工员身上看到了很多，也学到了很多。近 1 个月的实习，我们看到了施工现场的工人和技术人员的朴实，在施工员的管理下，工人们井然有序、毫无怨言地做着自己的工作。施工员师傅对我们也很好，我们有什么不懂的地方，他们会现场认真解释给我们听。

对刚刚接触专业知识的大学生来说，思维方式和情感比较理想化，实践教学实习对我们的教育是深刻的。在本次实习中，我们对建筑工程施工的各方责任和角色有了更切实际的了解，深刻体会到工程建设中所包含的种种矛盾、种种限制、种种实际问题。除完成师傅们给我们安排的任务，我们还现场亲身体验了建筑工人们的辛苦，以及他们在实际施工中各种手法的巧妙性和实用性。比如钢筋工，钢筋的绑扎，底层基础钢筋的绑扎首先要放样，每一跨度里钢筋的接头数只有 25%，即 4 根钢筋里只有一个接头，另外，接头要尽量放在受压区内；墙体砌筑，如遇到墙要转角或相交的时候，两墙要同时砌，在留槎的过程中，可以留斜槎，如果要留直槎，则必须留阳槎，且要有拉结筋，不能留阴槎；混凝土施工，要特别注意混凝土的配合比，在天热的时候要注意养护等。

钢筋是建筑工程的主材之一，首先作为受力承载的材料，如果不能按照设计文件和规范来实施，工程质量将无法得到保证。我们参与监理现场教学，发现的问题主要有钢筋的间距不均匀、个别没按照设计文件要求来做，检查的时候相差 20 cm，在监理的现场督促下应加以改正。其次是钢筋的弯钩也容易出现问题，实际与图纸尺寸有差距。偷工减料的问题也会时常出现，如检查阳台钢筋就发现主筋达不到要求，最终还是责令施工方改正。还有垫块或马凳筋数量不够的问题，有些时候不是这些工人不会干活，实际上是他们根本没把这工作当回事，完全是态度问题。所以要注意细节问题。只有钢筋检验通过才能进行下一个工艺，施工队才能浇筑混凝土，这一过程教育了我们细节决定成败。

浇筑混凝土是一个费时费力的事，由于浇筑混凝土总是在晚上作业，一般不安排实习生参与，所以我们很少能参与。不过后来几次浇筑混凝土提前从下午就开始了，所以我们跟着王监理一同参与查看。浇筑混凝土前检查，主要是模板、钢筋间的杂物，而且要用水冲洗，在浇筑混凝土的时候要在底层先铺一层 50~100 mm 的砂浆垫层。这些工序比较繁杂，由于要赶工期，有些细节他们做得不太仔细，监理很认真，要求他们一定要按设计文件施工。

通过这次实践教学的实习，我们明白了自己专业知识的缺乏，认识不够全面，基础不牢固。以前学过的东西，在工地上真正运用到的时候，不是那么的熟练，这才发现当初书本上的理论知识，并不只是理解就可以了，而是需要与现场实践相结合，在现场师傅的教导下，才能够明白其中的原理。

近距离的实践教学实习，特别是能够参加安徽的“一号工程”的实习，的确是难得的机会，有的知识是在书本上根本学不到的，但在实际工程中却大量应用，如工程施工测量新的仪器设备和信息技术的应用，除一些基本的专业知识外，还有很多我们书本上所没有的实践技巧的运用；现场材料的检测与试验等，在学校很难真实接触并实际应用，即使校内教学过程中安排有这方面的实训，基本上也是看的多、体会的少，根本没有建立理论应用实践概念。实践教学使我们进一步地了解到理论与实际的差距，如果我们没有参与实践教学实习，根本不可能有这么多的感悟和体会。

实践教学实习的时间是短暂的，由于我们身份特殊，具体参与工作也是肤浅的，但是我们的认识是深刻的。大家一致认为，实践教学实习最大的收获是明确了我们专业学习的方向，更加懂得专业学习的社会意义，回到学校后我们将充分利用宝贵的时间，尽可能学好专业基本知识，但愿毕业后尽量少发出“书到用时方恨少”的遗憾。

## 七、实训收获

### 1. 认真负责，同心协力

施工工地是一个十分严谨有条理的地方，无论做任何事都要用心去对待，只有在工作时认真努力，才能很好地完成工地任务。工地上的每一个人都如同蚁巢中的各类蚂蚁，虽然个人的力量有限，但是少了哪个环节都会导致整个体系的运转不畅。人类是群居动物，在一个大团体中，人人合力去干事情，就会使做事的过程变得更加融洽，事半功倍。

2. 虚心学习，肯定自我

每当别人给你提出意见时，你就应该认真听取，耐心、虚心地接受并改进。同时，我们应该在工作中有自信，自信不是盲目自大，而是对自己的能力做出肯定。也许社会经历缺乏和学历不高使我们缺乏一些自信，但是你要知道，谁都不是一生下来就是天才，都是靠自己日积月累的学习，并坚持下去，才能在工作岗位上不断获得成就。

3. 对学校的建议

建议学校下次安排外出实践教学实习，能够照顾本地的同学，项目离家近一些，平时休息时可以回家看看；尽量安排距离学校近一些、交通方便的项目。实践教学期间学校能够尽快安排好本学期要学习的课程和书籍，在实习期间停工或休息时，可以利用宝贵的时间自学，毕竟实践教学实习会影响学期教学，担心实习结束后回到学校会赶不上正常的教学进度。

**八、实践教学实习(实训)掠影**

我们利用实践教学实习，参与工程建设技术、试验和管理工作，如图 5-22～图 5-33 所示。

图 5-22　师傅指导架设 GPS

图 5-23　测量小组现场学习

图 5-24　试块盒涂抹脱模剂

图 5-25　混凝土试块

图 5-26 混凝土试验机

图 5-27 水泥滴定试验

图 5-28 灌砂法测定干密度

图 5-29 地基承载力测定

图 5-30 土工试验

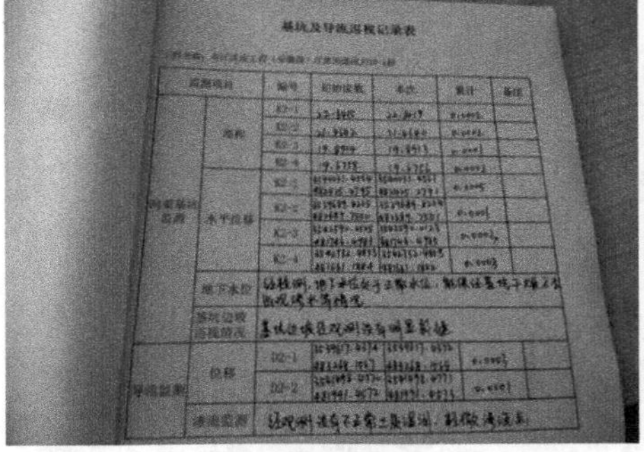

图 5-31 记录数据

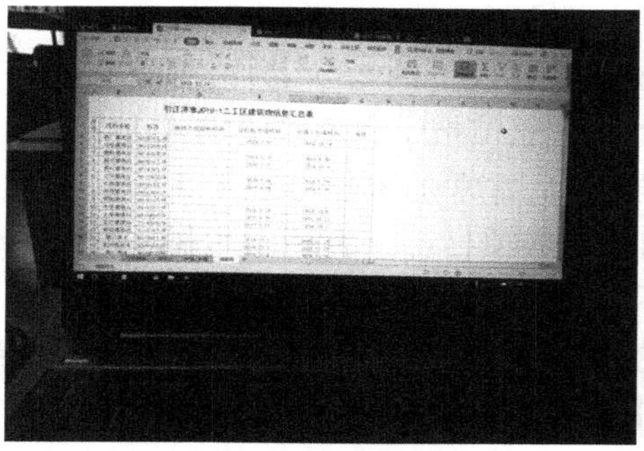

图 5-32 整理文件

图 5-33 参加技术交底会议

水安学院指导老师:丁学所、郑兰、刘婷。

水利工程学院指导老师:毕守一、刘磊。

安徽水安建设集团股份有限公司人力资源部:章天意、王煜梁、金承哲。

### 5.2.5 现代学徒制产教融合实践教学总结交流会

2019 年 11 月 13 日下午,水安学院在图书馆三楼第二会议室召开现代学徒制产教融合实践教学总结交流会,参会人员有水利学院院长毕守一、水安学院副院长丁学所、郑兰老师、刘婷老师、建筑工程技术 18104 班和水利水电建筑工程技术 1817 班全体同学。水安学院副院长丁学所主持现代学徒制阶段性(产教融合)实践教学总结交流会。

#### 5.2.5.1 丁学所副院长发言

丁学所副院长指出水利水电建筑工程技术 1817 班和建筑工程技术 18104 班共计 83 名同学的阶段性教学实践活动已圆满完成,这次实践教学同学们总体表现良好,安徽水安建设集团股份有限公司所属项目部也对同学们的实践活动给予较高的评价。水利水电建筑工程技术 1817 班于 2019 年 10 月 17 日已成功举办了现代学徒制阶段性实践教学(产教融合)总结交流会,今天再次举办全员交流会,希望同学们借此机会积极发言,主动交流,在分享阶段性实践教学(产教融合)学习收获的同时,谈一谈在实践教学中遇到的困难、存在的问题及想法。学校只有了解大家的困难与诉求,才能更好地安排下一次实践教学活动,提高实践教学的质量,更好地为学生服务。

#### 5.2.5.2 实践教学(产教融合)各小组组长交流发言

(1)大多学生表示在本次 30 天的实践教学中收获很多。学到了很多在学校里学不到的技能和知识;走到了岗位的第一线,切实了解所学专业的用途;加强理论与实践的联系,为今后在校的理论学习指引了更清晰的方向。

(2)程卫同学说在安徽水安建设集团股份有限公司的实习感受非常好,个人非常满意,学习知识的同时深感自己的不足,今后在校的学习应更加努力。作为一名实习生,先不要想着赚钱,而是应该想怎么让自己变得更"值钱",并用一个身边的案例和大家分享怎么让自己变得更"值钱"的思考。

(3)各组长分别就实践教学过程中存在的工作强度大、现场个别指导老师的责任心不强、加班时间长、食宿不均、组员分配任务不均等问题提出了一些宝贵的意见。

### 5.2.5.3 小组成员补充交流发言

(1)部分指导老师责任不到位。有些学生在项目部找不到指导老师,导致在项目部不知道跟谁学、没人带的盲目状态;有的指导老师工作繁忙把学生推脱给别人。

(2)工作量过大或过少。有些项目部工作强度大,常常加班超过晚上12点,会议繁多,过于劳累,缺少休息,没有时间自我学习。也有一些项目部一直让学生做一些打杂的工作,不接触实际工作,学生感到"没事做",学不到真正的东西。

(3)实习期间和公司员工干的活是差不多的,甚至有些时候比正式员工干得还要多,但是没有任何的福利待遇。此次实习期间恰逢中秋节,项目部也没有任何福利,正式员工放假,留下的是实习学生,同学们心理不平衡。

(4)部分项目部管理松懈,存在安全隐患问题。工地上常常出现工人不戴安全帽的现象,安排学生去做一些有安全隐患的工作,安全意识不强。某位同学在工作期间掉入坑口被送医院,幸好无大碍。

(5)部分项目部管理死板,没有假期,也不能请假,连续上班1个月,甚至还要加班,学生表示难以接受。

(6)个别组长不负责,建议下次实践教学依据本次项目部对同学的打分,重新安排小组长。

(7)学生表示下次的实践教学希望能自行选择项目部,人员分配的时候尽量不要让一个人一组,初入社会,一个人一组太孤单也无人交流。

(8)部分学生感受在项目部被当作小工使用,干的活儿没有价值。建工学院的同学安排去了水坝,不符合专业需求,希望项目部的工作安排更加合理一些,让学生在有限的实习时间里学到真东西。

(9)云谷路幼儿园项目部,学生表示很满意,交通便利,指导老师热心负责,学到了很多知识。

(10)学生表示参与实践教学实习(实训)动力不足,校企除给他们解决食宿和交通外,应给予一定的经济补偿。

### 5.2.5.4 答疑与解惑

针对学生的发言,丁学所指出,由于专业性质的原因,土木类专业实践教学实习(实训)是非常辛苦的,同学们能安全顺利地完成本次实践教学的各项任务,顺利返回学校,总体效果较好。通过无记名调查,同学对校企各项安排总体是满意的,同学们非常认可这种多学期、分段式实践教学[详见实践教学实习(实训)问卷],但在日常交流中,还有一些问题也需要我们统一认识。

第一是交流沟通问题。学生在工地遇到任何问题,尤其是安全问题,要第一时间同时与项目部和学校指导老师(辅导员)沟通、反馈,QQ群若无及时回复,及时打电话与指导老师沟通,不能一个人扛,学会与人相处和沟通。

第二是指导老师的安排和职责分配的问题。这是重点和难点,我们将在以后的实践教学上不断完善。但是同学们要学会转变思路,现场指导老师跟学校老师是不一样的,同学们应发挥主观能动性,积极主动学习,充分发挥组员作用,培养团队精神;同时要向工地上的每一位老师傅学习,向工地现场的每个环节学习,而不是一味地指望指导老师手把手教你，自己的积极主动、勤奋细心才是最重要的。

第三是安全问题。项目部上安全是第一位的，作为学生和准员工参与现场实践教学活动，应服从学校和项目部的双重管理，对项目安排具有一定危险性的工作，要学会鉴别、辨别危险源，谨慎承担工作，自己不能胜任具有危险性的工作，要学会拒绝，利用自己的智慧学会解释与沟通，绝对保障同学们的安全。

第四是实践教学任务分配不均的问题。水利、建筑类的工地大多工期紧、工作量大，这是行业现实；阶段性实践教学（产教融合）不像学校教学安排具有很强的规律性，很多内容随着工程进度实时参与，遇到项目施工强度大时，我们参与工作可能比较多，感到非常忙，遇到工程刚开工或扫尾，任务比较轻松，希望同学们针对随机参与的项目工程进度，结合在学校学习的专业基础知识，现场整合应用。工作任务重，说明我们要参与的工作内容多，才能发现和找出差距，才能找到自己理论学习的不足，才能达到实践教学（产教融合）的目的，这是一个辩证关系。

第五是专业对口问题。希望同学们正确认识专业分类，建筑工程类专业与水利工程类的专业均属大土木，专业基础知识基本都是一样的。我们以后走向工作岗位，如果继续从事工程建设，一定要淡化专业，要根据从事的岗位性质，做好自我调整，这正是结合个人职业规划，给同学们提供的很好的实践与思考机会；产教融合实践教学实习（实训）的另一个目的就是引导大家自我修正职业规划。

院长毕守一针对学生交流做出总结发言。第一，同学们应以安徽水安建设集团股份有限公司为骄傲。安徽水安建设集团股份有限公司是个实力强大的公司，同学们应该以作为一名水安班的学生感到自豪，今后你们将是安徽水安建设集团股份有限公司的一员，这都是值得骄傲的事情，尤其是参与引江济淮工程的同学，引江济淮属于安徽的“一号工程”，特别是参与枞阳渠首枢纽工程的同学，更应该感到骄傲，这将是你们一生中都不可多得的机会和骄傲。第二，以梦为马，不负昭华。年轻人要不怕吃苦，沉下性子，脚踏实地地干，今后，你们都要对家庭负责，为社会做贡献，要撸起袖子加油干。第三，同学们应规划好自己的人生和未来。在实践教学中，让我们走出课堂、走出课本，切实地感受未来的工作内容和要求，同学们应根据自身的实际情况，做好未来的工作规划，不能虚度光阴。总结交流会现场照片如图 5-34～图 5-39 所示。

图 5-34　总结交流会现场

图 5-35　组长交流发言

图 5-36　成员补充发言(一)

图 5-37　成员补充发言(二)

图 5-38　成员补充发言(三)

图 5-39　全体师生合影留念

### 5.2.6　现代学徒制学生实践教学实习(实训)日志和实习(实训)报告

安徽水利水电职业技术学院、安徽水安建设集团股份有限公司现代学徒制学生实践教学实习(实训)日志示例见图 5-40。

安徽水利水电职业技术学院、安徽水安建设集团股份有限公司

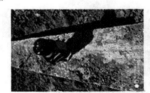

**现代学徒制学生实践教学**

**实习（实训）日志**

指导教师　丁学所

专业班级　建工 18104

学　　号　1804274273

姓　　名　陈胜军

时　　间　9 月 1 日---9 月 30 日

实践教学地点　合肥市滨湖区云谷路小学、幼儿园项目

2019 年 9 月

| 实践教学时间：2019．9．4． | 实践教学地点：云谷路小学、幼儿园项目． |
|---|---|
| 实 践 教 学 内 容 | |
| 文字：今天上午我在学习放线，在二号楼一层拿墨斗去弹梁中线和中轴线。首先，要看图纸，看好图纸之后，拿出大卷尺量长度，确定长度之后用铅笔画出两端对应的点，然后用水平仪校准，水平仪射出的红色激光对准画的点，对准调平，然后就可以弹线了。每相邻两个柱子之间的梁都必须要弹出轴线。还有柱子的中轴线，也要看图纸，然后对着图纸看柱子上的中轴线，也必须要卷尺量出距离，画点，用水平仪红色激光调平对准，然后弹线，每个柱子每面都不能落下。如果地梁面有灰，要用扫把扫掉，弹线会弹得更清楚。附图表： | |

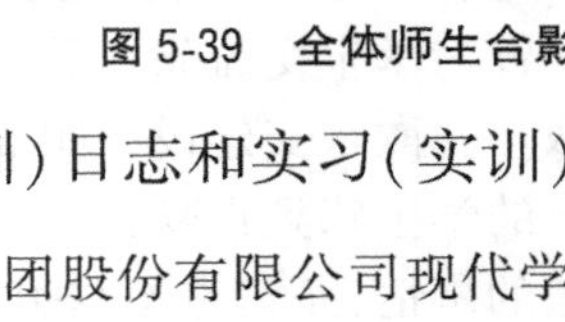

记录人：陈胜军

图 5-40　现代学徒制学生实践教学实习(实训)日志

安徽水利水电职业技术学院、安徽水安建设集团股份有限公司现代学徒制阶段性实践教学(产教融合)实习(实训)报告示例见图 5-41。

**现代学徒制阶段性实践教学（产教融合）**

**实习（实训）报告**

学　　院　建筑工程学院

专　　业　建筑工程技术

班　　级　18104

姓　　名　陈胜军

项目师傅　王智蕾

学校老师　丁学所

安徽水安建设集团股份有限公司

安徽水利水电职业技术学院

2019 年 9 月

目　　录

一、前言

二、参与工程施工及管理内容

1. 土方工程

2. 测量放线工程

3. 模板工程

4. 钢筋工程

5. 混凝土工程

三、实习总结与感想

图 5-41　现代学徒制阶段性实践教学(产教融合)实习(实训)报告

## 5.2.7　学生实践教学综合成绩(之一)

安徽水利水电职业技术学院、安徽水安建设集团股份有限公司校企合作现代学徒制实践教学学生成绩表(水利专业)示例见图 5-42。

安徽水利水电职业技术学院、安徽水安建设集团股份有限公司校企合作现代学徒制实践教学学生成绩表（水利专业）

八 公司 引江济淮 J010-1 标（寿县段）项目一工区 项目部　实践教学时间　2019 年 9 月 1 日～9 月 30 日

| 序号 | 姓名 | 性别 | 施工机械成绩 | 工程检测实训成绩 | 混凝土结构实训成绩 | 用电安全实训成绩 | 实践实习综合成绩 | 现场指导老师签字 | 指导老师电话 |
|---|---|---|---|---|---|---|---|---|---|
| 1 | 左国 | 男 | 80 | 75 | 70 | 80 | 76 | [illegible] | [illegible] |
| 2 | 张旭冉 | 男 | 63 | 62 | 62 | 60 | 62 | [illegible] | |
| 3 | 李永 | 男 | 70 | 70 | 65 | 67 | 68 | [illegible] | |
| 4 | 汪锋 | 男 | 80 | 80 | 90 | 80 | 85 | [illegible] | [illegible] |

项目部(盖章)

2019 年 9 月 30 日

图 5-42　现代学徒制实践教学学生成绩表(水利专业)

## 5.2.8 实践教学实习(实训)问卷

以下是"2018级建工、水利专业第2次'产教融合、工学结合'实践教学实习(实训)问卷"。

同学们:你们辛苦了!

根据校企深度合作第2轮专业人才培养方案和现代学徒制试点实施方案,本期集中安排30天(2019年9月1日至9月30日)的阶段性实践教学实习,实行"产教融合、工学结合"的教学方式,在即将结束本期实践教学之际,水安学院采用调查问卷形式征询你对专业实践教学实习(实训)的意见和建议。你的意见与建议将有助于学校改进现代学徒制试点的教学与管理工作,以便进一步调整和满足校企深度合作学生对学习的需求。调查通过无记名的方式,感谢你填写问卷,谢谢合作!

第1题 你的性别( )? [单选题]

| 选项 | 小计 | 比例 |
|---|---|---|
| 男 | 35 | 87.5% |
| 女 | 5 | 12.5% |
| 本题有效填写人次 | 40 | |

第2题 你实训的项目部是( )? [单选题]

| 选项 | 小计 | 比例 |
|---|---|---|
| 一公司 | 8 | 20% |
| 二公司 | 3 | 7.5% |
| 三公司 | 3 | 7.5% |
| 四公司 | 12 | 30% |
| 五公司 | 1 | 2.5% |
| 七公司 | 8 | 20% |
| 十公司 | 5 | 12.5% |
| 本题有效填写人次 | 40 | |

第 3 题　你第 2 次实训的项目部是(　　)?　　[单选题]

| 选项 | 小计 | 比例 |
| --- | --- | --- |
| 同第一次项目部 | 16 | 40% |
| 新项目部 | 24 | 60% |
| 本题有效填写人次 | 40 | |

第 4 题　第 2 次实训较第 1 次实训你用多长时间适应实训的环境?　　[单选题]

| 选项 | 小计 | 比例 |
| --- | --- | --- |
| 1 天 | 11 | 27.5% |
| 3 天 | 3 | 7.5% |
| 5 天 | 1 | 2.5% |
| 7 天 | 4 | 10% |
| 直接适应 | 21 | 52.5% |
| 本题有效填写人次 | 40 | |

第 5 题　你在第 2 次实践教学实习(实训)的过程中,较第 1 次遇到的主要问题是什么?　　[单选题]

| 选项 | 小计 | 比例 |
| --- | --- | --- |
| 缺乏操作经验 | 19 | 47.5% |
| 缺乏一定的专业知识储备 | 11 | 27.5% |
| 做事不能坚持 | 0 | 0 |
| 缺乏工作热情、 消极怠工 | 1 | 2.5% |
| 不适应项目部这种工作环境和工作性质 | 2 | 5% |
| 其他想法 | 7 | 17.5 |
| 本题有效填写人次 | 40 | |

第 6 题　你认为实践教学实习(实训)的必要性如何?　　[单选题]

| 选项 | 小计 | 比例 |
|---|---|---|
| 必须 | 30 | 75% |
| 可有可无 | 9 | 22.5% |
| 没有必要 | 1 | 2.5% |
| 本题有效填写人次 | 40 | |

第 7 题　实训中遇到问题一般如何解决?　　[单选题]

| 选项 | 小计 | 比例 |
|---|---|---|
| 同学讨论 | 6 | 15% |
| 请教项目部指导教师 | 31 | 77.5% |
| 自己思考查阅资料 | 0 | 0 |
| 不了了之 | 3 | 7.5% |
| 求教学校辅导员和老师 | 0 | 0 |
| 求教家长 | 0 | 0 |
| 本题有效填写人次 | 40 | |

第 8 题　你对所在项目部的实训工作环境(　　)　　[单选题]

| 选项 | 小计 | 比例 |
|---|---|---|
| 非常满意 | 12 | 30% |
| 满意 | 17 | 42.5% |
| 一般 | 8 | 20% |
| 不满意 | 1 | 2.5% |
| 很不满意 | 2 | 5% |
| 本题有效填写人次 | 40 | |

第 9 题　实训项目部安排的实训内容是否让你满意？　［单选题］

| 选项 | 小计 | 比例 |
| --- | --- | --- |
| 非常满意 | 12 | 30% |
| 满意 | 13 | 32.5% |
| 不是很难，琐碎的杂事，但可以锻炼人 | 10 | 25% |
| 很有挑战性，学到很多东西 | 1 | 2.5% |
| 无所事事，没有意义 | 4 | 10% |
| 本题有效填写人次 | 40 | |

第 10 题　第 2 次参加实训后，自己的专业实践能力的提高程度(　　)　［单选题］

| 选项 | 小计 | 比例 |
| --- | --- | --- |
| 非常明显 | 9 | 22.5% |
| 明显 | 18 | 45% |
| 一般 | 11 | 27.5% |
| 不明显 | 2 | 5% |
| 非常不明显 | 0 | 0 |
| 本题有效填写人次 | 40 | |

第 11 题　我对专业实践教学(实习)实训课程的教学建议是(　　)　［单选题］

| 选项 | 小计 | 比例 |
| --- | --- | --- |
| 按照现在的教学形式和内容继续进行 | 12 | 30% |
| 拓展现有的教学形式和内容 | 21 | 52.5% |
| 取消该课程 | 3 | 7.5% |
| 其他 | 4 | 10% |
| 本题有效填写人次 | 40 | |

第 12 题　你对项目部指导教师指导学生的耐心程度、准确程度满意吗？　[单选题]

| 选项 | 小计 | 比例 |
|---|---|---|
| 非常满意 | 16 | 40% |
| 满意 | 18 | 45% |
| 一般 | 6 | 15% |
| 不满意 | 0 | 0 |
| 非常不满意 | 0 | 0 |
| 本题有效填写人次 | 40 | |

第 13 题　你对第 2 次专业实训课程(学校、企业)指导教师的整体评价是(　　)[单选题]

| 选项 | 小计 | 比例 |
|---|---|---|
| 60 分以下 （不及格） | 0 | 0% |
| 60~70 分 （一般） | 6 | 15% |
| 70~80 分 （良好） | 5 | 12.5% |
| 80~90 分 （优良） | 8 | 20% |
| 90~100 分 （优秀） | 21 | 52.5% |
| 本题有效填写人次 | 40 | |

第 14 题　你对实训项目部的内部情况及团队氛围如何看待？　[单选题]

| 选项 | 小计 | 比例 |
|---|---|---|
| 非常好 | 16 | 40% |
| 好 | 16 | 40% |
| 一般 | 7 | 17.5% |
| 不好 | 1 | 2.5% |
| 本题有效填写人次 | 40 | |

第 15 题　你认为实训单位的发展前景如何？　［单选题］

| 选项 | 小计 | 比例 |
|---|---|---|
| 非常好 | 14 | 35% |
| 好 | 18 | 45% |
| 一般 | 6 | 15% |
| 比较差 | 1 | 2.5% |
| 很差 | 1 | 2.5% |
| 本题有效填写人次 | 40 | |

第 16 题　第 2 次实训后，对下学期长时工学结合的期望？　［单选题］

| 选项 | 小计 | 比例 |
|---|---|---|
| 非常期望 | 12 | 30% |
| 有点期待 | 22 | 55% |
| 觉得实训没意思 | 5 | 12.5% |
| 非常反感，不想参加 | 1 | 2.5% |
| 本题有效填写人次 | 40 | |

第 17 题　你认为产教融合实践教学的节奏如何？　［单选题］

| 选项 | 小计 | 比例 |
|---|---|---|
| 非常紧张 | 8 | 20% |
| 紧张 | 8 | 20% |
| 适中 | 22 | 55% |
| 轻松 | 1 | 2.5% |
| 无聊 | 1 | 2.5% |
| 本题有效填写人次 | 40 | |

第 18 题　你认为实训前开设哪些课程对你的实践性教学实习(实训)帮助比较大?［多选题］

| 选项 | 小计 | 比例 |
| --- | --- | --- |
| 测量 | 31 | 77.5% |
| 制图 | 25 | 62.5% |
| 建筑材料 | 24 | 60% |
| 工程施工 | 29 | 72.5% |
| 资料管理 | 18 | 45% |
| CAD（BIM） | 22 | 55% |
| 地基与基础 | 17 | 42.5% |
| 本题有效填写人次 | 40 | |

第 19 题　第 2 次实践教学实习(实训)活动对你帮助最大的是(　　)?　　［多选题］

| 选项 | 小计 | 比例 |
| --- | --- | --- |
| 培养时间观念 | 29 | 72.5% |
| 培养对工作的态度 | 31 | 77.5% |
| 懂得对父母感恩 | 23 | 57.5% |
| 懂得对社会的责任感 | 25 | 62.5% |
| 职业态度 | 34 | 85% |
| 本题有效填写人次 | 40 | |

第 20 题　你认为班级同学对此次实训活动的整体参与情况如何?　　［单选题］

| 选项 | 小计 | 比例 |
| --- | --- | --- |
| 积极 | 25 | 62.5% |
| 一般 | 12 | 30% |
| 不积极 | 3 | 7.5% |
| 本题有效填写人次 | 40 | |

第 21 题　你在实习过程中遇到的最大的困难是什么？　　[简答题]

略

第 22 题　你对于水安学院实践性教学活动安排还有什么好的建议和想法？[简答题]

略

# 第6部分　合作成果、特色与经验示范

## 6.1　合作成果

自2017年5月校企深度合作以来，各项工作进展深入，取得了一定的成绩，也取得了阶段性合作成果，受到安徽省教育厅等主管部门的肯定，如2018年安徽水利水电职业技术学院获批安徽省首批校企合作示范典型学校（皖教秘职成〔2018〕67号），2019年安徽水安建设集团股份有限公司与安徽水利水电职业技术学院获批安徽省第二批校企合作示范基地（皖教秘职成〔2019〕50号）等。

### 6.1.1　2018年获批安徽省首批校企合作示范典型学校

**安徽省教育厅关于公布安徽省首批校企合作示范典型学校名单的通知**
**（皖教秘职成〔2018〕67号）**

各市、省直管县教育局，淮北市职教办，高职院校、省属中专学校：

根据《安徽省教育厅关于遴选安徽省校企合作示范典型学校的通知》（皖教秘职成〔2018〕44号）要求，经院校申报、市级教育行政部门审核推荐、省级专家评审和公示，共遴选出56所首批安徽省校企合作示范典型学校，现将名单公布如下（见表6-1）。

希望各示范典型学校以专业核心能力培养为切入点，以培养高素质、高技能应用型人才为目标，不断完善校企合作机制、创新校企合作形式、丰富校企合作内容，在学生实习实训、师资队伍建设、职工培训进修、基础设施建设、培养模式创新、毕业生就业创业等方面进一步加大与企业的合作力度，提升服务学生实习就业水平，切实发挥校企合作在培养职业院校学生专业实践能力和科研创新能力的示范引领作用，带动区域内职业教育加快发展，更好地为建设“五大发展 美好安徽”提供技术人才支持。

安徽省教育厅

2018年8月6日

表6-1　安徽省首批校企合作示范典型学校名单

| 序号 | 类别 | 推荐单位 | 学校名称 |
|---|---|---|---|
| 1 | 高职 | 芜湖市 | 安徽机电职业技术学院 |
| 2 | 高职 | 芜湖市 | 芜湖职业技术学院 |
| 3 | 高职 | 淮北市 | 安徽矿业职业技术学院 |
| 4 | 高职 | 安庆市 | 安庆职业技术学院 |
| 5 | 高职 | 芜湖市 | 安徽中医药高等专科学校 |

续表 6-1

| 序号 | 类别 | 推荐单位 | 学校名称 |
|---|---|---|---|
| 6 | 高职 | 合肥市 | 安徽邮电职业技术学院 |
| 7 | 高职 | 六安市 | 安徽国防科技职业学院 |
| 8 | 高职 | 合肥市 | 合肥职业技术学院 |
| 9 | 高职 | 合肥市 | 安徽国际商务职业学院 |
| 10 | 高职 | 淮南市 | 淮南职业技术学院 |
| 11 | 高职 | 滁州市 | 滁州职业技术学院 |
| 12 | 高职 | 蚌埠市 | 安徽电子信息职业技术学院 |
| 13 | 高职 | 合肥市 | 安徽职业技术学院 |
| 14 | 高职 | 合肥市 | 安徽工业经济职业技术学院 |
| 15 | 高职 | 合肥市 | 安徽新闻出版职业技术学院 |
| 16 | 高职 | 合肥市 | 安徽水利水电职业技术学院 |
| 17 | 高职 | 马鞍山 | 马鞍山师范高等专科学校 |
| 18 | 高职 | 合肥市 | 安徽工商职业学院 |
| 19 | 高职 | 合肥市 | 安徽城市管理职业学院 |
| 20 | 高职 | 阜阳市 | 阜阳职业技术学院 |
| 21 | 中职 | 合肥市 | 安徽省汽车工业学校 |
| 22 | 中职 | 合肥市 | 合肥市经贸旅游学校 |
| 23 | 中职 | 滁州市 | 天长市工业学校 |
| 24 | 中职 | 亳州市 | 亳州中药科技学校 |
| 25 | 中职 | 蚌埠市 | 安徽电子工程学校 |
| 26 | 中职 | 合肥市 | 合肥铁路工程学校 |
| 27 | 中职 | 滁州市 | 滁州市旅游商贸学校 |
| 28 | 中职 | 安庆市 | 安庆工业学校 |
| 29 | 中职 | 黄山市 | 安徽省行知学校 |
| 30 | 中职 | 淮南市 | 淮南市职业教育中心 |
| 31 | 中职 | 安庆市 | 安徽理工学校 |
| 32 | 中职 | 芜湖市 | 芜湖高级职业技术学校 |
| 33 | 中职 | 宣城市 | 宣城市工业学校 |
| 34 | 中职 | 六安市 | 安徽金寨职业学校 |
| 35 | 中职 | 蚌埠市 | 安徽科技贸易学校 |
| 36 | 中职 | 安庆市 | 安庆大别山科技学校 |

续表 6-1

| 序号 | 类别 | 推荐单位 | 学校名称 |
| --- | --- | --- | --- |
| 37 | 中职 | 宣城市 | 宣城市机械电子工程学校 |
| 38 | 中职 | 蚌埠市 | 安徽省第一轻工业学校 |
| 39 | 中职 | 安庆市 | 太湖职业技术学校 |
| 40 | 中职 | 淮北市 | 淮北工业与艺术学校 |
| 41 | 中职 | 合肥市 | 合肥理工学校 |
| 42 | 中职 | 合肥市 | 合肥工业学校 |
| 43 | 中职 | 宿州市 | 宿州应用技术学校 |
| 44 | 中职 | 宿州市 | 灵璧县高级职业技术学校 |
| 45 | 中职 | 淮南市 | 安徽机械工业学校 |
| 46 | 中职 | 合肥市 | 安徽新华学校 |
| 47 | 中职 | 宿州市 | 宿州逸夫师范学校 |
| 48 | 中职 | 黄山市 | 黄山炎培职业学校 |
| 49 | 中职 | 阜阳市 | 阜阳工业经济学校 |
| 50 | 中职 | 芜湖市 | 芜湖汽车工程学校 |
| 51 | 中职 | 阜阳市 | 阜阳经贸旅游学校 |
| 52 | 中职 | 马鞍山市 | 皖江职业教育中心学校 |
| 53 | 中职 | 合肥市 | 黄麓师范学校 |
| 54 | 中职 | 淮南市 | 安徽省淮南卫生学校 |
| 55 | 中职 | 淮南市 | 安徽省淮南技工学校 |
| 56 | 中职 | 亳州市 | 亳州工业学校 |

### 6.1.2 2019 年获批安徽省第二批校企合作示范基地

**安徽省教育厅、安徽省经济和信息化厅、安徽省人民政府国有资产监督管理委员会**
**关于公布安徽省第二批校企合作示范基地的通知**
**(皖教秘职成〔2019〕50 号)**

各市、省直管县教育局、经济和信息化委、国资委,高职院校、省厅直属中专学校:

根据《安徽省教育厅、安徽省经济和信息化厅、安徽省人民政府国有资产监督管理委员会关于遴选第二批安徽省校企合作示范基地的通知》(皖教秘职成〔2019〕32 号),省教育厅、省经济和信息化厅、省国资委联合开展了安徽省校企合作示范基地遴选工作,经合作院校推荐、市级教育行政部门审核上报和省级专家评选，共遴选出 60 家省级校企合作示范基地，经公示无异议，现将结果公布如下（部分名单截图见图 6-1）。

| 校企合作示范基地名称 | 合作单位 |
| --- | --- |
| 安徽江淮汽车集团股份有限公司 | 安徽汽车职业技术学院 |
| 安徽永成电子机械有限公司 | 安徽国防科技职业学院 |
| 滁州市经纬模具制造有限公司 | 滁州市信息工程学校 |
| 芜湖中集瑞江汽车有限公司 | 安徽工贸职业技术学院 |
| 申洲针织（安徽）有限公司 | 安庆职业技术学院、安庆皖江中等专业学校 |
| 华拓金服数码科技集团有限公司 | 淮南市职业教育中心 |
| 宿州市鸿正服装服饰有限责任公司 | 宿州应用技术学校 |
| 芜湖双汇食品有限公司 | 芜湖职业技术学院 |
| 科大讯飞股份有限公司 | 安徽电子信息职业技术学院 |
| 安徽水安建设集团股份有限公司 | 安徽水利水电职业技术学院 |
| 安徽迪科数金科技有限公司 | 安徽商贸职业技术学院 |
| 广德中隆轴承有限公司 | 宣城职业技术学院 |
| 安徽省稻香楼宾馆 | 皖西经济技术学校 |
| 明光市三友电子有限公司 | 滁州市机械工业学校 |
| 合肥点讯科技有限公司 | 亳州中药科技学校（安徽亳州技师学院） |
| 合肥市第八人民医院 | 合肥职业技术学院 |
| 中国扬子集团滁州扬子空调器有限公司 | 滁州职业技术学院 |
| 安徽中盛画材文化用品有限公司 | 铜陵职业技术学院 |

图 6-1　安徽省第二批校企合作示范基地名单（截图）

希望各示范基地继续遵循“立足安徽、贡献地方，联合培养、优势互补，形式多样、注重实效，互惠互利、共同发展”的建设原则，以专业核心能力培养为切入点，以培养高素质、高技能应用型人才为目标，在基础设施建设、人才培养模式创新、毕业生就业创业等方面进一步深化与职业院校的合作力度，切实发挥校企合作示范基地在培养职业院校学生专业实践能力和科研创新能力中的示范引领作用，实现职业教育与行业企业的互利共赢，为区域内职业教育发展、为建设“五大发展 美好安徽”提供技术人才支持。

### 6.1.3 2021 年获中国水利教育协会组织的 2018—2019 年度全国水利职工教育研究成果优秀奖

**关于公布 2018—2019 年度全国水利职工教育研究成果评审结果的通知**

**水教协〔2021〕2 号**

各有关单位：

《关于推荐评选 2018—2019 年度全国水利职工教育研究成果评审结果的通知》(水教协〔2021〕2 号)印发后，各水利相关单位积极组织申报，共收到 32 家单位 217 篇(部)论文、调查报告、典型案例、课题研究报告、教材等成果参加评审，经我会初审、专家现场评审、公示等程序，共评出一等奖 21 篇(部)，二等奖 38 篇(部)，三等奖 53 篇(部)，优秀奖 61 篇(部)，现将获奖名单予以公布(部分名单截图见图 6-2)。同时对积极组织、成果较多、质量较好的河南黄河河务局、山东黄河河务局、海河水利委员会、长江科学院、江苏省水利厅、汉江水利水电(集团)有限责任公司、湖北水利水电职业技术学院等七家单位授予优秀组织奖。

希望获奖单位及个人更加重视教育培训理论研究工作，认真总结新经验，查找新问题，相互学习借鉴，发挥理论对实践的指导作用，使水利职工教育工作在“十四五”期间开启新征程，取得新进展。

| | | | | |
|---|---|---|---|---|
| 54 | 典型案例 | 创新体制机制，持续推进山东黄河高技能人才队伍建设 | 王传伟　郑金龙　张雅琦<br>崔巍　贾士麟 | 山东黄河河务局 |
| 55 | 典型案例 | 漳卫南运河管理局人才队伍建设的做法及建议 | 贺小强 | 海河水利委员会<br>漳卫南运河管理局 |
| 56 | 典型案例 | 校企深度合作“一带一路”水利人才培养典型案例 | 丁学所 | 安徽水利水电职业技术学院 |
| 57 | 教材 | 建筑工程经济预算与成本控制分析 | 宋　娜 | 焦作河务局 |
| 58 | 教材 | 论著《心理学视域下思想政治教育工作研究》(五、六章) | 李　凌 | 山东黄河河务局<br>山东黄河职工中等专业学校 |
| 59 | 教材 | 大跃进时期波澜壮阔的治水壮举<br>——分淮入沂·淮水北调 | 肖怀前 | 江苏省淮沭新河管理处 |
| 60 | 教材 | 蔷薇河地涵动滑轮及钢丝绳结构优化设计 | 周松　徐玮　唐子明<br>蒋婉 | 江苏省淮沭新河管理处 |
| 61 | 教材 | 提高洪泽湖治理保护能力的思考 | 陈昌仁　张立师 | 江苏省洪泽湖水利工程管理处 |

图 6-2　2018—2019 年度全国水利职工教育研究成果优秀奖(截图)

### 6.1.4 发表论文

2019 年在安徽水利水电职业技术学院学报中发表论文《高职教育校企深度合作存在的问题与对策》(见图 6-3)。

### 6.1.5 参与编写行业培训教材

与安徽水安建设集团股份有限公司共同编写水利水电工程施工现场管理人员培训系列教材《基础知识》部分(见图 6-4)。

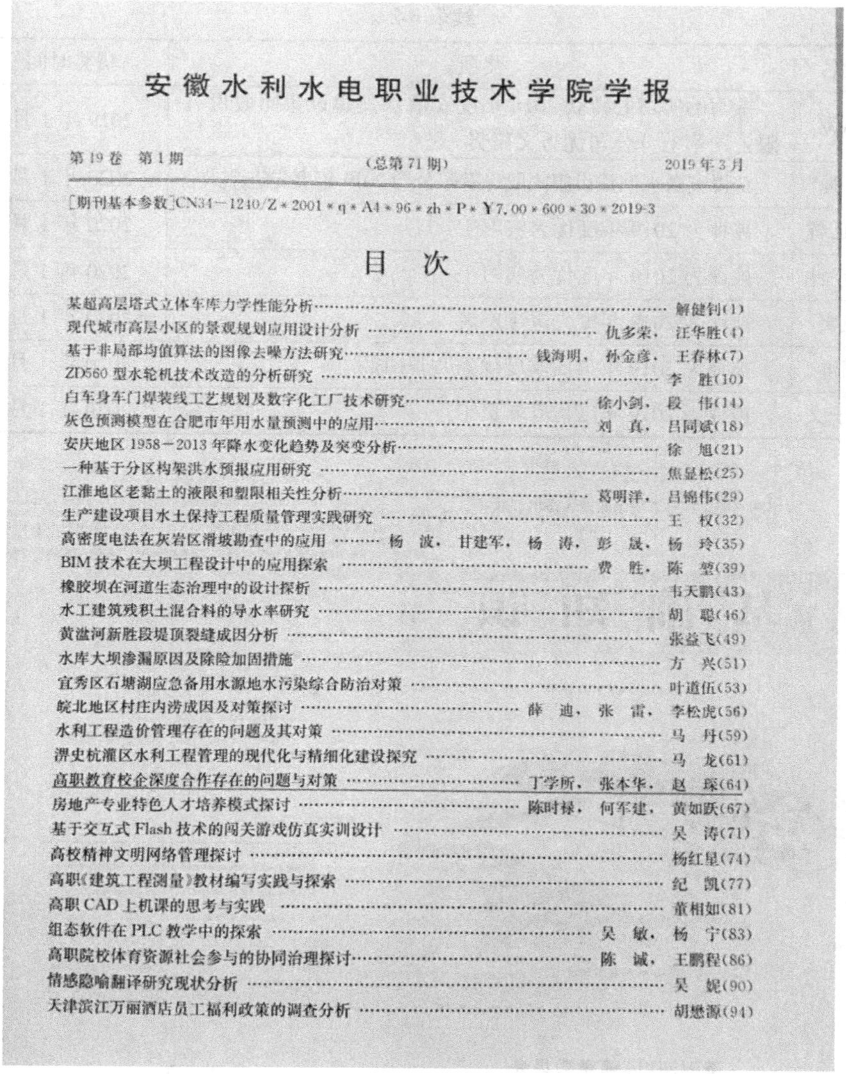

安徽水利水电职业技术学院学报

第 19 卷　第 1 期　　（总第 71 期）　　2019 年 3 月

［期刊基本参数］CN34－1240/Z＊2001＊q＊A4＊96＊zh＊P＊￥7.00＊600＊30＊2019-3

目　次



图 6-3　论文见刊

## 6.1.6　2018～2019 年部分学生在实践教学中获得荣誉

2018～2019 年部分学生在实践教学中获得的荣誉见表 6-2。

表 6-2　学生在实践教学中获得的荣誉

| 序号 | 姓名 | 奖项 | 获奖时间 | 备注 |
| --- | --- | --- | --- | --- |
| 1 | 常远航 | 获得安徽水安 2018 年秋季暨第四届职工运动会田径男子 1 500 米一等奖 | 2018 年 10 月 | |
| 2 | 冯京京 | 获得安徽水安第三分公司 2018 年度优秀学员 | 2019 年 1 月 | 奖金 2 000 元 |

续表 6-2

| 序号 | 姓名 | 奖项 | 获奖时间 | 备注 |
|---|---|---|---|---|
| 3 | 孙俊 | 撰写的实习心得获 2018 年度安徽水安建设集团股份有限公司第七分公司优秀文稿奖 | 2019 年 1 月 | |
| 4 | 丁强 | 获得安徽水安建设集团股份有限公司 2019 年度先进个人 | 2020 年 1 月 | |
| 5 | 冯延辉 | 被评为 2019 年度优秀实习生 | 2020 年 1 月 | |
| 6 | 李登柱 | 被评为 2019 年度优秀实习生 | 2020 年 1 月 | |
| 7 | 王爽 | 被评为 2019 年度先进生产者 | 2020 年 1 月 | |
| 8 | 汪港 | 被评为 2019 年第四季度优秀共青团员 | 2020 年 1 月 | |
| 9 | 庄子文 | 被评为 2019 年度优秀新员工 | 2020 年 1 月 | |

水利水电工程施工现场管理人员培训教材
基 础 知 识
中国水利工程协会　主编
黄河水利出版社

内 容 提 要

本书是基于水利水电工程建设发展的需求，按照国家有关法律法规和水利行业规范标准，以紧密联系工程建设为核心，以培养高素质、高水准、高规格的水利工程从业人员为目标，注重知识的实用性和系统性。全书共分十章，内容包括概述、工程制图、数理统计与应用、力学与结构、建筑材料及中间产品、水工建筑物、施工机械、主要施工方法、施工管理和信息技术。

本书主要作为水利水电工程施工现场管理人员培训、学习及考核用书，也可供从事水利领域专业研究和工程建设有关设计、施工、监理等人员及大专院校相关专业师生参考阅读。

图书在版编目(CIP)数据

基础知识/中国水利工程协会主编. —郑州：黄河水利出版社，2020.5
水利水电工程施工现场管理人员培训教材
ISBN 978-7-5509-2475-8

Ⅰ.①基…　Ⅱ.①中…　Ⅲ.①水利水电工程-技术培训-教材　Ⅳ.①TV5

中国版本图书馆 CIP 数据核字(2019)第 178594 号

出 版 社：黄河水利出版社　　网址：www.yrcp.com
地址：河南省郑州市顺河路黄委会综合楼 14 层　　邮政编码：450003
发行单位：黄河水利出版社
发行部电话：0371-66026940，66020550，66028024，66022620(传真)
E-mail：hhslcbs@126.com
承印单位：河南瑞之光印刷股份有限公司
开本：787 mm×1 092 mm　1/16
印张：25
字数：608 千字　　印数：1—2 000
版次：2020 年 5 月第 1 版　　印次：2020 年 5 月第 1 次印刷
定价：84.00 元

《基础知识》编审委员会

主　　任：周金辉　安中仁
副 主 任：伍宛生　任京梅　杨清风
委　　员：(以姓氏笔画为序)
丁学所　王　丹　王一平　王海燕　叶礼宏
毕守一　朱　娜　孙方勇　李　俊　李　剑
沈　刚　沈　伟　宋春发　孟再生　胡先林
胡亮亮　黄建国　潘　玲
主　　编：胡先林
主　　审：梅锦煜

前　言

在水利水电建设快速发展的新形势下，水利水电工程建设领域对施工现场管理人员的职业素质提出了更高的要求，中国水利工程协会于 2017 年 6 月 26 日发布了《水利水电工程施工现场管理人员职业标准》。为全面贯彻、执行水利行业法律法规和规范标准，提高水利水电工程施工现场管理人员的专业素质和业务水平，中国水利工程协会组织编写了水利水电工程施工现场管理人员培训教材，包括《基础知识》《施工员》《质检员》《安全员》《材料员》《资料员》。

《基础知识》作为基础用书，在编写过程中注重知识的系统性和实用性，详细介绍了水利水电工程施工现场管理的理论和实践知识。全书共分为十章，第一章阐述了建设法规、技术标准和水工建筑物的分类；第二章介绍了工程制图，包括投影、识图和简单建筑物绘图；第三章介绍了数理统计与应用的相关知识；第四章阐述了力学与结构的内容，包括静力学基础、材料力学、结构力学、水力学、岩土力学、钢筋混凝土结构、钢结构和砌体结构；第五章介绍了建筑材料及中间产品，包括常用材料分类、有机质材料、无机非金属材料、金属材料、复合材料和中间产品；第六章阐述了水工建筑物的相关知识；第七章介绍了施工机械，主要包括土石方机械、地基处理与基础工程机械、施工起重机械、混凝土施工机械；第八章以土石方工程、支护工程、地基处理、混凝土工程、金属结构安装、机电设备安装为主，讲解了施工方法；第九章阐述了施工管理的内容；第十章介绍了信息技术在工程管理和建设中的应用；附表中列出了水利工程常用标准。

本书由安徽水安建设集团股份有限公司胡先林担任主编，由中国安能建设集团有限公司梅锦煜担任主审。本书由安徽水安建设集团有限公司和安徽水利水电职业技术学院等单位的人员编写，其中李剑、沈伟编写第一章，沈刚编写第二章，黄建国、孟再生编写第三章，丁学所编写第四章，叶礼宏、孙方勇编写第五章，宋春发编写第六章，毕守一编写第七章，王一平、朱娜编写第八章，胡先林、李俊编写第九章，胡亮亮编写第十章。

本书在编写过程中参考和引用了文献中的某些内容，谨向这些文献的作者表示衷心的感谢！

由于编者水平有限，书中难免存在不足之处，敬请广大读者不吝批评指正，以便再版改进。

编　者
2019 年 6 月

图 6-4　《基础知识》教材

## 6.2　合作特色与创新

随着与安徽水安建设集团股份有限公司的全面深度合作，基于职业教育深度合作育人机制体制的不断创新，按照现代学徒制“产教融合、工学结合”的指导思想，进行了一定深度的探索与实践，相对于现行的教育方式，土木类专业现代学徒制特色与创新主要体现在以下几个方面。

（1）完成校企合作第 2 轮专业人才培养方案修订。建筑工程技术专业、水利水电工程技术专业和市政工程技术专业第 2 轮专业人才培养方案修订，以企业主导、学校配合，按照国家职业教育教学改革要求，围绕行业岗位（群）标准和安徽水安建设集团股份有限公司岗位人才需求，结合专业特点调整教学计划，大幅提升实践教学学时，理论教学学时与实践教学学时按 1∶1 左右比例落实。

（2）全面落实双主体育人机制。从招生（招工）开始，除校园内教育活动主要由学校负责外，实践教学活动管理全部由安徽水安建设集团股份有限公司负责，学校配合，主要落实现场指导老师和学生实践教学保险、食宿安排，综合评定学生实践教学成绩等；部分课程结合实践教学将课堂移至项目岗位，如工程机械、工程测量实习、工程识图、工程安全用电、建筑材料和应用性试验等课程适合现场教学与学习，实现厂校资源共享，充分体现双主体参与的育人机制。

（3）校企建立常规联合指导检查制度。在实践教学活动中，除校企日常管理外，水安学院与安徽水安建设集团股份有限公司人力资源部联合到现场指导检查学生实践教学情况。

实践教学期间学生分散在各地，由于项目建设内容不一样，工程进度差距比较大，学生参与的工作内容也不同。生产线岗位操作流程单一，岗位转换标准容易执行，而土木类专业实践教学面对复杂的项目和千差万别的工艺，与生产线岗位实践教学学习完全不同，实践教学场所危险源比较多等，给实践教学过程管理带来许多困难，特别是学生有许多不适应。通过经常性联合指导与检查，实时解决实践教学中出现的一些问题，不断完善实践教学的各项工作，校企联合指导检查得到项目部和学生的普遍欢迎。2018～2019 年校企联合指导检查学生实践教学统计见表 6-3。

（4）实行学期课程教学内容交底。在执行建筑工程技术专业和水利水电工程技术专业第 2 轮专业人才培养方案过程中，学期开课前，校企共同召集现代学徒制班全体授课教师研讨，就第 2 轮专业人才培养方案进行解读，听取企业专家对学期相关课程的内容分析，明确重点与非重点，引导任课教师对课程内容的取舍理解，针对性备课和完成学期教学任务。

（5）落实三全育人机制。以项目部为单位，每个项目部或工区建立实践教学学习团队，指定 1 名组长，组长配合现场指导老师（师傅）负责日常管理。一方面让学生在实践教学过程中体验企业文化；另一方面培养学生团结协作的团队精神，实现不同阶段，在不同场所相关方共同参与的育人机制。

表 6-3　2018~2019 年校企联合指导检查学生实践教学统计

| 序号 | 项目 | 安徽水安集团参与人员 | 学校参与人员 | 时间 |
|---|---|---|---|---|
| 1 | 到驷马山分洪道项目部检查指导学生实践教学 | 集团人力资源部部长赵晓峰、培训学校主任赵琛 | 水安学院副院长丁学所、水利学院主任辅导员张身壮等 | 2018 年 3 月 19 日 |
| 2 | 到合肥肥东管廊项目部检查指导学生实践教学 | 集团人力资源部培训学校主任赵琛、项目部经理夏晓军等 | 水安学院副院长丁学所、辅导员葛露露 | 2018 年 3 月 23 日 |
| 3 | 到灵璧 8 个乡(镇)污水处理 PPP 项目部检查指导学生实践教学 | 集团人力资源部部长赵晓峰、培训学校主任赵琛 | 水利学院院长毕守一、主任辅导员张身壮,水安学院副院长丁学所,市政工程学院院长张延等 | 2018 年 8 月 22 日下午 |
| 4 | 到来安水安商务中心项目部检查指导学生的实践教学 | 集团人力资源部部长赵晓峰、培训学校主任赵琛 | 水利学院院长毕守一、主任辅导员张身壮,水安学院副院长丁学所,市政工程学院院长张延等 | 2018 年 8 月 22 日晚 |
| 5 | 到宁国中医院项目部检查指导学生实践教学 | 集团人力资源部培训学校主任赵琛 | 水利学院院长毕守一、主任辅导员张身壮,水安学院副院长丁学所等 | 2018 年 8 月 23 日 |
| 6 | 到来安水安盛世项目部检查指导学生毕业综合实践教学 | 集团人力资源部培训学校主任赵琛 | 资源学院院长李宗尧、水安学院副院长丁学所等 | 2018 年 10 月 11 日 |
| 7 | 到凤阳经开区净水厂及管网工程施工总承包工程项目部检查指导学生毕业综合实践教学 | 集团人力资源部培训学校主任赵琛 | 资源学院院长李宗尧、水安学院副院长丁学所等 | 2018 年 10 月 12 日 |
| 8 | 到庐江县引江济淮 C005 标段项目部检查指导学生实践教学 | 集团人力资源部培训学校主任赵琛 | 水利学院院长毕守一、资源学院书记金绍兵、水安学院副院长丁学所等 | 2018 年 10 月 16 日 |

续表 6-3

| 序号 | 项目 | 安徽水安集团参与人员 | 学校参与人员 | 时间 |
|---|---|---|---|---|
| 9 | 到安庆临港 PPP 新能源汽车配套产业园项目部检查指导学生实践教学 | 集团人力资源部部长赵晓峰 | 水利学院院长毕守一,资源学院书记金绍兵,教研室主任宋文学、张峰等 | 2019 年 3 月 18 日 |
| 10 | 到枞阳引江济淮 C001 标段项目部检查指导学生实践教学 | 集团人力资源部部长赵晓峰 | 水利学院院长毕守一,资源学院书记金绍兵,教研室主任宋文学、张峰等 | 2019 年 3 月 19 日 |
| 11 | 到寿县引江济淮 C005 标段项目部检查指导学生实践教学 | 集团人力资源部部长赵晓峰 | 水利学院院长毕守一,资源学院书记金绍兵,教研室主任宋文学、张峰等 | 2019 年 3 月 20 日 |
| 12 | 到阜阳城南新区水系综合治理 PPP 项目部检查指导学生实践教学 | 集团人力资源部金承哲,项目部指导老师李鹏李、缪永生、李必顺等 | 资源学院主任辅导员吴强、教研室主任刘承训、水安学院副院长丁学所 | 2019 年 3 月 18 日上午 |
| 13 | 到涡阳县水环境治理项目、西阳镇污水处理项目及涡阳李马项目部检查指导学生实践教学 | 集团人力资源部金承哲,项目部指导老师关启林、欧群燕等 | 资源学院主任辅导员吴强、教研室主任刘承训、水安学院副院长丁学所 | 2019 年 3 月 18 日下午 |
| 14 | 到临泉县妇幼保健院建设项目部检查指导学生实践教学 | 集团人力资源部金承哲,项目部指导老师刘维、赵兴棚等 | 资源学院主任辅导员吴强、教研室主任刘承训、水安学院副院长丁学所 | 2019 年 3 月 19 日 |
| 15 | 到水安集团引江济淮派河口泵站工程项目部检查指导学生毕业实践教学 | 项目部指导老师李传方、张伟等 | 水利学院院长毕守一一行 | 2019 年 8 月 24 日 |
| 16 | 到舒城县杭埠镇防洪工程 PPP 项目部检查指导学生实践教学 | 集团人力资源部经理章天意 | 水利学院院长毕守一、辅导员刘磊,水安学院副院长丁学所等 | 2019 年 9 月 19 日上午 |
| 17 | 到枞阳引江济淮 C001 标段项目部检查指导学生实践教学 | 集团人力资源部经理章天意 | 水利学院院长毕守一、辅导员刘磊,水安学院副院长丁学所等 | 2019 年 9 月 19 日晚 |

续表 6-3

| 序号 | 项目 | 安徽水安集团参与人员 | 学校参与人员 | 时间 |
| --- | --- | --- | --- | --- |
| 18 | 到肥西县青龙潭路标准厂房工程项目部检查指导学生实践教学 | 集团人力资源部经理章天意 | 水利学院院长毕守一、辅导员刘磊,水安学院副院长丁学所等 | 2019 年 9 月 20 日 |
| 19 | 到全椒县黄粟树水库除险加固工程项目部检查指导学生实践教学 | 项目部经理叶少威 | 水利学院院长毕守一、辅导员刘磊,水安学院副院长丁学所等 | 2019 年 11 月 24 日 |

(6)实践教学总结与评价。每阶段实践教学完成后,除学生必须完成的实践教学成果外,各组提交 1 份总结;水安学院组织全体参与实践教学的学生,听取各组汇报,交流各组在实践教学中取得的成绩和心得,重点是听取大家对校企安排提出的不足和问题,以便总结完善,现场交流沟通并实时予以评价,解答学生疑惑,消除一些误解,达成共识,最后形成会议纪要。通过实践教学总结,学生的应用文写作和交流沟通能力得到了很好的锻炼,提升了学生的人文素养。

(7)实践教学跟踪问卷。每学期实践教学都要进行 1 次无记名的问卷调查,利用“互联网+实践教学”应用,推出网络无记名问卷调查,问卷调查一般在实践教学结束前 3 天推出,问卷调查以选择题为主,方便学生利用手机终端完成问卷调查,通过调查问卷分析实践教学中存在的问题,不断修正实践教学方案。通过 2 年来的不同班级问卷情况(问卷自动统计分析,真实反映学生的思想动态),目前实行的产教融合实践教学是可行的,实践教学方案得到大多数同学的认可,符合国家的职业教育改革方向。

(8)参与行业岗位培训工作。校企深度合作为学校参与行业、企业教育培训工作提供了机会。2018 年由中国水利工程协会牵头编写的水利水电工程施工现场管理人员培训系列教材,参编单位有中国安能建设总公司、中国水电建设集团十五工程局有限公司、中水淮河规划设计研究有限公司、上海宏波工程咨询管理有限公司、华北水利水电大学、安徽水利水电职业技术学院、安徽水安建设集团股份有限公司、湖北水总水利水电建设股份有限公司、重庆水利电力职业技术学院和长江水利委员会湖北长江清淤疏浚工程有限公司,该系列培训教材(6 本)围绕水利工程施工五大员(施工员、质检员、安全员、资料员、材料员)岗位群编写,重点突出。

系列培训教材于 2020 年 5 月正式出版发行,其中《基础知识》分册由安徽水安建设集团股份有限公司、水安学院共同编写;其他 5 本教材分别由重庆水利电力职业技术学院等高职院校和央企专家共同参与编审。

由中国水利工程协会牵头,目标明确,代表行业共性,效率高,降低重复劳动,组织实施标准统一,整个编写过程进展比较顺利,充分显现行业协会在职业教育改革与发展中的重要作用，为后续配套“学历证书+若干职业技能等级证书”制度试点（简称 1+X 证书制度试点）实施奠定基础。

（9）践行教育扶贫。配合国家精准脱贫、扶贫，通过专业技术教育和就业保障达到精准脱贫、扶贫。在与安徽水安建设集团股份有限公司深度合作育人中，约三分之一学生来自比较困难的家庭，他们不仅学习比较刻苦，参与实践教学（劳动）同样能吃苦耐劳，现场指导老师对他们的评价也很好，这也是施工企业期望能培养入职的群体，企业也期望通过他们的入职，进一步缓解施工企业队伍的稳定性，解决安徽水安建设集团股份有限公司新入职员工存在的“三五”现象（建筑施工企业新进人员第 3 年至第 5 年为离职高峰期，俗称“三五”现象）。

## 6.3　经验示范

在现代学徒制试点产教融合实践中，最重要的是双主体参与育人过程。较之于传统的学校单一教育教学模式及概念性校企合作不同，与安徽水安建设集团股份有限公司全面深度的合作育人，一定程度上解决了过去制约校企合作的一些瓶颈问题，经验示范表现在以下几个方面。

（1）成立产业学院，是全面践行双主体育人的平台，基本解决校企合作过程中的两头冷或一头冷一头热的问题。冷热不均是制约校企合作可持续发展的第一因素，如 2017 年与广东交通职业技术学院交流时，他们同样遇到学校、企业和学生之间存在冷热不均的问题。传统惯性思维是学校育人，企业用人，各司其职。随着社会经济结构调整与产业升级，安徽水安建设集团股份有限公司寻找与学校合作的愿望越来越强烈，学校与安徽水安建设集团股份有限公司决策层共同认识到合作育人的必要性与重要性，牵头组建产业学院。水安学院的成立标志校企合作热度基本同步，近 3 年多的合作实践得到验证，随着合作深入推进，下一步可持续合作将从数量向质量方面转变。

（2）校企合作土木类专业人才培养方案修订。3 年合作实践已进行了二轮合作专业人才培养方案修订和课程改革，充分说明了企业深度参与合作育人的意愿，尽管专业人才培养方案修订和课程改革仍受到许多方面的限制，但已从实践教学中得到了重大突破，加强实践教学比重，理论教学学时与实践教学学时比例达 1 : 1 左右。

现代学徒制土木类专业高职 3 年制专业人才培养实践教学安排的总体思路为：1+1（0.2+0.3+0.2+0.3）+1，多学期、分段式参与非生产性与生产性产教岗位的实践教学。

第 1 学年：主要完成公共基础课和部分专业基础课任务，实践教学在学校内完成，以学校实训室为主，培养学生建立基本的专业意识。

第 2 学年：每学期安排不少于 50%左右学时到合作企业岗位一线从事“产教融合、工学结合”实践教学活动，实行双导师制度，践行理论与实践并重的产教融合。实践教学结束后，现场指导教师对每位学生给予综合评价。

注：二年级第 1 学期安排 30 天（国庆节后实施），主要以参与项目专业实践认知为

主，在师傅的指导下，结合工程项目建设，以非生产性学习为主，辅助参与工程相关内容；第2学期安排45天(开学后即实施)，主要参与项目部具体技术与管理工作，在师傅的安排和指导下，实践产教融合，部分参与生产性学习，为准员工(三年级)的全面毕业(岗位)综合实践教学实习(实训)奠定基础。

第3学年：学生基本完成专业理论学习任务，以准员工身份参与到岗位一线，完全参与生产性产教岗位的学习，进行为期一年的毕业综合实践教学实习(实训)，从当年7月至次年6月，实行双导师制度共同考评，评定综合实践教学成绩，纳入学生成绩档案及校企深度合作的各项评比。

从具体实践中得到很好的验证，不仅得到学生的认可，同时也得到企业的认可，实际效果大大超出预期。

(3)解决合作育人成本分摊并设立企业奖学金(见图6-5)。按照合作育人、资源共享和费用分摊的机制，学校与安徽水安建设集团股份有限公司决策层成功解决合作育人成本分摊费，安徽水安建设集团股份有限公司承担培养成本费用分摊600元/(生·学年)(与毕业是否选择入职安徽水安建设集团股份有限公司无关)。

**中国建设银行网上银行电子回执**

币别： 人民币元 日期： 20200313 凭证号： 102853631775 账户明细编号-交易流水号： [redacted]

| | | | | | |
|---|---|---|---|---|---|
| 付款人 | 全 称 | 安徽水安建设集团股份有限公司 | 收款人 | 全 称 | 安徽水利水电职业技术学院 |
| | 账 号 | [redacted] | | 账 号 | [redacted] |
| | 开户行 | 中国建设银行股份有限公司合肥青年路支行 | | 开户行 | 中国工商银行股份有限公司合肥大兴集支行 |
| 大写金额 | 叁拾肆万叁仟元整 | | 小写金额 | 343,000.00 | |
| 用 途 | 支付水安学院学生培养成本分摊费及优秀学生奖金 | | 钞汇标志 | 钞 | |
| 摘 要 | 网络转账 | | | | |

中国建设银行 电子回单 专用章

重要提示：银行受理成功，本回执不作为收、付款方交易的最终依据，正式回单请在交易成功第二日打印。

图6-5 银行电子回执

设立企业奖学金，每年提供不超过10万元的企业奖学金，奖学金评定结合学生在校学习综合成绩和产教融合过程中企业给予的评价，校企共同审核评定。2017年10月至2019年7月获得企业奖学金金额及学生名单见表6-4、表6-5。

在与安徽水安建设集团股份有限公司合作育人中，毕业生可实行二次选择，在招生即招工的基础上，保障每一位合格毕业生都能在公司入职；经过3年的合作培养，入职前毕业生还可以进行二次选择，既可以选择入职安徽水安建设集团股份有限公司，也可以放弃入职机会，不受限制地选择社会上其他单位就业，充分体现了安徽水安建设集团股份有限公司在合作育人方面的社会担当。

(4)践行"课程思政、三全育人"机制。在校企合作中探索落实"课程思政、三全育人"机制，使用课程学习手册(详见4.9节)，引导学生树立正确的三观，提升道德修养和人文素养；利用实践教学平台，实现学校教学与实践教学管理的无缝对接，解决合作育人管理过程中的衔接问题。

表 6-4　2017 年 10 月至 2019 年 7 月学生获得企业奖学金金额

| 序号 | 班级 | 学年度 | 奖项 | 获奖学生数 | 奖金金额(元) | 总金额(元) | 备注 |
|---|---|---|---|---|---|---|---|
| 1 | 建工 1701(水安) | 2017 年 10 月至 2018 年 6 月 | 二等奖 | 2 | 600 | 1 200 | |
| 2 | 建工 1701(水安) | | 三等奖 | 3 | 500 | 1 500 | |
| 3 | 建管 1701(水安) | | 二等奖 | 1 | 600 | 600 | |
| 4 | 建管 1701(水安) | | 三等奖 | 3 | 500 | 1 500 | |
| 5 | 造价 1701(水安) | | 二等奖 | 1 | 600 | 600 | |
| 6 | 造价 1701(水安) | | 三等奖 | 2 | 500 | 1 000 | |
| 7 | 水电 1701(水安) | | 二等奖 | 1 | 600 | 600 | |
| 8 | 水电 1701(水安) | | 三等奖 | 4 | 500 | 2 000 | |
| 9 | 水电 1702(水安) | | 一等奖 | 1 | 800 | 800 | |
| 10 | 水电 1702(水安) | | 二等奖 | 2 | 600 | 1 200 | |
| 11 | 水电 1702(水安) | | 三等奖 | 2 | 500 | 1 000 | |
| 小计 | | | | | | 12 000 | |
| 12 | 建工 1701(水安) | 2018 年 9 月至 2019 年 6 月 | 二等奖 | 2 | 600 | 1 200 | |
| 13 | 建工 1701(水安) | | 三等奖 | 3 | 500 | 1 500 | |
| 14 | 建管 1701(水安) | | 二等奖 | 1 | 600 | 600 | |
| 15 | 建管 1701(水安) | | 三等奖 | 3 | 500 | 1 500 | |
| 16 | 造价 1701(水安) | | 二等奖 | 1 | 600 | 600 | |
| 17 | 造价 1701(水安) | | 三等奖 | 2 | 500 | 1 000 | |
| 18 | 水电 1701(水安) | | 二等奖 | 1 | 600 | 600 | |
| 19 | 水电 1701(水安) | | 三等奖 | 4 | 500 | 2 000 | |

续表 6-4

| 序号 | 班级 | 学年度 | 奖项 | 获奖学生数 | 奖金金额(元) | 总金额(元) | 备注 |
|---|---|---|---|---|---|---|---|
| 20 | 水电 1702(水安) | 2018 年 9 月至 2019 年 6 月 | 一等奖 | 1 | 800 | 800 | |
| 21 | 水电 1702(水安) | | 二等奖 | 2 | 600 | 1 200 | |
| 22 | 水电 1702(水安) | | 三等奖 | 2 | 500 | 1 000 | |
| 小计 | | | | | | 12 000 | |
| 23 | 水电 1703(水安) | 2018 年 9 月至 2019 年 6 月 | 一等奖 | 3 | 800 | 2 400 | |
| 24 | 水电 1703(水安) | | 二等奖 | 6 | 600 | 3 600 | |
| 25 | 水电 1703(水安) | | 三等奖 | 9 | 500 | 4 500 | |
| 小计 | | | | | | 10 500 | |
| 26 | 建工 18104(水安) | 2018 年 9 月至 2019 年 6 月 | 一等奖 | 1 | 800 | 800 | |
| 27 | 建工 18104(水安) | | 二等奖 | 2 | 600 | 1 200 | |
| 28 | 建工 18104(水安) | | 三等奖 | 4 | 500 | 2 000 | |
| 29 | 水利工程 1817(水安) | | 一等奖 | 3 | 800 | 2 400 | |
| 30 | 水利工程 1817(水安) | | 二等奖 | 6 | 600 | 3 600 | |
| 31 | 水利工程 1817(水安) | | 三等奖 | 9 | 500 | 4 500 | |
| 小计 | | | | | | 14 500 | |
| 总计 | | | | | | 49 000 | |

**表6-5　2017年10月至2019年7月获得企业奖学金学生名单**

| 序号 | 学年度 | 班级 | 学号 | 姓名 | 等级 | 金额(元) | 入职情况 | 备注 |
|---|---|---|---|---|---|---|---|---|
| 1 | 2017年10月至2018年6月 | 水电1702(水安) | 1607452631 | 鲍时伟 | 一等奖 | 800 | 已入职 | 1. 按照校企合作协议要求,经安徽水安建设集团股份有限公司结合学生在校学习成绩和实习表现确定名单。<br>2. 学生毕业入职后,奖学金统一由学校造表发放。<br>3. 本次发放为2019年7月入职的学生,其他班级获奖学生的奖学金待毕业入职后经公司审核后一并由学校集中发放;如毕业不选择入职安徽水安建设集团股份有限公司,不再享受各学年所获得的安徽水安建设集团股份有限公司奖学金 |
| 2 | 2018年9月至2019年6月 | 水电1702(水安) | 1607452631 | 鲍时伟 | 一等奖 | 800 | 已入职 | |
| 3 | 2018年9月至2019年6月 | 水电1703(水安) | 1707452759 | 程泽舜 | 一等奖 | 800 | 待入职 | |
| 4 | 2018年9月至2019年6月 | 水电1703(水安) | 1707452715 | 郭庆 | 一等奖 | 800 | 待入职 | |
| 5 | 2018年9月至2019年6月 | 水电1703(水安) | 1707452823 | 黄浩 | 一等奖 | 800 | 待入职 | |
| 6 | 2018年9月至2019年6月 | 水利工程1817(水安) | 1806451709 | 徐俊尚 | 一等奖 | 800 | 待入职 | |
| 7 | 2018年9月至2019年6月 | 水利工程1817(水安) | 1806451703 | 张钟慧 | 一等奖 | 800 | 待入职 | |
| 8 | 2018年9月至2019年6月 | 水利工程1817(水安) | 1806451714 | 张振 | 一等奖 | 800 | 待入职 | |
| 9 | 2018年9月至2019年6月 | 建工18104(水安) | 18042410407 | 陶余宝 | 一等奖 | 800 | 待入职 | |
| 10 | 2017年10月至2018年6月 | 建工1701(水安) | 1604260734 | 谢亚 | 二等奖 | 600 | 已入职 | |
| 11 | 2017年10月至2018年6月 | 建工1701(水安) | 1605301013 | 牛海龙 | 二等奖 | 600 | 已入职 | |
| 12 | 2017年10月至2018年6月 | 建管1701(水安) | 1604273817 | 鹿康康 | 二等奖 | 600 | 已入职 | |
| 13 | 2017年10月至2018年6月 | 造价1701(水安) | 1605351733 | 潘子波 | 二等奖 | 600 | 已入职 | |
| 14 | 2017年10月至2018年6月 | 水电1701(水安) | 1606382904 | 门欣冉 | 二等奖 | 600 | 已入职 | |
| 15 | 2017年10月至2018年6月 | 水电1702(水安) | 1607452627 | 桂栋梁 | 二等奖 | 600 | 已入职 | |
| 16 | 2017年10月至2018年6月 | 水电1702(水安) | 1607452513 | 侯娟 | 二等奖 | 600 | 已入职 | |
| 17 | 2018年9月至2019年6月 | 建工1701(水安) | 1604260734 | 谢亚 | 二等奖 | 600 | 已入职 | |
| 18 | 2018年9月至2019年6月 | 建工1701(水安) | 1605301013 | 牛海龙 | 二等奖 | 600 | 已入职 | |
| 19 | 2018年9月至2019年6月 | 建管1701(水安) | 1604273817 | 鹿康康 | 二等奖 | 600 | 已入职 | |
| 20 | 2018年9月至2019年6月 | 造价1701(水安) | 1605351733 | 潘子波 | 二等奖 | 600 | 已入职 | |
| 21 | 2018年9月至2019年6月 | 水电1701(水安) | 1606382904 | 门欣冉 | 二等奖 | 600 | 已入职 | |

续表 6-5

| 序号 | 学年度 | 班级 | 学号 | 姓名 | 等级 | 金额(元) | 入职情况 | 备注 |
|---|---|---|---|---|---|---|---|---|
| 22 | 2018 年 9 月至 2019 年 6 月 | 水电 1702(水安) | 1607452627 | 桂栋梁 | 二等奖 | 600 | 已入职 | 1. 按照校企合作协议要求,经安徽水安建设集团股份有限公司结合学生在校学习成绩和实习表现确定名单。<br>2. 学生毕业入职后,奖学金统一由学校造表发放。<br>3. 本次发放为 2019 年 7 月入职的学生,其他班级获奖学生的奖学金待毕业入职后经公司审核后一并由学校集中发放;如毕业不选择入职安徽水安建设集团股份有限公司,不再享受各学年所获得的安徽水安建设集团股份有限公司奖学金 |
| 23 | 2018 年 9 月至 2019 年 6 月 | 水电 1702(水安) | 1607452513 | 侯娟 | 二等奖 | 600 | 已入职 | |
| 24 | 2018 年 9 月至 2019 年 6 月 | 水电 1703(水安) | 1707452866 | 王成 | 二等奖 | 600 | 待入职 | |
| 25 | 2018 年 9 月至 2019 年 6 月 | 水电 1703(水安) | 1707421838 | 何超明 | 二等奖 | 600 | 待入职 | |
| 26 | 2018 年 9 月至 2019 年 6 月 | 水电 1703(水安) | 1706407701 | 刘雪婷 | 二等奖 | 600 | 待入职 | |
| 27 | 2018 年 9 月至 2019 年 6 月 | 水电 1703(水安) | 1707452745 | 吴世好 | 二等奖 | 600 | 待入职 | |
| 28 | 2018 年 9 月至 2019 年 6 月 | 水电 1703(水安) | 1706407620 | 郇小虎 | 二等奖 | 600 | 待入职 | |
| 29 | 2018 年 9 月至 2019 年 6 月 | 水电 1703(水安) | 1705342205 | 朱婉茹 | 二等奖 | 600 | 待入职 | |
| 30 | 2018 年 9 月至 2019 年 6 月 | 水利工程 1817(水安) | 1806451733 | 尹磊 | 二等奖 | 600 | 待入职 | |
| 31 | 2018 年 9 月至 2019 年 6 月 | 水利工程 1817(水安) | 1806451752 | 孙鹏博 | 二等奖 | 600 | 待入职 | |
| 32 | 2018 年 9 月至 2019 年 6 月 | 水利工程 1817(水安) | 1806451744 | 左国 | 二等奖 | 600 | 待入职 | |
| 33 | 2018 年 9 月至 2019 年 6 月 | 水利工程 1817(水安) | 1806451720 | 穆浩翔 | 二等奖 | 600 | 待入职 | |
| 34 | 2018 年 9 月至 2019 年 6 月 | 水利工程 1817(水安) | 1806451713 | 杨莲康 | 二等奖 | 600 | 待入职 | |
| 35 | 2018 年 9 月至 2019 年 6 月 | 水利工程 1817(水安) | 1806451717 | 赵伟 | 二等奖 | 600 | 待入职 | |
| 36 | 2018 年 9 月至 2019 年 6 月 | 建工 18104(水安) | 18042410402 | 朱荣荣 | 二等奖 | 600 | 待入职 | |
| 37 | 2018 年 9 月至 2019 年 6 月 | 建工 18104(水安) | 18042410404 | 许禄 | 二等奖 | 600 | 待入职 | |
| 38 | 2017 年 10 月至 2018 年 6 月 | 建工 1701(水安) | 1704249423 | 常远航 | 三等奖 | 500 | 已入职 | |
| 39 | 2017 年 10 月至 2018 年 6 月 | 建工 1701(水安) | 1704248956 | 陈东 | 三等奖 | 500 | 已入职 | |
| 40 | 2017 年 10 月至 2018 年 6 月 | 建工 1701(水安) | 1604260708 | 肖平 | 三等奖 | 500 | 已入职 | |
| 41 | 2017 年 10 月至 2018 年 6 月 | 建管 1701(水安) | 1604273951 | 张德李 | 三等奖 | 500 | 已入职 | |
| 42 | 2017 年 10 月至 2018 年 6 月 | 建管 1701(水安) | 1704248952 | 张震 | 三等奖 | 500 | 已入职 | |

续表 6-5

| 序号 | 学年度 | 班级 | 学号 | 姓名 | 等级 | 金额(元) | 入职情况 | 备注 |
|---|---|---|---|---|---|---|---|---|
| 43 | 2017 年 10 月至 2018 年 6 月 | 建管 1701(水安) | 1704248935 | 陈健 | 三等奖 | 500 | 已入职 | 1. 按照校企合作协议要求,经安徽水安建设集团股份有限公司结合学生在校学习成绩和实习表现确定名单。<br>2. 学生毕业入职后,奖学金统一由学校造表发放。<br>3. 本次发放为 2019 年 7 月入职的学生,其他班级获奖学生的奖学金待毕业入职后经公司审核后一并由学校集中发放;如毕业不选择入职安徽水安建设集团股份有限公司,不再享受各学年所获得的安徽水安建设集团股份有限公司奖学金 |
| 44 | 2017 年 10 月至 2018 年 6 月 | 造价 1701(水安) | 1605351755 | 林旭 | 三等奖 | 500 | 已入职 | |
| 45 | 2017 年 10 月至 2018 年 6 月 | 造价 1701(水安) | 1705324413 | 田兵燕 | 三等奖 | 500 | 已入职 | |
| 46 | 2017 年 10 月至 2018 年 6 月 | 水电 1701(水安) | 1606390904 | 王慧 | 三等奖 | 500 | 已入职 | |
| 47 | 2017 年 10 月至 2018 年 6 月 | 水电 1701(水安) | 1606382938 | 任冲 | 三等奖 | 500 | 已入职 | |
| 48 | 2017 年 10 月至 2018 年 6 月 | 水电 1701(水安) | 1606391035 | 曹玉航 | 三等奖 | 500 | 已入职 | |
| 49 | 2017 年 10 月至 2018 年 6 月 | 水电 1701(水安) | 1606407254 | 安孝杰 | 三等奖 | 500 | 已入职 | |
| 50 | 2017 年 10 月至 2018 年 6 月 | 水电 1702(水安) | 1607452506 | 段晓妍 | 三等奖 | 500 | 已入职 | |
| 51 | 2017 年 10 月至 2018 年 6 月 | 水电 1702(水安) | 1607452447 | 吴超 | 三等奖 | 500 | 已入职 | |
| 52 | 2018 年 9 月至 2019 年 6 月 | 建工 1701(水安) | 1704249423 | 常远航 | 三等奖 | 500 | 已入职 | |
| 53 | 2018 年 9 月至 2019 年 6 月 | 建工 1701(水安) | 1704248956 | 陈东 | 三等奖 | 500 | 已入职 | |
| 54 | 2018 年 9 月至 2019 年 6 月 | 建工 1701(水安) | 1604260708 | 肖平 | 三等奖 | 500 | 已入职 | |
| 55 | 2018 年 9 月至 2019 年 6 月 | 建管 1701(水安) | 1604273951 | 张德李 | 三等奖 | 500 | 已入职 | |
| 56 | 2018 年 9 月至 2019 年 6 月 | 建管 1701(水安) | 1704248952 | 张震 | 三等奖 | 500 | 已入职 | |
| 57 | 2018 年 9 月至 2019 年 6 月 | 建管 1701(水安) | 1704248935 | 陈健 | 三等奖 | 500 | 已入职 | |
| 58 | 2018 年 9 月至 2019 年 6 月 | 造价 1701(水安) | 1605351755 | 林旭 | 三等奖 | 500 | 已入职 | |
| 59 | 2018 年 9 月至 2019 年 6 月 | 造价 1701(水安) | 1705324413 | 田兵燕 | 三等奖 | 500 | 已入职 | |
| 60 | 2018 年 9 月至 2019 年 6 月 | 水电 1701(水安) | 1606390904 | 王慧 | 三等奖 | 500 | 已入职 | |
| 61 | 2018 年 9 月至 2019 年 6 月 | 水电 1701(水安) | 1606382938 | 任冲 | 三等奖 | 500 | 已入职 | |
| 62 | 2018 年 9 月至 2019 年 6 月 | 水电 1701(水安) | 1606391035 | 曹玉航 | 三等奖 | 500 | 已入职 | |
| 63 | 2018 年 9 月至 2019 年 6 月 | 水电 1701(水安) | 1606407254 | 安孝杰 | 三等奖 | 500 | 已入职 | |
| 64 | 2018 年 9 月至 2019 年 6 月 | 水电 1702(水安) | 1607452506 | 段晓妍 | 三等奖 | 500 | 已入职 | |

续表 6-5

| 序号 | 学年度 | 班级 | 学号 | 姓名 | 等级 | 金额(元) | 入职情况 | 备注 |
|---|---|---|---|---|---|---|---|---|
| 65 | 2018 年 9 月至 2019 年 6 月 | 水电 1702(水安) | 1607452447 | 吴超 | 三等奖 | 500 | 已入职 | 1. 按照校企合作协议要求,经安徽水安建设集团股份有限公司结合学生在校学习成绩和实习表现确定名单。<br>2. 学生毕业入职后,奖学金统一由学校造表发放。<br>3. 本次发放为 2019 年 7 月入职的学生,其他班级获奖学生的奖学金待毕业入职后经公司审核后一并由学校集中发放;如毕业不选择入职安徽水安建设集团股份有限公司,不再享受各学年所获得的安徽水安建设集团股份有限公司奖学金 |
| 66 | 2018 年 9 月至 2019 年 6 月 | 水电 1703(水安) | 1707421837 | 童若愚 | 三等奖 | 500 | 待入职 | |
| 67 | 2018 年 9 月至 2019 年 6 月 | 水电 1703(水安) | 1706383120 | 杨春雨 | 三等奖 | 500 | 待入职 | |
| 68 | 2018 年 9 月至 2019 年 6 月 | 水电 1703(水安) | 1707421812 | 孙耀 | 三等奖 | 500 | 待入职 | |
| 69 | 2018 年 9 月至 2019 年 6 月 | 水电 1703(水安) | 1706391227 | 陈凯 | 三等奖 | 500 | 待入职 | |
| 70 | 2018 年 9 月至 2019 年 6 月 | 水电 1703(水安) | 1706407608 | 王博文 | 三等奖 | 500 | 待入职 | |
| 71 | 2018 年 9 月至 2019 年 6 月 | 水电 1703(水安) | 1707421825 | 郑乐乐 | 三等奖 | 500 | 待入职 | |
| 72 | 2018 年 9 月至 2019 年 6 月 | 水电 1703(水安) | 1707421806 | 周丹 | 三等奖 | 500 | 待入职 | |
| 73 | 2018 年 9 月至 2019 年 6 月 | 水电 1703(水安) | 1702081835 | 杨磊 | 三等奖 | 500 | 待入职 | |
| 74 | 2018 年 9 月至 2019 年 6 月 | 水电 1703(水安) | 1707421835 | 陈卓 | 三等奖 | 500 | 待入职 | |
| 75 | 2018 年 9 月至 2019 年 6 月 | 水利工程 1817(水安) | 1806451701 | 邱霞 | 三等奖 | 500 | 待入职 | |
| 76 | 2018 年 9 月至 2019 年 6 月 | 水利工程 1817(水安) | 1806451736 | 马永奇 | 三等奖 | 500 | 待入职 | |
| 77 | 2018 年 9 月至 2019 年 6 月 | 水利工程 1817(水安) | 1806451710 | 魏涛 | 三等奖 | 500 | 待入职 | |
| 78 | 2018 年 9 月至 2019 年 6 月 | 水利工程 1817(水安) | 1806451727 | 王新文 | 三等奖 | 500 | 待入职 | |
| 79 | 2018 年 9 月至 2019 年 6 月 | 水利工程 1817(水安) | 1806451743 | 张阿郎 | 三等奖 | 500 | 待入职 | |
| 80 | 2018 年 9 月至 2019 年 6 月 | 水利工程 1817(水安) | 1806451706 | 许婷婷 | 三等奖 | 500 | 待入职 | |
| 81 | 2018 年 9 月至 2019 年 6 月 | 水利工程 1817(水安) | 1806451735 | 于庆庆 | 三等奖 | 500 | 待入职 | |
| 82 | 2018 年 9 月至 2019 年 6 月 | 水利工程 1817(水安) | 1806451702 | 樊亚楠 | 三等奖 | 500 | 待入职 | |
| 83 | 2018 年 9 月至 2019 年 6 月 | 水利工程 1817(水安) | 1806451737 | 孟旭 | 三等奖 | 500 | 待入职 | |
| 84 | 2018 年 9 月至 2019 年 6 月 | 建工 18104(水安) | 18042410401 | 黄爽 | 三等奖 | 500 | 待入职 | |
| 85 | 2018 年 9 月至 2019 年 6 月 | 建工 18104(水安) | 1804274269 | 万淑婷 | 三等奖 | 500 | 待入职 | |
| 86 | 2018 年 9 月至 2019 年 6 月 | 建工 18104(水安) | 18042410412 | 石家豪 | 三等奖 | 500 | 待入职 | |
| 87 | 2018 年 9 月至 2019 年 6 月 | 建工 18104(水安) | 18042410411 | 王科程 | 三等奖 | 500 | 待入职 | |
| 合计 | | | | | | 49 000 | | |

(5)完善实践教学学生的保障。土木类专业实践教学面对复杂的项目和千差万别的工艺，实践教学场所危险源比较多，学生具有双重身份，除参加学校组织的大学生城镇医疗保险和商业意外保险外，安徽水安建设集团股份有限公司人力资源部还为每个学生购买了雇主险，为土木类专业学生实践教学增加一份保障，弥补法律法规的一些空白。

(6)实践教学总结与评价制度。在每阶段的实践教学过程中，除校企联合到现场指导检查实践教学外，实践教学结束后，水安学院还组织全体师生进行实践教学交流会，广泛听取学生的意见和建议，形成交流材料和阶段性教学成果，不断完善后续实践教学管理工作。

(7)利用校企平台，参与行业培训工作。校企深度合作为学校参与行业、企业交流提供机会。2018 年由中国水利工程协会牵头，中国安能建设总公司、中国水电建设集团十五工程局有限公司、中水淮河规划设计研究有限公司、上海宏波工程咨询管理有限公司、华北水利水电大学、安徽水利水电职业技术学院、安徽水安建设集团股份有限公司、湖北水总水利水电建设股份有限公司、重庆水利电力职业技术学院和长江水利委员会湖北长江清淤疏浚工程有限公司共同编写了水利工程施工五大员(施工员、质检员、安全员、资料员、材料员)岗位群系列培训教材，该系列培训教材(6 册)于 2020 年 5 月正式出版发行，其中《基础知识》由安徽水安建设集团股份有限公司、水安学院共同编写;其他 5 本教材分别由重庆水利电力职业技术学院等高职院校和央企专家共同参与编审。该培训教材以水利工程施工五大员岗位群为基础，重点突出，在中国水利工程协会的直接领导和参与下，整个编写过程进展比较顺利，以行业协会牵头，目标明确，代表行业共性，效率高，降低重复劳动，为构建现代化职教体系做出有益的探索。2021 年全国职业教育大会提出，探索"岗课赛证"相互融通的教育教学模式，就是用行业企业的职业标准、生产流程、岗位要求来确定职业院校的课程设置、教学内容和评价标准，突出就业导向、职业资格证书导向、专业技能导向，大力推进现代学徒制、"1+X"证书制度，扎实开展实习实训和企业实践活动，体现"以学生为中心，以技能为核心"的类型教育特征。

(8)践行教育精准扶贫。教育扶贫也是实现精准脱贫、扶贫的有效途径之一，利用校企合作产教融合，通过专业技术教育和就业保障方式达到精准脱贫、扶贫。来自比较困难家庭的学生群体，学习和工作都比较刻苦，参与综合产教融合实践教学，获得应有的劳动报酬，其间，食宿、交通全部由公司承担，减轻了他们的家庭经济负担。他们一般比较珍惜这样机会，工作、学习主动性比较强，这正是施工企业重点关注的潜在入职群体。

现代学徒制将延续巩固教育扶贫项目，提升和培养乡村人才质量，为乡村振兴计划提供必须的人才资源支撑。

(9)充分利用"互联网+现代学徒制试点"，利用智慧职教云课堂，构建《高职土木类现代学徒制实践与探索》资料库，学生或其他教育工作者通过下载"云课堂-智慧职教"APP，扫描二维码或输入邀请码(94wwst)进入资料库，可查阅和参考土木类专业现代学徒制试点工作中所积累的经验资料。

# 第7部分　现代学徒制实践过程中的几点思考与建议

自2017年5月校企合作成立水安学院以来,水安学院积极履行职责,按照国务院、教育部相关政策,积极探索现代学徒制和践行校企共同育人机制,特别是土木类专业知识点多且分散,合作育人过程较其他专业更难,在双方的共同努力下,特别是在安徽水安建设集团股份有限公司领导的重视下,各阶段工作深入有序开展。在我国职业教育进入普及化的背景下,3年多来的实践在一定程度上缓解了企业人才实际需求与学校培养不对路的矛盾;缓解了高职学生基础薄弱的学情与教师教学要求之间的矛盾;缓解了学生求学入学与就业入职的焦虑、困惑;引导学校正确认识现代学徒制为职业教育的改革与发展方向;充分发挥工程技术人员参与合作培养人才的主动意识;充分利用企业教学资源对人才培养的重要作用;充分为学生提供参与动手实践和劳动体验教育,在实践教育平台中融入三观教育,提升学生的职业道德与人文素养,引导学生自我修正职业生涯规划。

尽管我们在实践过程中取得了一定的成绩,获得了阶段性成果,但与国家的要求还有较大差异,在深度合作过程中,有以下几点思考与建议。

(1)自2014年至今,国家密集出台了一系列校企合作育人政策,已为现代学徒制构建了基本的法律保障,目前应该是职业教育改革发展的最好时期,我国现代学徒制起步较晚,作为职业院校应当承担国家职业教育改革发展责任。但是企业方并没有感受到政策受惠,企业参与现代学徒制应该享受的待遇得不到体现,纵横向不统一,社会资源配置体系不改变,直接影响企业进一步参与的积极性,现有状况就不会改变。

建议:政府牵头成立联合专门机构,合力搭建现代学徒制管理网络及管理平台,利用五库一平台(行业库、企业库、学校库、双师库、学生库和教育教学管理平台),参照扶贫脱贫攻坚项目,运用行政手段,协调配置各方人才、物质资源,指导监督政、行、企、校各参与方落实与执行国家政策情况,兑现企业应该享受的政策利益,实行网络平台的公示制度,使得政、行、企、校同步热起来,这样才能逐步解决合作育人中的冷热不均现象。

(2)校企合作尽管进行了二轮的专业人才培养方案修订,企业也深度参与,实践教学学时取得了突破,实践教学实行多学期、分段式安排(3年来的实践证明,初步解决了大部分学生实际能力缺失的问题;由于职业学生的学情等因素,仍有少数学生难以适应多学期、分段式实践教学);将1+X证书和企业文化纳入方案,但总体方案基本上仍在原有模式和课程框架的前提下有针对性地“打补丁”,没有触及职业教育人才培养的根本性问题,专业人才培养方案和课程内容重构仍是职业教育教学改革的根本性问题。

建议:教育主管部门牵头分类搭建行、企、校联合专家组,依照《教育部关于职业院校专业人才培养方案制订与实施工作的指导意见》(教职成〔2019〕13号)等文件,有计划、不间断地检查指导各校专业人才的培养方案制订和课程改革,对学校专业人才培养方案要进行专项审查,不能流于形式;课程建设可结合2020年疫情期间停学不停课的经验,将

“互联网+专业知识点（演示实验）”应用到理论教学中，引入行业岗位标准，探索校企共同开发网络课程，减少理论教学比重，通过实践教学解决校内具有形式主义色彩的实验课，合理减少职业教育校内不必要的验证性实验室建设。

（3）由于受现代学徒制平台制约，行业对所属企业的育人指令性计划没有落到实处，教育部门对学校也没有下达明确的合作育人任务，虽然形式上一致认同教育必须与生产劳动和社会实践相结合，但实际上校企没有形成统一的现代学徒制合作育人的意识，普遍依靠惯性思维维持日常工作，仍存在宣传大于执行的形式，形式上参与现代学徒制相关试点工作，实际上仍处于封闭单一模式，各司其职，不利于现代学徒制项目的推进和现代职业教育体制构建。校企合作、产教融合必将是漫长而艰难的，因此政、行、企、校同步参与推进，应该是当前或今后一段时间内必须解决的问题。

建议：省级教育主管部门和国资委先行组织教育教学监督专家组，针对《教育部关于职业院校专业人才培养方案制订与实施工作的指导意见》（教职成〔2019〕13 号）的执行情况到校进行检查指导。一方面检查产教融合校企合作专业实践教学过程及教学文件的执行与管理情况，减少指导性计划，强化指令性计划，从行政上给校企增加一定的压力和动力，可以让国有企业率先带头，公办学校每年必须完成相关专业现代学徒制任务，加快试点步伐，这样才能尽快推动职业教育改革的法律法规落地。另一方面是以现代学徒制宣传教育为重点，明确党政一把手任务，解决落实职业教育改革与发展中存在的意识形态认识不足或不一致的问题。

（4）人才供需两侧结构性不匹配，双向错位，毕业生“就业难”和用人单位“招工难”并存。就业难与招工难看起来是矛盾的，实际是存在的，根本问题是毕业生期望值与企业期望值不在一个频道上，由于行业、企业没有直接参与人才培养的过程，学校培养的规格与社会需求产生了脱节，这就是教育链未能与人才链、产业链、创新链有机衔接，最后形成的社会问题。招生（招工）改革政策落地难，如 2019 年国家百万高职扩招计划的实施，总体任务完成喜忧参半，除一些主、客观因素外，一定程度上暴露出职业院校对国家百万扩招的顾虑，观望情绪比较浓，认识不到位，积极性不高，怕影响正常教学秩序。

建议：要使教育链与人才链、产业链、创新链有机衔接，政、行、企、校必须深度耦合，利用五库一平台同步参与到合作育人过程中，才能缓解或解决毕业生“就业难”和用人单位“招工难”的现状；实行公示制度，对于合作育人做得好的企业和学校，政府给予企业经济奖励，增加学校招生计划和教科研项目指标等奖励政策。

（5）对职业教育学情研究不够，“立交桥”搭建还不顺畅，中职、高职、本科的上升通道需要强力推进，弹性学制实施难。2019 年扩招 100 万人，标志着我国职业教育已进入普及化阶段，此阶段更要加强职业教育学情的研究，既是深化产教融合最好的催化剂，也是人口红利向工程师红利的转型期；职业教育学情不同于本科教育学情，两者区别很大，所以两者教育教学方式具有根本性区别，应重点突出职业教育的应用性。

建议：利用五库一平台，教育主管部门加强对职业教育学情的分类指导，中职、高职、本科“立交桥”搭建实行指标到校管理或职教高考制度，鼓励学校充分利用校企合作促进“三教”改革，优先以校企联合开发教材改革为抓手，组织专家组深入职校一线，检查产教融合实践教学实施情况，加快“三教”改革实质性步伐。

(6)在实行政府指导和购买服务中,政、行、企、校统筹规划氛围没有完全形成,在政府的引导下,如何调动行业、企业和学校参与职业教育教学改革的积极性是目前现代学徒制实践的瓶颈,如何扩大瓶颈、畅通路径是当前必须要落实和解决的重大实践问题。

建议:梳理21世纪初以来国家出台的一系列关于职业教育的法律法规,特别是2021年全国职教大会的要求,建立现代学徒制校企合作职业教育评价体系,从招生(招工)入学、过程管理到就业,形成一套评价体系和指标。政、行、企、校均纳入指标体系,利用五库一平台,跟踪各地各校执行情况,形成倒逼的日常管理制度,促进各地各校主动投入到现代学徒制实践中。

如检查各地各校在执行落实《人力资源社会保障部办公厅、财政部办公厅关于开展企业新型学徒制试点工作的通知》(人社厅发〔2015〕127号)文件的情况,将投入的资金明细到具体费用指标,行业、企业和学校共同通过产教融合培养1名合格的技术技能型学生,明确分别给予行业、企业和学校的费用金额,将暗补政策透明化,让行业、企业和学校都能认识到参与人才培养不仅是企业用人责任,也是企业承担为社会培养人才的责任。一方面企业得到了应有的经济效益,扩大了企业的社会影响;另一方面参与的工程技术人员的素质得到进一步提升,为职业教育"双师"教学团队培养规划提供了基础支撑,为提升职业教育质量提供师资保障。

(7)完善现代学徒制实践教学实习(实训)安全法规。教育部、财政部、人力资源社会保障部、安全监管总局、中国保监会五部门2016年4月11日印发了《职业学校学生实习管理规定》(教职成〔2016〕3号),第36条规定:"学生在实习期间受到人身伤害,属于实习责任保险赔付范围的,由承保保险公司按保险合同赔付标准进行赔付。不属于保险赔付范围或超出保险赔付额度的部分,由实习单位、职业学校及学生按照实习协议约定承担责任。职业学校和实习单位应当妥善做好救治和善后工作。"

校企合作实践教学实习(实训)主体是学生,许多学生是独生子女,因此学生的安全是压倒一切的政治任务,不同专业的实践教学差异性很大,土木类等实践教学场所危险源多,管理难度比较大,学生在参与校企合作实践教学的过程中具有较大的安全风险,校企双方均应承担学生实践教学期间的重大安全压力。

建议:目前对确保学生安全问题还没有更好的解决办法,在做好事前、事中安全教育的基础上,还应为学生购买实践教学相关保险,毕竟安全事故带有一定的偶然性,只能层层加压,做好过程管理只是管理基础,只能说遇到万一情况,责任划分比较明确,为问题的解决奠定了一定的基础,但对问题的实质性解决能起多大作用,值得商榷,毕竟高职学生自律意识比较差,把压力转化到辅导员或管理者身上,也不是一个理想的解决办法,专门制定配套的现代学徒制实践教学安全示范文本,是校企合作必须要解决的重大社会问题。

(8)2006年教育部关于全面提高高等职业教育教学质量的若干意见(教高〔2006〕16号)文件指出,逐步构建专业认证体系,与劳动、人事及相关行业部门密切合作,使有条件的高等职业院校都要建立职业技能鉴定机构,开展职业技能鉴定工作,推行"双证书"制度,强化学生职业能力的培养,使有职业资格证书的毕业生取得"双证书"的人数达到80%以上。但事实上实践效果不尽如人意,即使是国家示范职业院校能否达到基本要求也值得商榷。

调研显示，目前学校为学生提供良好的培训和考试条件，但学生主动报名的很少，此项工作又不可强制，这一情况或许是普遍存在的现象。因此，目前仍存在1+X证书落地难的现实，这也是推行1+X证书制度必须要解决的问题。

建议：充分发挥政府引导，行、企、校参与职业教育改革是实现现代学徒制最基本的路径，在1+X证书实践中，全社会都存在惯性思维，在校生（家长）一般只重视取得毕业证书，对取得其他证书兴趣不大，目前专业教学计划中也没有将相应资格证书纳入毕业必要条件，政府也没有统筹资格证书标准和统一考核平台，用人单位对入职学生也没有资格证书的要求，只审核毕业证书。因此，政府联合行业制定相应的资格证书标准和统一考核平台，学校将相应资格证书纳入到专业教学计划中，企业将学生取得的资格证书与就业入职待遇挂钩，全社会形成育人、用人准入制度和共识，优先录用具有相应X证书的毕业生，将X证书与岗位及享受的待遇挂钩，才能保障1+X证书的深入推进。

如中国水利工程协会2019年围绕水利工程施工五大员（施工员、质检员、安全员、资料员、材料员）岗位群，制定了考核标准和培训教材，但目前五大员岗位资格证书对在校生取得还有政策方面的限制，基本条件是要求工程类及相关专业大学专科及以上学历，在岗从事相关水利水电施工现场专业技术管理工作1年以上。同样2018年12月住建部发布建筑、市政专业新的专业岗位群，由原来"八大员"（施工员、质量员、安全员、标准员、材料员、机械员、劳务员、材料员）调整为十六种岗位群（土建施工员、装饰装修施工员、市政工程质量员、信息管理员、市政工程施工员、土建质量员、装饰装修质量员、设备安装质量员、设备安装施工员、材料员、机械员、资料员、标准员、构件工艺员、劳务员、构件质量检验员），细化了岗位，明确按《住房和城乡建设部关于改进住房和城乡建设领域施工现场专业人员职业培训工作的指导意见》统一考核和发证，为建筑、市政专业职业教育改革奠定基础。因此，要打通1+X证书政策"最后一公里"，任重道远。

教育主管部门可要求每所学校选择一定数量的试点专业，将X证书纳入专业人才培养方案和教育教学计划中，资格证书与毕业证书同步实施，作为毕业资格必备条件。

（9）鼓励行业、企业和学校工作管理人员、工程技术人员和教师主动参与现代学徒制试点工作，从行政管理向自我参与转变，落实双师兼职取酬与绩效矛盾问题，解决惯性思维制约现代学徒制建设的问题。

建议：国家进一步明确参与校企合作育人的工作人员兼职取酬等细则，是构建双师教学团队建设的基础。首先针对不同单位的工作人员，根据其参与的工作内容和完成情况，合法、合理设置劳动报酬。构建多劳多得的绩效激励制度，使全社会积极主动地参与到现代学徒制的人才培养工作中。其次在职称评定和晋升方面给予政策倾斜，如在职称晋升资格条件中增加参与现代学徒制研究和指导一项，优先予以职称晋升。

（10）政府、行业、企业和学校联合建立质量保障体系，确保合作育人的质量问题。

建议：除教育主管部门对学校的一些专项检查指导外，政、行、企、校分类搭建联合专家库，随机组建专家组，共同对政、行、企、校参与现代学徒制的日常工作进行检查督导，重点是国家和地方政策落实情况，借用PDCA质量管理的基本方法，保障其日常工作正常有序地推进，不断提升现代学徒制技能技术型人才的培养质量。政、行、企、校链上任何一方出现问题，都将会直接影响合作育人的根本宗旨。

其他如现代学徒制弹性学制、固定学制和社会要求之间的矛盾(借鉴自学考试平台,构建弹性学制和学分银行或单科合格证),职业本科教育与中高本的衔接,行、企、校共同开发教材,双师对接互聘机制,日常指导和多单位人员参与的兼职取酬联动协调机制等,均是现代学徒统筹规划需要落实的研究项目。

# 第 8 部分　附　录

## 8.1　参考资料

(1)《中华人民共和国职业教育法》。

(2)《教育部关于全面提高高等职业教育教学质量的若干意见》(教高〔2006〕16 号)。

(3)《国务院关于加快发展现代职业教育的决定》(国发〔2014〕19 号)。

(4)《教育部关于开展现代学徒制试点工作的意见》(教职成〔2014〕9 号)。

(5)《人力资源社会保障部办公厅、财政部办公厅关于开展企业新型学徒制试点工作的通知》(人社厅发〔2015〕127 号)。

(6)《教育部等五部门关于印发〈职业学校学生实习管理规定〉的通知》(教职成〔2016〕3 号)。

(7)《国务院办公厅关于深化产教融合的若干意见》(国办发〔2017〕95 号)。

(8)《教育部等六部门关于印发〈职业学校校企合作促进办法〉的通知》(教职成〔2018〕1 号)。

(9)《教育部办公厅关于公布第三批现代学徒制试点单位的通知》(教职成厅函〔2018〕41 号)。

(10)《人力资源社会保障部、财政部关于全面推行企业新型学徒制的意见》(人社部发〔2018〕66 号)。

(11)《国务院关于印发〈国家职业教育改革实施方案〉的通知》(国发〔2019〕4 号)。

(12)《国家发展改革委、教育部关于印发〈建设产教融合型企业实施办法(试行)〉的通知》(发改社会〔2019〕590 号)。

(13)《教育部办公厅关于全面推进现代学徒制工作的通知》(教职成厅函〔2019〕12 号)。

(14)《教育部等四部门关于印发〈深化新时代职业教育"双师型"教师队伍建设改革实施方案〉的通知》(教师〔2019〕6 号)。

(15)《教育部关于职业院校专业人才培养方案制订与实施工作的指导意见》(教职成〔2019〕13 号)。

(16)《国家发改委、教育部等六部门印发〈国家产教融合建设试点实施方案〉》(发改社会〔2019〕1558 号)。

(17)《安徽省职业教育工作部门联席会议关于印发〈安徽省职业教育改革实施方案〉的通知》(皖教职联〔2019〕1 号)。

(18)安徽省职业教育改革实施方案解读。

(19)《教育部关于印发〈中小学教材管理办法〉〈职业院校教材管理办法〉和〈普通高

等学校教材管理办法〉的通知》（教材〔2019〕3号）。

## 8.2 附　图

2017年5月14日校企合作协议签字仪式

时任安徽省住建厅副厅长曹剑出席开班仪式

2017年校企党政主要领导为“水安学院”揭牌

时任安徽省水利厅副厅长徐业平出席开班仪式

水安学院第一届理事会工作会议

学校党委书记周银平代表学校致辞

2017 年 7 月 1 日上午水安学院举行开班仪式

安徽水安集团党委书记、董事长薛松致辞

校企合作第 1 轮专业人才培养方案修订

2018 年安徽水安集团人力资源部招生(招工)宣讲会

校企合作第 2 轮专业人才培养方案修订

2019 年安徽水安集团人力资源部招生(招工)宣讲会

校企联合召开学期教学座谈会

安徽水安集团人力资源部与水安学院共同举办
校园现代学徒制招生(招工)现场答疑

2017 年安徽水安集团人力资源部招生(招工)宣讲会

安徽水安集团、水安学院和学生签订三方协议

2018 年 11 月 19 日下午安徽省“劳动模范工匠大师进校园”首场活动在安徽水利水电职业技术学院举行

实践教学学生参与现场材料试验

2019 年汪绪武院长参加第二届全国水利职业教育与产业对话

实践教学学生参与现场混凝土试块制作

学生参加项目技术交底会议

实践教学学生学习小组集中学习

学生参加项目工程质量管理学习

实践教学学生学习小组集中研讨

现场指导老师(师傅)指导学生测量工作

2019 届水安学院毕业生桂栋梁
现场为 2018 级实践教学实习
学生介绍项目工程概况(传帮带)

现场指导老师(师傅)指导学生测量放样

现场灌砂法试验

地基承载力试验

2018 年 3 月 19 日，集团人力资源部部长赵晓峰、培训学校主任赵琛，水安学院副院长丁学所，水利学院主任辅导员张身壮等到驷马山分洪道项目部检查指导学生实践教学

2018 年 3 月 23 日，集团人力资源部培训学校主任赵琛、水安学院副院长丁学所、辅导员葛露露、项目部经理夏晓军等到合肥肥东管廊项目部检查指导学生实践教学

2018 年 8 月 22 日下午，集团人力资源部部长赵晓峰、培训学校主任赵琛，水利学院院长毕守一、主任辅导员张身壮，水安学院副院长丁学所，市政工程学院院长张延等到灵璧 8 个乡镇污水处理 PPP 项目部检查指导学生实践教学

2018 年 8 月 22 日晚，集团人力资源部部长赵晓峰、培训学校主任赵琛，水利学院院长毕守一、主任辅导员张身壮，水安学院副院长丁学所，市政工程学院院长张延等到来安水安商务中心项目部检查指导学生实践教学

2018 年 8 月 23 日，集团人力资源部培训学校主任赵琛，水利学院院长毕守一、主任辅导员张身壮，水安学院副院长丁学所等到宁国中医院项目部检查指导学生实践教学

2018 年 10 月 11 日，集团人力资源部培训学校主任赵琛、资源学院院长李宗尧、水安学院副院长丁学所等到来安水安盛世项目部检查指导学生毕业综合实践教学

2018 年 10 月 12 日，集团人力资源部培训学校主任赵琛、资源学院院长李宗尧、水安学院副院长丁学所等到凤阳经开区净水厂及管网工程施工总承包工程项目部检查指导学生毕业综合实践教学

2019 年 3 月 18 日，集团人力资源部部长赵晓峰，水利学院院长毕守一，资源学院书记金绍兵，教研室主任宋文学、张峰等到安庆临港 PPP 新能源汽车配套产业园项目部检查指导学生实践教学

2018 年 10 月 16 日，集团人力资源部培训学校主任赵琛、水利学院院长毕守一、资源学院书记金绍兵、水安学院副院长丁学所等到庐江县引江济淮 C005 标段项目部检查指导学生实践教学

2019 年 3 月 19 日，集团人力资源部部长赵晓峰，水利学院院长毕守一，资源学院书记金绍兵，教研室主任宋文学、张峰等到枞阳引江济淮 C001 标段项目部检查指导学生实践教学

2019 年 3 月 20 日，集团人力资源部部长赵晓峰，水利学院院长毕守一，资源学院书记金绍兵，教研室主任宋文学、张峰等到寿县引江济淮 C005 标段项目部检查指导学生实践教学

2019 年 3 月 18 日下午，集团人力资源部金承哲、资源学院主任辅导员吴强，
教研室主任刘承训，水安学院副院长丁学所，项目部指导老师关启林、欧群燕等到
涡阳县水环境治理项目、西阳镇污水处理项目及涡阳李马项目部检查指导学生实践教学

2019 年 3 月 18 日上午，集团人力资源部金承哲，
资源学院主任辅导员吴强，教研室主任刘承训，
水安学院副院长丁学所，项目部指导老师李鹏李、
缪永生、李必顺等到阜阳城南新区水系综合治
理 PPP 项目部检查指导学生实践教学

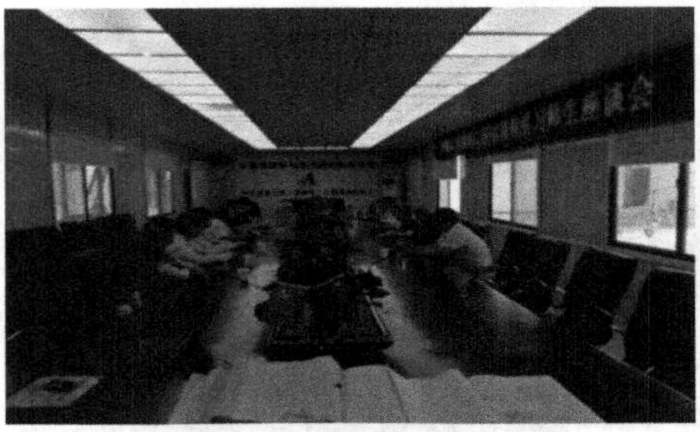

2019 年 8 月 24 日，水利学院院长毕守一
一行到水安集团引江济淮派河口
泵站工程项目部检查指导
学生毕业实践教学

2019 年 3 月 19 日，集团人力资源部金承哲，资源学院主任辅导员吴强，
教研室主任刘承训，水安学院副院长丁学所、项目部指导老师刘维、
赵兴棚等到临泉县妇幼保健院建设项目部检查指导学生实践教学

2019 年 9 月 20 日，集团人力资源部经理章天意，水利学院院长毕守一、辅导员刘磊，水安学院副院长丁学所等到肥西县青龙潭路标准厂房工程项目部检查指导学生实践教学

2019 年 9 月 19 日晚，集团人力资源部经理章天意，水利学院院长毕守一、辅导员刘磊，水安学院副院长丁学所等到枞阳引江济淮 C001 标段项目部检查指导学生实践教学

2019 年 9 月 19 日上午，集团人力资源部经理章天意，水利学院院长毕守一、辅导员刘磊，水安学院副院长丁学所等到舒城县杭埠镇防洪工程 PPP 项目部检查指导学生实践教学

2019 年 11 月 24 日，水利学院院长毕守一、辅导员刘磊，水安学院副院长丁学所等到全椒县黄栗树水库除险加固工程项目部检查指导学生实践教学

2018 年校企联合到现场指导
学生毕业答辩

2019 年安徽水利水电职业技术学院与安徽水安建设集团股份有限公司共同参与中国水利工程协会水利工程施工“五大员”岗位群系列培训教材审定会

安徽水利水电职业技术学院
学生校内交流活动

水安学院学生代表与安徽水安建设集团
股份有限公司领导面对面交流

安徽水安建设集团股份有限公司团委主办、水安学院
承办的迎新年趣味活动

水安学院学生代表赴安徽水安建设集团
股份有限公司参观学习

实践教学学生胡江龙、常远航等代表
第四分公司参加集团职工运动会

水安学院校园文化与安徽水安建设集团
股份有限公司企业文化融合

安徽水利水电职业技术学院与安徽水安
建设集团股份有限公司校企合作师生座谈会

水利学院组织师生实践教学总结交流会

校企领导与首届国际班学员合影

资源学院组织师生实践教学总结交流会

现代学徒制水安学院 2019 届(首届)
毕业生座谈会

水安学院组织师生实践教学总结交流会

校企领导为优秀毕业生颁发荣誉证书

校企主要领导出席国际班结业典礼

校企领导为优秀辅导员颁发荣誉证书

校企领导为优秀学员颁发荣誉证书

现代学徒制水安学院 2019 届(首届)
部分毕业生合影

水安学院国际班学员参与“一带一路”
埃赛俄比亚首都亚迪斯污水处理项目

水安学院国际班学员参与“一带一路”
埃赛俄比亚阿瓦萨工业园项目

# 参 考 文 献

[1] 马必学,等. 高等职业院校发展基本问题研究[M]. 天津:天津大学出版社,2011.
[2] 赵鹏飞,等. 现代学徒制“广东模式”的研究与实践[M]. 广州:广东高等教育出版社,2015.
[3] 广东省教育厅,广东省教育研究院. 广东特色现代学徒制理论与实践探索[M]. 广州:广东高等教育出版社,2017.
[4] 伊焕斌. 工匠精神与人才培养的供给侧结构性改革研究[M]. 北京:人民出版社,2018.
[5] 隋秀梅,贺丽萍. 高职城市轨道交通类专业现代学徒制实践[M]. 北京:北京理工大学出版社,2018.
[6] 林伟连,伍醒,许为民. 高校人才培养目标定位“同质化”的反思——兼论独立学院人才培养特色[J]. 中国高教研究,2006(5):40-42.
[7] 邓福田. 论高等职业教育人才培养目标的定义[J]. 高教论坛,2012,5(5):7-10.
[8] 苏宏志. 高职院校现代学徒制人才培养模式的探索与实践[J]. 继续教育,2016(6):8-10.
[9] 郭峰. 工匠意识:从德国职业教育“双元制”谈起[J]. 工会博览,2017(4):31-32.
[10] 袁俊,易颜新. 职业教育和终身学习的对接与融合——美国社区学院运转与管理的启发和思考[J]. 继续教育研究,2016(3):107-109.